天线的馈电技术

张 宁 俱新德 任 辉 编著

西安电子科技大学出版社

内 容 简 介

本书共 4 章，具体内容包括：长线的基本概念，巴伦及天线的馈电技术，线型变压器与混合变压器，功分器和定向耦合器。这些内容都是与天线馈电和阻抗匹配紧密相关的基础知识。

本书内容新颖全面，重点突出物理概念、工程性和实用性。

本书适合从事天线设计、生产、维修和使用的广大工程技术人员参考，也可供无线电、移动通信相关人员阅读，还可以作为大专院校电磁场专业和无线通信专业师生的参考资料。

图书在版编目(CIP)数据

天线的馈电技术/张宁，俱新德，任辉编著. —西安：西安电子科技大学出版社，2016.5
(2024.9 重印)
ISBN 978 - 7 - 5606 - 3892 - 8

Ⅰ. ①天… Ⅱ. ①张…②俱…③任 Ⅲ. ①天线馈源 Ⅳ. ①TN820.1.

中国版本图书馆 CIP 数据核字(2016)第 074352 号

策 划	戚文艳
责任编辑	许青青
出版发行	西安电子科技大学出版社(西安市太白南路 2 号)
电 话	(029)88202421 88201467 邮 编 710071
网 址	www.xduph.com 电子邮箱 xdupfxb001@163.com
经 销	新华书店
印刷单位	广东虎彩云印刷有限公司
版 次	2016 年 5 月第 1 版 2024 年 9 月第 3 次印刷
开 本	787 毫米×1092 毫米 1/16 印张 14
字 数	327 千字
定 价	45.00 元

ISBN 978 - 7 - 5606 - 3892 - 8

XDUP 4184001 - 3

＊＊＊如有印装问题可调换＊＊＊

序

　　天馈线作为通信系统的重要组成部分，是电磁能量传输与转换的关键设备，在通信系统中具有极其重要的地位。目前，各行业广泛应用了适应不同通信电台的宽带天线、旋转对数周期天线、有源收信天线及车载天线等，为实现远距离通信和"动中通"发挥了重要作用，基本上满足了各种复杂条件下无线电通信的需求。

　　国内外虽然有涉及天线的图书出版发行，但多数以繁杂的数学公式占据了大量版面，工程性、实用性相对较差，特别是与天线馈电和阻抗匹配密切相关的基础知识，不仅内容少而且不够全面。本书介绍了与天线馈电和阻抗匹配有关的基础知识（如长线的基本概念、巴伦及天线的馈电技术、功分器和定向器、线型变压器及应用等内容），重点突出物理概念，少用或不用繁琐的数学公式，突出工程性、实用性，收集了大量的实例和许多新内容，不仅填补了业界的空白，还特别促进了实用工程天线的发展。

　　倪新德教授等同志长期从事天线实用工程研究，具有丰富的实践经验和理论基础知识。

　　该书特别适合从事天线设计、生产、维修和使用的工程技术人员参考，也适合从事无线电、移动通信的相关人员阅读，还可以作为军地大专院校电磁场专业和无线通信专业师生的参考资料。

西安电子科技大学教授
原西安海天天线科技股份有限公司首席科学家
2015 年 12 月

前　言

对实际应用的天线，仅得出天线的结构形式及仿真的主要电参数（如增益、电压驻波比、方向图等）是远远不够的，还必须知道用何种传输线（同轴线、双导线、微带线、波导），如何给天线馈电，如何实现阻抗匹配。对于对称天线，如果使用不平衡馈线（如同轴线）馈电，则不仅要知道如何用巴伦完成不平衡-平衡变换，还要根据天线的结构形式和工作频段知道用何种巴伦；如果天线输入阻抗与馈线特性阻抗不匹配，则需要进一步了解选用何种既有阻抗变换功能又有不平衡-平衡变换功能的巴伦。对于阵列天线，不管是线极化，还是圆极化，都必须用功分器和定向耦合器构成馈电网络。对于赋形波束天线阵，还要使用不等功分器。那么了解功分器与定向耦合器的分类及特性，对我们正确设计出馈电网络就显得尤为重要。对 MF、HF 和 VHF 频段的宽带天线，还必须使用线型变压器构成的宽带阻抗变换器、巴伦和定向耦合器，完成不平衡-平衡变换、宽带阻抗匹配及宽带功率合成和分配。可见，天线的馈电技术都与长线、巴伦、功分器、定向耦合器、线型变压器等相关知识密切相关，故作者把"长线的基本概念"作为第 1 章，把"巴伦及天线的馈电技术"作为第 2 章，把"线型变压器与混合变压器"作为第 3 章，把"功分器和定向耦合器"作为第 4 章，构成本书的基本内容，书中涉及的一些关键技术在陕西特恩电子科技有限公司的 HF/VHF/UHF 通信天线、圆极化天线、雷达天线等众多产品中得到了广泛的应用和验证。书中列举了大量实例，工程性、实用性较强，图文并茂，线型变压器及应用中大部分内容都是首次与读者见面。

张宁、俱新德、任辉为本书主要作者，裴波、金红军、朱亮参与了部分章节的编写。本书在出版过程中得到了陕西特恩电子科技有限公司总经理马玉新、总工程师孙鑫、副总工程师刘军州、总参网络管理中心专家领导的关怀及大力支持，还得到了韩晓明、刘庆刚、陈大勇、张用宇的鼓励和支持，在打字、排版、绘图等方面得到了宁惠珍、吴佩菁、李峰娟、李景春的大力支持，还得到西安电子科技大学出版社编辑戚文艳、许青青的大力支持，在此一并表示衷心的感谢。

由于作者水平有限，书中难免有疏漏之处，敬请读者批评指正。

编　者

2015 年 10 月

目　　录

第1章　长线的基本概念

1.1　频率与波长的关系

频率(f)与波长(λ)有如下关系：

$$\lambda = \frac{c}{f} \tag{1.1}$$

式中：c 为光速，$c = 3 \times 10^8$ m/s；频率的基本单位为 Hz（赫），波长的单位为米（m）。

当频率很高时，为了简化数字，常用千赫、兆赫和千兆赫等单位，即

1 千赫 $= 10^3$ Hz，用 kHz 表示；

1 兆赫 $= 10^6$ Hz，用 MHz 表示；

1 千兆赫 $= 10^9$ Hz，用 GHz 表示。

千赫、兆赫和千兆赫之间满足：1 GHz$=$1000 MHz，1MHz$=$1000 kHz。

【例 1.1】　已知 $f = 3$ MHz，求 λ。

解　由式(1.1)得

$$\lambda = \frac{3 \times 10^8}{3 \times 10^6} = 100 \text{ m}$$

【例 1.2】　已知 $f = 450$ MHz，求 λ。

解　由式(1.1)得

$$\lambda = \frac{3 \times 10^8}{450 \times 10^6} = 0.667 \text{ m}$$

【例 1.3】　试求 G 网(GSM)的中心波长 λ_0。

解　根据国际电信联盟的规定，GSM 的工作频段为 870～960 MHz，则中心工作频率

$$f_0 = \frac{870 + 960}{2} = 915 \text{ MHz}$$

故

$$\lambda_0 = \frac{3 \times 10^8}{915 \times 10^6} = 0.3279 \text{ m}$$

在基站天线的设计中，波长(λ)常用 mm 表示，故

$$\lambda(\text{mm}) = \frac{3 \times 10^5}{f(\text{MHz})}$$

【例 1.4】　试求 C 网的中心工作波长。

解　人们习惯把移动通信的一种体制 CDMA(码分多址)称 C 网。CDMA 的工作频段为

低端：$f=824\sim896$ MHz，$f_0=860$ MHz。

高端：$f=1850\sim1990$ MHz，$f_0=1920$ MHz。

因此，它们的中心工作波长分别为

低端：$\lambda_0=\dfrac{3\times10^5}{(824+896)/2}=348.8$ mm

高端：$\lambda_0=\dfrac{3\times10^5}{(1850+1990)/2}=156.25$ mm

1.2　无线电频段的划分和无线技术及其应用[1]

表 1.1 是通用无线电频段和波段的划分；表 1.2 是通用无线电频段的特点及典型应用；表 1.3 把 IEEE 雷达频段、国际电信联盟(ITU)频段、通用频段及电子对抗频段做了比较；表 1.4 是业余无线电频段；表 1.5 是军用无线电频段和无线技术及其应用；表 1.6 是民用无线技术和应用及频段。

表 1.1　通用无线电频段和波段的划分

波 段 名 称		频率范围	波长范围	波 段 名 称	缩 写
超长波		$3\sim30$ kHz	$10^5\sim10^4$ m	甚低频	VLF
长 波		$30\sim300$ kHz	$10^4\sim10^3$ m	低 频	LF
中 波		300 kHz~3 MHz	$10^3\sim10^2$ m	中 频	MF
短 波		$3\sim30$ MHz	$10^2\sim10$ m	高 频	HF
超短波		$30\sim300$ MHz	$10\sim1$ m	甚高频	VHF
微波	分米波	300 MHz~3 GHz	1 m~10 cm	特高频	UHF
	厘米波	$3\sim30$ GHz	10 cm~1 cm	超高频	SHF
	毫米波	$30\sim300$ GHz	1 cm~1 mm	极高频	EHF

表 1.2　通用无线电频段的特点及典型应用

频 段	特 点	应 用
HF(高频) ($3\sim30$ MHz)	利用电离层反射，建立远距离链路	远洋舰船通信，电话，电报，远距离航空通信，业余无线电通信，军用通信
VHF(甚高频) ($30\sim300$ MHz)	视距传输，在频段的低端，有可能利用电离层进行反射通信	电视，FM 广播，空中交通管制，无线电导航，军用通信
UHF(特高频) ($300\sim3000$ MHz)	视距传输	电视广播，雷达，移动电话和无线电，卫星通信，GPS，WLAN①，WPAN②，军用通信
SHF(超高频) ($3\sim30$ GHz)	在频段高，大气吸收明显	雷达，微波线路，陆地移动通信，卫星通信，直接广播卫星(DBS)电视
EHF(极高频) ($30\sim300$ GHz)	在频段高端，视频传输易受到大气吸收，最适合短距离应用	雷达，安全和军用通信，卫星线路，未来 WPAN

注：① WLAN(Wireless Local Area Network)：无线局域网。

　　② WPAN(Wireless Personal Area Network)：无线个人局域网。

表 1.3　IEEE 雷达频段、国际电信联盟频段、通用频段和电子对抗频段比较

IEEE 雷达频段		ITU 频段		通用频段		电子对抗频段	
频段	频率范围/GHz	频段	频率范围/GHz	频段	频率范围/GHz	频段	频率范围/GHz
HF	0.003～0.03	HF	0.003～0.03	HF	0.003～0.03	A	0～0.25
VHF	0.03～0.3	VHF	0.03～0.3	VHF	0.03～0.3	B	0.25～0.5
UHF	0.3～1	UHF	0.3～3	UHF	0.3～1	C	0.5～1
L	1～2	SHF	3～30	L	1～2	D	1～2
S	2～4	EHF	30～300	S	2～4	E	2～3
C	4～8			C	4～8	F	3～4
X	8～12			X	8～12.4	G	4～6
Ku	12～18			Ku	12.4～18	H	6～8
K	18～27			K	18～26.5	I	8～10
Ka	27～40			Ka	26.5～40	J	10～20
mm	40～300			Q	40～50	K	20～40
				V	50～75	L	40～60
				W	75～110	M	60～100

表 1.4　业余无线电频段

波段	160 m	80 m	40 m	20 m	15 m	10 m	2 m
频率范围/MHz	1.8～2.0	3.5～4.0	7.0～7.3	14.0～14.35	21.0～21.45	28.0～29.7	144.0～148.0

注：新增加的还有 220～225 MHz，420～450 MHz，1215～1300 MHz，2300～2450 MHz，3300～3500 MHz，5650～5925 MHz。

表 1.5　军用无线电频段和无线技术及其应用

无线技术	频 段	频率范围	自由空间波长	通信距离	数据速率
PRC - 150	HF	2～30 MHz	10～150 m	30 mile	9.6～14.4 kb/s
RT - 1523	VHF	30～88 MHz	3.4～10 m	10～100 mile	9.6～14.4 kb/s
PRC - 148	VHF～UHF	30～512 MHz	0.5～10 m	12 mile	NA
PRC - 117	VHF～UHF	30～512 MHz	0.5～10 m	10～50 mile	NA
PSC - 5D	VHF～UHF	30～512 MHz	0.5～10 m	10～50 mile	76.8 kb/s
RT - 1720EPLRS	UHF	20～450 MHz	66～71 cm	6～60 mile	486 kb/s
VRC - 99	L 频段	1308～1484 MHz 1700～2000 MHz	15～23 cm	150 mile	625 kb/s
SecNet11 Secure WLAN	S 频段	2.412～2.462 GHz	12.5 cm	120 m	1～11 Mb/s
UHF 卫通	UHF	243～318 MHz	0.94～1.23 m	地面到 LEO	NA
Ku 卫通	Ku 频段	上行：11.2～11.7 GHz 下行：14～14.5 GHz	2.0～2.7 cm	地面到 GEO	0.5～5 Mb/s
Ka 卫通	Ka 频段	上行：27.5，31 GHz 下行：18.3，18.8，19.7，20.2 GHz	1～1.6 cm	地面到 GEO	上行：2 Mb/s 下行：30 Mb/s

注：1 mile(英里)＝1.609 km。

表 1.6 民用无线技术和应用及频段

无线技术	频 段	频 率	自由空间波长	通信距离	数据速率
TACS①		NTACS： Rx：860～870 MHz Tx：915～925 MHz ETACS Rx：916～949 MHz Tx：871～904 MHz	32～35 cm	100～10 000 m	NA
VHF TV	VHF	44～216 MHz	1.4～7 m	1.609 km	NA
UHF TV	UHF	470～806 MHz	37～64 cm		NA
802.11a	C 频段	4 GHz	6 cm	10～25 m	54 Mb/s
802.11b WiFi		2.4 GHz	12.5 cm	<50 m	11 Mb/s
802.11g		2.4 GHz	12.5 cm	<50 m	54 Mb/s
802.11n	S 频段	2.4 GHz	12.5 cm	10～100 m	540 Mb/s
802.15.1 Bluetooth		2.4 GHz	12.5 cm	<10 m	720 Kb/s
802.15.4 ZigBee	ISM 频段	868 MHz 915 MHz 2.4 GHz	6 cm 33 cm 35 cm	<50 m	100 Kb/s
(4G)802.16 WiMax OFDM FDD/TDD	S 频段 C 频段	2.5～2.69 GHz 2.7～2.9 GHz 3.4～3.6 GHz 5.725～5.86 GHz	5～12 cm	1000～5000 m	70 Mb/s
(4G)Broadway HIPERLAN/2 HIPERSPOTOFDM	C 频段 W 频段	5 GHz 59～65 GHz	0.5 cm 6 cm	10～100 m	100s Mb/s 1～5 Gb/s
	L 频段	1.616～1.628 GHz	18 cm	地面到 LEO②	2.4 kb/s
C 频段卫通	C 频段	上行：5.925～6.425 GHz 下行：3.7～4.2 GHz	4.7～8.1 cm	地面到 GEO③	64 kb/s～ 1.5 Mb/s
Ku 频段卫通	Ku 频段	上行：11.2～11.7 GHz 下行：14～14.5 GHz	2～2.7 cm	地面到 GEO	0.5～5 Mb/s
Ka 频段卫通	Ka 频段	上行：27.5，31 GHz 下行：18.3，18.8， 19.7，20.2 GHz	1～1.6 cm	地面到 GEO	上行：2 Mb/s 下行：30 Mb/s

注：① TACS(TotaL Access Communication System)：总接入通信系统。

② LEO(Low Earth Orbit)：低地球轨道。

③ GEO(Geostationary Earth Orbit)：地球静止轨道。

1.3 传 输 线

1.3.1 传输线的结构形式及特点

传输线的主要用途是以最小的损耗将高频能量从发射机传到天线的输入端,或由天线传到接收机。图 1.1 是典型的传输线结构。常用的传输线有平行双导线、同轴线、微带传输线以及波导。

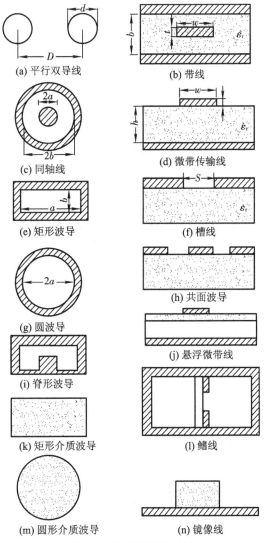

(a) 平行双导线

(b) 带线

(c) 同轴线

(d) 微带传输线

(e) 矩形波导

(f) 槽线

(g) 圆波导

(h) 共面波导

(i) 脊形波导

(j) 悬浮微带线

(k) 矩形介质波导

(l) 鳍线

(m) 圆形介质波导

(n) 镜像线

图 1.1   典型传输线结构

1. 平行双导线[2]

平行双导线也叫明线。由于两根导线相对于地的阻抗相等,确保了两根导线上电流大小相等,流向相反,因而作为平衡馈线使用。平行双导线导体的直径 d 通常比导体之间的间距小,有时候也把一根与地面平行的单线作为平行双导线使用。这种明线传输线具有结构简单和价格低廉的优点。线与线和线与地面之间的间距都远小于波长。

在相对低的频率，经常使用低成本绞绕双导线作为传输线。例如，绕制传输线变压器就经常使用绞绕双导线作为传输线。在短波频段，为了承受更大的功率，经常使用四线和六线式架空明线。由于四线和六线式架空明线在天线端和发射端都变成平行双导线，所以四线和六线式架空明线实质上也是平行双导线。尽管它们终端的接法不同，但都是对称的，对地都是平衡的。

以空气为介质的平行双导线的特性阻抗 Z_0 与导线直径 d 和两个导线中心的间距 D 有如下关系：

$$Z_0 = 276 \lg \frac{2D}{d} \text{ 或 } Z_0 = 120\ln\left[\frac{D}{d} + \sqrt{\frac{D}{d} - 1}\right] \approx 120\ln\frac{2D}{d} \tag{1.2}$$

平行双导线的特性阻抗一般为 $250\sim700\ \Omega$，常用的有 $600\ \Omega$、$450\ \Omega$ 和 $250\ \Omega$。在米波和分米波段，也经常使用平行双导线作为传输线。

表 1.7 是各种位于空间和靠近地面的明线传输线的结构及特性阻抗的表达式；表 1.8 是各种封闭单根线和平衡双导线传输线的结构及特性阻抗的表达式；表 1.9 是其他明线传输线的结构及特性阻抗的表达式。

表 1.7　各种位于空间和靠近地面的明线传输线的结构及特性阻抗的表达式

线位于空间	特性阻抗	线接近地面	特性阻抗
	$Z_0 = \dfrac{207}{\sqrt{\varepsilon_r}}\lg\left(1.59\dfrac{D}{d}\right)$		$Z_0 = \dfrac{138}{\sqrt{\varepsilon_r}}\lg\dfrac{4h}{d}$
	$Z_0 = \dfrac{138}{\sqrt{\varepsilon_r}}\lg\dfrac{2D_2}{d\sqrt{1+\left(\dfrac{D_2}{D_1}\right)^2}}$		$Z_0 = \dfrac{276}{\sqrt{\varepsilon_r}}\lg\dfrac{4h}{d\sqrt{1+\left(\dfrac{2h}{S}\right)^2}}$
	$Z_0 = \dfrac{173}{\sqrt{\varepsilon_r}}\lg\left(1.14\dfrac{D}{d}\right)$		$Z_0 = \dfrac{69}{\sqrt{\varepsilon_r}}\lg\left[\dfrac{4h}{d}\sqrt{1+\left(\dfrac{2h}{S}\right)^2}\right]$
	$Z_0 = 59.95\ln(X + \sqrt{X^2-1})$ $X = \dfrac{1}{2}\left[\dfrac{4D^2}{d_1 d_2} - \dfrac{d_1}{d_2} - \dfrac{d_2}{d_1}\right]$		$Z_0 = \dfrac{276}{\sqrt{\varepsilon_r}}\lg\dfrac{2S}{d\sqrt{1+\dfrac{S^2}{4h_1 h_2}}}$

表 1.8　各种封闭单根线和平衡双导线传输线的结构及特性阻抗的表达式

单根线	特性阻抗	平衡双线	特性阻抗
	$Z_0 = \dfrac{138}{\sqrt{\varepsilon_r}}\left[\lg\dfrac{4D}{\pi d} - \dfrac{0.0367\left(\frac{d}{D}\right)^4}{1 - 0.0355\left(\frac{d}{D}\right)^4}\right]$		$Z_0 = \dfrac{276}{\sqrt{\varepsilon_r}}\lg\dfrac{4D}{\pi d}\tanh\dfrac{\pi S}{2D}$
	$Z_0 = \dfrac{138}{\sqrt{\varepsilon_r}}\lg\dfrac{\sqrt{2}D}{d}$		$Z_0 = \dfrac{276}{\sqrt{\varepsilon_r}}\lg\dfrac{2D}{\pi d}$
	$Z_0 = \dfrac{138}{\sqrt{\varepsilon_r}}\lg\dfrac{4D}{\pi d}\tanh\dfrac{\pi h}{D}$		$Z_0 = \dfrac{276}{\sqrt{\varepsilon_r}}\lg\dfrac{2D}{\pi d\sqrt{A}}$ $A = \csc^2\left(\dfrac{\pi S}{d}\right) + \operatorname{csch}^2\left(\dfrac{2\pi h}{d}\right)$
	$Z_0 = \dfrac{138}{\sqrt{\varepsilon_r}}\lg 1.08\,\dfrac{D}{d}$		$Z_0 = \dfrac{276}{\sqrt{\varepsilon_r}}\left(\lg\dfrac{4D}{\pi d}\tanh\dfrac{\pi S}{2D} - \sum_{n=1}^{\infty}\lg\dfrac{1+U_n^2}{1-V_n^2}\right)$ $U_n = \dfrac{\sin\frac{\pi S}{2D}}{\cosh\frac{n\pi w}{2D}},\ V_n = \dfrac{\sinh\frac{\pi S}{2D}}{\sinh\frac{n\pi w}{2D}}$

表 1.9　其他明线传输线的结构及特性阻抗的表达式

结　构	$Z_0\sqrt{\varepsilon_r}/\Omega$
地面上的单线	$60\ln\left\{1 + \dfrac{2h}{d} + 2\left[\dfrac{h}{d}\left(1 + \dfrac{h}{d}\right)\right]^{1/2}\right\}$
在接地基板上的单线	$60\left[P(P+Q)\right]^{1/2}$ 其中，$P = \ln\left[1 + \dfrac{1}{2x}(1 + \sqrt{1+4x})\right]$, $Q = \sum_{n=0}^{\infty}(-D)^{n+1}\ln\left(1 + \dfrac{2}{n+x}\right)$, $D = \dfrac{\varepsilon_{r1} - \varepsilon_r}{\varepsilon_{r1} + \varepsilon_r}$, $x = \dfrac{d}{4h}$
槽线	$60\ln\left(\dfrac{4b}{\pi d}\tanh\dfrac{\pi H}{b}\right),\ d \ll h,\ d \ll b$

结　　构	$Z_0\sqrt{\varepsilon_r}/\Omega$
双线	$120\ln(x+\sqrt{x^2-1})，x=H/d$
平衡双线	$120\ln(2H/d)$

明线的功率容量为

$$P = \frac{E_a^2 d^2 \sqrt{\varepsilon_r}}{240}\text{arccosh}\frac{D}{d}w \tag{1.3}$$

式中：E_a 为在介质中所允许的最大电场。

2. 同轴线[3]

同轴线是最常用的传输线，由于外导体接地，内外导体相对于地不对称，因而同轴线为不平衡馈线。同轴线与平行双导线不同，电磁场完全集中在同轴线内外导体之间。

1）特性阻抗 Z_0

同轴线的特性阻抗 Z_0 取决于线的电特性，其表达式为

$$Z_0 = \sqrt{\frac{R+j\omega L}{G+j\omega C}} \tag{1.4}$$

式中：R 为单位长度上的导体电阻（单位为 Ω）；L 为单位长度上的电感（单位为 H）；G 为单位长度上的介质电导（单位为 S）；C 为单位长度上的电容（单位为 F）；ω 为角频率。

对无耗线，由于 $R=G=0$，所以：

$$Z_0 = \sqrt{\frac{L}{C}} \tag{1.5}$$

式（1.5）表示 Z_0 为实数，与频率无关，仅与线的几何尺寸、介质的介电常数有关。

【例 1.5】 已知 50 Ω 同轴线单位长度上的电容 $C=90$ pF，求 1 m 长同轴线的电感。

解 由式（1.5）得

$$L=Z_0^2C=50^2\times90\times10^{-12}=225 \text{ nH/m}$$

同轴线的特性阻抗 Z_0 与内导体的外直径 $2a$、外导体的内直径 $2b$ 及内外导体之间填充相对介电常数为 ε_r 的介质有如下关系：

$$Z_0=\frac{138}{\sqrt{\varepsilon_r}}\lg\frac{b}{a}=\frac{60}{\sqrt{\varepsilon_r}}\ln\frac{b}{a} \tag{1.6}$$

对于多芯内导线，其特性阻抗 Z_0 应该表示为

$$Z_0 = \frac{60}{\sqrt{\varepsilon_r}}\ln\left(\frac{b}{a \cdot K_s}\right) \tag{1.7}$$

对于 7 芯内导线，$K_s = 0.939$；对于 19 芯内导线，$K_s = 0.97$；对于实心导线，$K_s = 1$。常用同轴线的特性阻抗为 50 Ω、75 Ω 和 95 Ω。微波和无线通信使用 50 Ω 同轴线；电视和录像使用 75 Ω 同轴线；数据传输多用 95 Ω 同轴线。表 1.10 为射频同轴线的重要电参数。

表 1.10　射频同轴线的重要电参数

电缆类型		阻抗/Ω	传播速率（%）	相对介质常数
50 Ω	实心聚乙烯	50	65.9	2.30
	泡沫聚乙烯	50	83.0	1.45
	泡沫聚乙烯	50	84.0	1.42
	泡沫聚乙烯	50	85.0	1.38
	泡沫聚乙烯	50	86.0	1.35
	泡沫聚乙烯	50	87.0	1.32
	泡沫聚乙烯	50	88.0	1.29
	实心聚四氟乙烯	50	69.5	2.07
	绝缘带聚四氟乙烯	50	71.0	1.98
	低密度聚四氟乙烯	50	76.0	1.73
	低密度聚四氟乙烯	50	80.0	1.56
75 Ω	实心聚乙烯	75	65.9	2.30
	泡沫聚乙烯	75	83.0	1.45
	泡沫聚乙烯	75	84.0	1.42
	泡沫聚乙烯	75	85.0	1.38
	泡沫聚乙烯	75	86.0	1.35
	泡沫聚乙烯	75	87.0	1.32
	泡沫聚乙烯	75	88.0	1.29
	实心聚四氟乙烯	75	69.5	2.07
	低密度聚四氟乙烯	75	76.0	1.73
	低密度聚四氟乙烯	75	80.0	1.56
MISC	实心聚乙烯	95	65.9	2.30
	泡沫聚乙烯	95	85.0	1.38
	气隙聚乙烯	95	85.0	1.38
	实心聚四氟乙烯	95	69.5	2.07
	气隙聚乙烯	125	85.0	1.38
	气隙聚乙烯	185	85.0	1.38

表 1.11 所示为变形同轴线的结构及特性阻抗 Z_0 的表达式。

表 1.11　变形同轴线的结构及特性阻抗 Z_0 的表达式

结　　构	$z_0\sqrt{\varepsilon_r}/\Omega$	精　度
 偏心同轴线	$60\ln\left[X+(X^2-1)^{\frac{1}{2}}\right]$ $X=\dfrac{d}{2b}+\dfrac{2h}{d}\left(1-\dfrac{h}{b}\right)$	精确
	$60C_F\ln\left(\dfrac{b}{d}\right)$ $C_F=\left[1+\left(0.046-\dfrac{0.005b}{d}\right)\theta^2\right]\theta$	0.5% $\theta\leqslant 0.75\pi$ $2.3\leqslant\dfrac{b}{d}\leqslant 3.5$
 矩形同轴线	$60\ln\left(\dfrac{1.0787b}{d}\right)+A$ $A=\left[10-2.1\left(\dfrac{d}{b}\right)^3\right]B$ $B=\tanh\left[2.2\left(\dfrac{w}{b}-1.0\right)\right]$	0.5% $\dfrac{d}{b}\leqslant 0.65$

2）速度系数 v_f

众所周知，电波在同轴线中的传播速度 v 比光速 c 慢，通常把 v/c 之比定义为速度系数 v_f：

$$v_f=\frac{v}{c} \tag{1.8}$$

同轴线中的速度系数 v_f 几乎完全取决于同轴线中所填充介质的相对介电常数 ε_r，它们之间有如下关系：

$$v_f=\frac{1}{\sqrt{\varepsilon_r}} \tag{1.9}$$

对实心聚乙烯电缆，由于 $\varepsilon_r=2.3$，所以 $v_f=\dfrac{1}{\sqrt{2.3}}=0.66$；对聚乙烯泡沫电缆，因为 $\varepsilon_r=1.42$，所以 $v_f=0.84$。即使对于空气介质同轴线，传播速度也不等光速，而是 $v_f\approx 0.95$。对实心聚四氟乙烯电缆，因为 $\varepsilon_r=2.07$，所以 $v_f=\dfrac{1}{\sqrt{2.07}}=0.70$。由式(1.9)不难求出，聚四氟乙烯电缆中波的传播速度 $v=207\times10^6$ m/s。

3）同轴线的衰减

同轴线是最常用的一种传输线，移动通信大量使用了不同类型的同轴线。选用同轴线时，既要考虑它的机械性能，更要考虑它的电气性能。同轴线的主要电气性能有特性阻抗 Z_0、承受的工作电压、平均功率等，用户还必须特别关注它的衰减常数 α(dB/km)，因为电缆衰减常数 α 的大小直接关系着通信质量，如果 α 比较大，馈线又比较长，就会损失很多系统增益。

同轴线的衰减常数主要随以下几个因素而变化：

（1）内外导体的电阻损耗有时也叫 I^2R(欧姆）损耗，损耗与电流的平方成正比。由于集肤效应，导体的电阻随频率升高而变大。因而 I^2R 损耗随频率升高而变大。此外，高特性阻抗同轴线的导体损耗要比低特性阻抗的低，同轴线导体损耗小，这是因为 $P=I^2R$，相同的功率，当电阻大的时候，电流必然小。

（2）α 主要取决于同轴线内外导体中所填充介质材料的损耗、制造工艺及形状。到目前为止，同轴线中所填充介质的生产工艺共经历了实芯、化学发泡芯、藕状芯、物理高发泡芯、竹节式芯 5 代。

（3）α 随同轴线的粗细而变，同轴线越细，则衰减越大。

（4）α 随同轴线的工作频段而变，频率越高，衰减越大。

（5）在工作频率给定的情况下，给定型号同轴线的衰减量为衰减常数与同轴线长度的乘积。

（6）α 随工作温度而变，温度越高，衰减越大。

同轴线的衰减常数 α 可以通过同轴线生产厂家提供的同轴电缆手册查出，α 是随频率变化的。假定手册上只能查出频率为 f_1 时的 α_1，但查不到 f_2 时的 α_2，则可以由式(1.10)近似计算得出：

$$\alpha_2 = \alpha_1 \cdot \sqrt{\frac{f_2}{f_1}} \tag{1.10}$$

【例 1.6】 已知某型号同轴电缆在 50 MHz 的衰减常数 $\alpha_1 = 1.65$(dB/100 m)，试求在 200 MHz 的衰减常数 α_2。

解　由式(1.10)得

$$\alpha_2 = 1.65 \times \sqrt{\frac{200}{50}} = 3.3 \quad (\text{dB/100 m})$$

手册上查出的为 $\alpha_2 = 3.403$(dB/100 m)，可见误差是很小的。

4）同轴线的功率容量与工作电压

同轴线的功率容量与电损耗和工作电压有关。电损耗在同轴线的内外导体及介质中会产生热，而且大部分热量由同轴线的内导体产生。可见，要承受大功率，内导体不能太细，否则会被烧出污点或被烧断。由于介质紧紧包住内导体，因此，介质材料的最大允许工作温度及散热能力是同轴电缆承受功率容量的根本因素。热还会使同轴线的工作电压升高，如果电压超过额定值，还会击穿介质。另外，同轴电缆的功率容量还与 VSWR、环境温度及海拔有关，VSWR 越大，温度越高，海拔越高，同轴线功率容量就越差。

同轴线的最大峰值功率 $P_{\max}$ 与同轴线填充介质材料的相对介电常数 ε_r、尺寸有如下关系：

$$P_{\max} = 44 |E_{\max}|^2 a^2 \sqrt{\varepsilon_r} \ln \frac{b}{a} \qquad (1.11)$$

同轴线有电晕电压和介质承受电压。电晕电压是一个与电离现象有关的电压。同轴线工作电压必须小于电晕电压，绝对不能在电晕状态下连续工作，否则会损伤介质，甚至使电缆失效。同轴线的最大交流工作电压由电缆制造厂提供，承受的最大直流电压应当是最大交流电压的 3 倍，实际峰值电压应当是最大交流工作电压的 1.4 倍。有效输入电压 u_e 与实际输入电压 u_A 及 VSWR 有如下关系：

$$u_e = u_A \sqrt{\text{VSWR}} \qquad (1.12)$$

表 1.12 给出了同轴线常用介质材料的相对介电常数 ε_r、$\tan\delta$ 及工作温度范围。

表 1.12　常用介质材料的相对介电常数 ε_r、$\tan\delta$ 及工作温度范围

材　料	相对介电常数 ε_r	损耗正切 $\tan\delta$	工作温度范围/(℃)
聚四氟乙烯(PTFE)	2.07	0.0003	$-75 \sim +250$
聚乙烯(PE)	2.3	0.0003	$-65 \sim +80$
泡沫聚乙烯	$1.29 \sim 1.64$	0.0001	$-65 \sim +100$
聚氯乙烯(PVC)	$3.0 \sim 8.0$	$0.07 \sim 0.16$	$-50 \sim +105$
聚酰胺	$3.5 \sim 4.6$	$0.03 \sim 0.4$	$-60 \sim +120$
硅橡胶	$2.1 \sim 3.5$	$0.007 \sim 0.016$	$-70 \sim +250$
乙烯丙烯	2.24	0.000 46	$-40 \sim +105$
氟化乙烯丙烯(FEP)	2.1	0.0007	$-70 \sim +200$
低密度聚四氟乙烯	$1.38 \sim 1.73$	0.000 05	$-75 \sim +250$
泡沫 FEP	1.45	0.0007	$-75 \sim +200$
聚酰亚胺	$3.0 \sim 3.5$	$0.002 \sim 0.003$	$-75 \sim +300$
全氟烷氧醛(PFA)	2.1	0.001	$-75 \sim +260$
乙烯氯醛氧化乙烯(ECTFE)	2.5	0.0015	$-65 \sim +150$

5) 同轴线尺寸的选择

为保证同轴线只传输 TEM 波，而不产生高次模，同轴线的尺寸应满足：

$$a + b \leqslant \frac{\lambda_{\min}}{\pi} \qquad (1.13)$$

为保证大功率，同轴线尺寸应满足：

$$\frac{b}{a} = 1.65$$

为保证损耗小，同轴线尺寸应满足：

$$\frac{b}{a} = 3.592$$

折中考虑，同轴线尺寸应满足：

$$\frac{b}{a} = 2.30$$

6) 同轴线的主要电参数

同轴线的主要电参数表达式汇总如表 1.13 所示。

表 1.13　同轴线的主要电参数表达式

参　　数	表达式	单　位
电容	$C = \dfrac{55.556\varepsilon_{r}}{\ln\dfrac{b}{a}}$	pF/m
电感	$L = 200\ln\dfrac{b}{a}$	nH/m
特性阻抗	$Z_{0} = \dfrac{60}{\sqrt{\varepsilon_{r}}}\ln\dfrac{b}{a}$	Ω
相速	$v_{p} = \dfrac{3\times 8^{8}}{\sqrt{\varepsilon_{r}}} = f\lambda_{g}$	m/s
延迟	$\tau_{d} = 3.33\sqrt{\varepsilon_{r}}$	ns/m
介质衰减常数	$\alpha_{d} = 27.3\sqrt{\varepsilon_{r}}\tan\dfrac{\delta}{\lambda_{0}}$	dB/单位长度
导体衰减常数（铜，20℃）	$\alpha_{c} = \dfrac{9.5\times 10^{-5}\sqrt{f}(a+b)\sqrt{\varepsilon_{r}}}{ab\ln\dfrac{b}{a}}$	dB/单位长度
高次模截止波长	$\lambda_{c} \approx \pi\sqrt{\varepsilon_{r}}(a+b)$	b 或 a 的单位
最大峰值功率	$P_{max} = 44\,|E_{max}|^{2}a^{2}\sqrt{\varepsilon_{r}}\,\ln\dfrac{b}{a}$	kW

注：λ_{0} 为自由空间波长；λ_{g} 为导波波长；$\tan\delta$ 为介质损耗的正切；f 为工作频率，单位为 GHz；E_{max} 为击穿电场。

3. 微带传输线[2]

微带传输线简称微带线，是微波集成电路中天线馈电网络的重要组成部分。它是由沉积在介质基板上的金属导体带和接地板构成的传输线。其基本结构有两种，即对称带线和不对称带线。

对称带线也叫带线、带状线。把同轴线的内外导体变成平行金属带，就变成了微带线。可见，微带线由同轴线演变而来。微带线不像带线，因为位于带线和地之间的电磁场没有全部包含在基板之中，所以微带线为不对称带线，属不均匀传输线。因此，沿微带线传输的电磁波不是纯 TEM 波，而是准 TEM 波。

微带线具有体积小、重量轻、成本低、频带宽和稳定性好等优点。微带线的主要缺点是损耗较大，Q 值低，功率容量小。

微带线的最大工作频率受以下因素的限制：激励的杂散模，大的损耗，严格的制造公差，明显的不连续效应，由于不连续辐射而造成的低 Q 值。

由于微带线导带的上面是空气，导带的下面为相对介电常数为 ε_{r} 的基板，所以微带线的介质为混合介质。在理论分析和计算中可将微带线近似看成准 TEM，原则上可将带线的分析方法和计算原理用于微带线，不同之处在于要引入有效介电常数 ε_{e}。所谓有效介电常数，是指在微带线尺寸及特性阻抗不变的情况下，用均匀介质完全填充微带线周围空间，以取代微带线的混合介质。通常把此均匀介质的介电常数称为有效介电常数 ε_e。

表 1.14 给出了微带线的特性阻抗 Z_0 及有效介电常数的表达式。

表 1.14　微带线的特性阻抗 Z_0 及有效介电常数的表达式

参　　数	表　达　式
特性阻抗 Z_0/Ω	$$Z_0 = \begin{cases} \dfrac{\eta_0}{2\pi\sqrt{\varepsilon_e}}\ln\left(\dfrac{8h}{w}+0.25\dfrac{w'}{h}\right), & \dfrac{w}{h}\leqslant 1 \\[3mm] \dfrac{\eta_0}{\sqrt{\varepsilon_e}}\left[\dfrac{w'}{h}+1.393+0.667\left(\dfrac{w'}{h}+1.444\right)\right]^{-1}, & \dfrac{w}{h}\geqslant 1 \end{cases}$$ $$\eta_0 = 120\pi$$ $$\begin{cases} \dfrac{w'}{h} = \dfrac{w}{h}+\dfrac{1.25t}{\pi h}\left(1+\ln\dfrac{4\pi w}{t}\right), & \dfrac{w}{h}\leqslant\dfrac{1}{2\pi} \\[3mm] \dfrac{w'}{h} = \dfrac{w}{h}+\dfrac{1.25t}{\pi h}\left(1+\ln\dfrac{2h}{t}\right), & \dfrac{w}{h}\geqslant\dfrac{1}{2\pi} \end{cases}$$
有效介电常数 ε_e	$$\varepsilon_e = \dfrac{\varepsilon_r+1}{2}+\dfrac{\varepsilon_r-1}{2}F\left(\dfrac{w}{h}\right)-\dfrac{\varepsilon_r-1}{4.6}\dfrac{\frac{t}{h}}{\sqrt{\frac{w}{h}}}$$ $$F\left(\dfrac{w}{h}\right) = \begin{cases} \left(1+\dfrac{12h}{w}\right)^{-\frac{1}{2}}+0.04\left(1-\dfrac{w}{h}\right)^2, & \dfrac{w}{h}\leqslant 1 \\[3mm] \left(1+\dfrac{12h}{w}\right)^{-\frac{1}{2}}, & \dfrac{w}{h}\geqslant 1 \end{cases}$$

微带线的导波波长 λ_g 与自由空间波长 λ_0 及有效介电常数 ε_e 有如下关系：

$$\lambda_g = \frac{\lambda_0}{\sqrt{\varepsilon_e}} \tag{1.14}$$

4. 波导

波导有矩形空心波导、圆形空心波导、矩形介质波导、圆形介质波导、脊形波导等。

1) 波导中电磁波传播的基本特点

(1) 在波导中不存在 TEM 波，只存在 TE 波和 TM 波。

(2) 在波导中传播的波，轴向相速度大于自由空间电磁波的速度。

(3) 波导中波的传播速度与频率有关，即存在色散特性。也就是说，波导中传输的 TE 波和 TM 波是色散型波。

(4) 波导中传输的 TE 波和 TM 波与信号的频率有关，且具有截止频率 f_c 或截止波长 λ_c。只有工作频率 $f > f_c$（或 $\lambda_0 < \lambda_c$）的波才能在波导中传播；$f \leqslant f_c$（或 $\lambda_0 \geqslant \lambda_c$）时不能在波导中传输。

(5) 波在波导横截面内呈驻波分布，沿轴向波的传播与长线一样，随负载不同，可以为行波、驻波或行驻波。

矩形波导的波导波长 λ_g 为

$$\lambda_g = \frac{\lambda_0}{\sqrt{1-(\lambda_0/\lambda_c)^2}} = \frac{\lambda_0}{\sqrt{1-[\lambda_0/(2a)]^2}} \tag{1.15}$$

2) 波导的特点

与双导线和同轴线相比，波导具有以下特点：

（1）波导只适用于微波，当频率较低时，由于波长长，尺寸大，因而波导不仅体积大，而且笨重。

（2）由于波导结构简单牢固，因而容易保证沿线传输的均匀性。

（3）由于波导没有内导体，无需引入介质支撑，因而无介质支撑物的介质损耗。

（4）由于波导没有内导体，导电面积大，因而管壁电流热损耗比同轴线小。

（5）由于波导没有内导体，因而波导的击穿强度大，更能高效地传输大功率。

3) 矩形波导截面尺寸的选择

选择矩形波导截面尺寸必须满足以下基本要求：

（1）保证在工作频带范围内只传输单一波形。

（2）功率容量要大。

（3）损耗要尽量小。

（4）尺寸要尽量小。

为了保证只传输单一主模 H_{10} 波，已知 H_{10} 波的截止波长 $\lambda_c = 2a$，故 $\lambda_0 < 2a$，另一方面还必须扼制与 H_{10} 波最靠近的 λ_c 分别等于 a 和 $2b$ 的高次型波 H_{20} 和 H_{01}。这就意味着：

$$\lambda_0 > a, \quad \lambda_0 > 2b$$

综合上述两个条件，则有

$$0.5\lambda_0 < a < \lambda_0, \quad 0 < b < 0.5\lambda_0$$

为了承受大功率，a 应满足

$$a < \lambda_0 < 1.8a$$

衰减要小，b 应尽量选大一些，但 $b < 0.5\lambda_0$，否则会出现高次模 H_{01} 波，同时应使 $2b < a$，以便使带宽宽一些，但 b 也不能取得过小，否则功率容量减少，一般取 $2b \approx a$。

综合上述要求并根据经验一般选

$$a \approx 0.7\lambda_0$$
$$b = (0.4 \sim 0.5)a$$

表 1.15 是规则波导、矩形波导和圆波导的截止波长、波导波长、相速度和群速度的表达式。

表 1.15　规则波导、矩形波导和圆波导的截止波长、波导波长、相速度和群速度的表达式

特性　波导形式	截止波长	波导波长	相速度	群速度
规则波导	$\lambda_c = \dfrac{2\pi}{K_c}$	$\lambda_g = \dfrac{\lambda_0}{\sqrt{1 - \left(\dfrac{\lambda_0}{\lambda_c}\right)^2}}$	$v_p = \dfrac{v}{\sqrt{1 - \left(\dfrac{\lambda_0}{\lambda_c}\right)^2}}$	$v_g = v\sqrt{1 - \left(\dfrac{\lambda_0}{\lambda_c}\right)^2}$
矩形波导	$\lambda_c = \dfrac{2}{\sqrt{\left(\dfrac{m}{a}\right)^2 + \left(\dfrac{n}{b}\right)^2}}$	$\lambda_g = \dfrac{\lambda_0}{\sqrt{1 - \left(\dfrac{\lambda_0}{\lambda_c}\right)^2}}$	$v_p = \dfrac{v}{\sqrt{1 - \left(\dfrac{\lambda_0}{\lambda_c}\right)^2}}$	$v_g = v\sqrt{1 - \left(\dfrac{\lambda_0}{\lambda_c}\right)^2}$
圆波导	TE_{mn} 波 ：$\lambda_c = \dfrac{2\pi R}{\mu_{mn}}$ TM_{mn} 波 ：$\lambda_c = \dfrac{2\pi R}{v_{mn}}$	$\lambda_g = \dfrac{\lambda_0}{\sqrt{1 - \left(\dfrac{\lambda_0}{\lambda_c}\right)^2}}$	$v_p = \dfrac{v}{\sqrt{1 - \left(\dfrac{\lambda_0}{\lambda_c}\right)^2}}$	$v_g = v\sqrt{1 - \left(\dfrac{\lambda_0}{\lambda_c}\right)^2}$

1.3.2 长线的基本知识

1. 长线的定义

在电磁场理论中,把传输线的几何长度 L 与经过它传输的电磁波的波长 λ_0 之比定义为传输线的电长度,即

$$电长度 = \frac{L}{\lambda_0}$$

如果 $L \geqslant 0.1\lambda_0$,则称这段传输线为长线,反之称为短线。长线和短线的区别不在于它们的绝对长短,而是它们的电长度 L/λ_0。短线上各点的电流、电压相等,但长线上沿线各点的电流、电压均不相等。

2. 长线上的分布参数

在低频电路中,可以有电阻、电感和电容,它们属集总参数,磁场只集中在电感线圈附近,电场只集中在电容器附近,电源功率只消耗在电阻上。但是当频率升高时,即在长线的情况下,情况与低频时有很大不同,主要包括:

(1) 出现了分布参数,电磁场分布在长线的周围,电感、电容和电阻都分布在长线上。

(2) 长线与电源接通后,在线上出现了电流波和电压波,在同一时刻,线上各点的电流、电压的数值不相等,相位也不相同。

一般情况下,长线上电流、电压都以相同的传播速度 v_f 按指数规律逐渐衰减(衰减的速度取决于衰减常数 α)。向负载方向传播的行波称为入射波,向电源方向传播的行波称为反射波。行波电压和行波电流之比为恒定值,此数值就是长线的特性阻抗。

3. 长线的输入阻抗

长度为 L 的高频无耗线的输入阻抗为

$$Z_{in} = Z_0 \frac{Z_L + jZ_0 \tan\beta L}{Z_0 + jZ_L \tan\beta L} \tag{1.16}$$

式中:Z_0 为馈线特性阻抗;Z_L 为负载阻抗,当 $Z_L = 0$(终端短路)时,由式(1.16)得

$$Z_{ins} = jZ_0 \tan\beta L \tag{1.17}$$

当 $Z_L = \infty$(终端开路)时,由式(1.16)得

$$Z_{ino} = -jZ_0 \cot\beta L \tag{1.18}$$

如果不知道同轴线特性阻抗,则只需要分别测量同样长度的终端短路和终端开路同轴线的输入阻抗并把它们相乘就能确定。这是因为

$$Z_{ino} \times Z_{ins} = -\frac{jZ_0}{\tan\beta L} \times jZ_0 \tan\beta L = Z_0^2 \tag{1.19}$$

4. 反射系数 Γ

长线上某点反射波电压 U_r(或电流 I_r)与入射波电压 U_i(或电流 I_i)幅度之比定义为电压反射系数,简称反射系数 Γ,即

$$\Gamma = \frac{U_r}{U_i} = \frac{I_r}{I_i} = |\Gamma| e^{j\varphi} \tag{1.20}$$

反射系数 Γ 一般为复数,表明反射波与入射波之间不仅在幅度上有差异,而且还有相位差。通常 $|\Gamma| \leqslant 1$。

负载端的反射系数 Γ_L 与负载阻抗 Z_L 有如下关系:

$$\Gamma_{\mathrm{L}} = \left| \frac{Z_{\mathrm{L}} - Z_0}{Z_{\mathrm{L}} + Z_0} \right| \mathrm{e}^{\mathrm{j}\varphi} \tag{1.21}$$

负载阻抗 Z_{L} 的大小及性质将直接影响反射系数的大小和相位。不同负载阻抗 Z_{L} 使长线上出现三种工作状态。

(1) 当 $Z_{\mathrm{L}} = Z_0$ 时，$\Gamma_{\mathrm{L}} = 0$，为无反射工作状态，又叫全匹配，即呈行波状态。出现无反射的条件如下：

① 线为无限长。

② $Z_{\mathrm{L}} = Z_0$。

③ $\Gamma_{\mathrm{L}} = 0$，只有入射波，没有反射波。

图 1.2 是全匹配长线上电流、电压的幅度和相位分布。

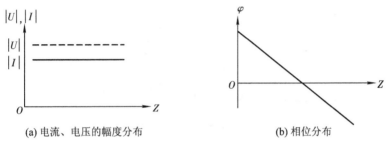

(a) 电流、电压的幅度分布　　　　　　　　　　(b) 相位分布

图 1.2　全匹配长线上电流、电压的幅度和相位分布

可见，对无耗长线，沿线各点电流和电压的振幅不变，相位随距离 z 的增加连续滞后，沿线各点的阻抗均等于特性阻抗 Z_0。

(2) 当 $Z_{\mathrm{L}} = \infty$ 时，终端开路，$\Gamma_{\mathrm{L}} = 1$；当 $Z_{\mathrm{L}} = 0$ 时，终端短路，$\Gamma_{\mathrm{L}} = -1$；当 $Z_{\mathrm{L}} = \pm \mathrm{j} X_{\mathrm{L}}$ 时，终端接纯电抗负载，$|\Gamma_{\mathrm{L}}| = 1$，均为反射工作状态，呈纯驻波状态。

(3) 当 $Z_{\mathrm{L}} = R_{\mathrm{L}} \pm \mathrm{j} X_{\mathrm{L}}$ 时，$|\Gamma_{\mathrm{L}}| < 1$，呈行驻波状态。

由于上述三种情况下的驻波特性都是一样的，只是驻波在线上分布的位置、大小不同而已，因此仅以短路为例来说明其特点。

图 1.3 是无耗短路线沿线瞬时电流、电压的振幅及相位分布图。

由 1.3 图可以看出：

① 沿线电流和电压的振幅随位置而变化，且有最大值和最小值(零值)，我们把最大值的点称为波腹点，把最小值的点称为波节点。

② 终端短路处为电压波节点和电流波腹点。

③ 相邻波腹点与波节点相距 $\lambda_0/4$，两波腹点和两波节点相距 $\lambda_0/2$。

④ 电压波节点恰为电流波腹点，电压波腹点恰为电流波节点。

⑤ 长度每经过 $\lambda_0/4$，阻抗的性质就变换一次，即阻抗具有 $\lambda_0/4$ 变换性。

⑥ 长度每经过 $\lambda_0/2$，阻抗(大小和性质)就重复一次，即阻抗具有 $\lambda_0/2$ 重复性。

⑦ 沿线各点电压和电流在时间上相差 $\pi/2$，在空间位置上也相差 $\pi/2(\lambda_0/4)$，因此驻波长线上既没有能量传输，也没有能量损耗。

⑧ 两波节之间沿线电压和电流同相。

⑨ 波节两边电压或者电流反相，或者说，每经过 $\lambda_0/2$，电流或电压必反相。

⑩ 长度为 $\lambda_0/4$ 的短路线的输入阻抗为无穷大，相当于开路，则

$$Z_{in} = jZ_0 \tan \frac{2\pi}{\lambda_0} \times \frac{\lambda_0}{4} = \infty$$

作为金属绝缘子。

⑪ 长度为 $\lambda_0/4$ 的开路线的输入阻抗等于零，相当于短路，则

$$Z_{in} = -jZ_0 \cot \frac{2\pi}{\lambda_0} \times \frac{\lambda_0}{4} = 0$$

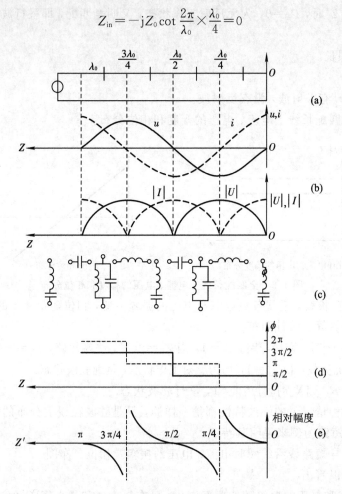

图 1.3　无耗短路线沿线瞬时电流、电压的振幅及相位分布图

5. $L \leqslant \lambda_0/4$ 传输线的应用

1) 作支架起金属绝缘子的作用

因为长度为 $\lambda_0/4$ 的短路传输线的输入阻抗为无穷大，相当于开路，故可以作为金属绝缘子。

图 1.4 中利用 $\lambda_0/4$ 长短路线把双线传输线固定在地面上。

图 1.5 是由两单元微带贴片天线构成的 45°斜极化板状天线的一个例子。图中用双 L 形探针给微带贴片馈电，但馈线是微带线。为了把微带线固定在接地板（接地板在图中并未绘出）上，专门设计并附加了如图所示的由 B 到 A 的长度为 $\lambda_0/4$ 的两段短路线。

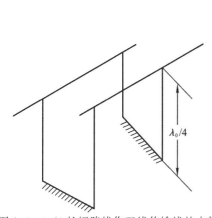

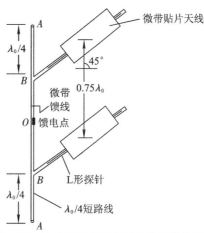

图 1.4 $\lambda_0/4$ 长短路线作双线传输线的支架　　图 1.5 用 $\lambda_0/4$ 长短路线固定双极化天线的微带馈线

短路点为 A，在该点把微带线与接地板相连，起固定微带线的作用。由于微带线与地构成了一根长度为 $\lambda_0/4$ 的短路线，因此 A 点虽然短路，但在 B 点，电气上呈开路状态，等效于 BA 线没接。

2）作滤波器

如图 1.6 所示，把 $\lambda_0/4$ 短路线并联或将 $\lambda_0/4$ 开路线串联到传输线上，可作为偶次谐波的滤波器。对于基波，AA' 处相当于开路，BB' 处相当于短路，因此对基波传输没有影响；但对于偶次谐波，AA' 处相当于短路，BB' 处相当于开路，因此偶次谐波不传送到负载，起对偶次谐波滤波的作用。

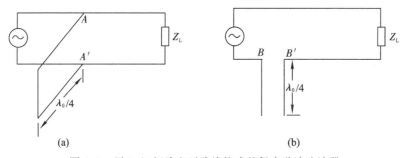

图 1.6 用 $\lambda_0/4$ 短路和开路线构成的偶次谐波滤波器

3）作天线收发转换开关

一般雷达采用发射和接收共用一副天线的方式来工作。这就对连接发射机、接收机和天线之间的馈线设备提出了一个要求。一方面应保证发射机工作时能量全部输送到天线上，而不进入接收机，否则发射机输出的大功率会损坏接收机；另一方面还应做到天线所收到的全部回波能量都能进入接收机，而不进入发射机。馈线设备要做到这些就必须具备开关的作用，也就是当发射机工作时自动将通向接收机的支路短路，而当发射机不工作时又将通向发射机支路的馈线短路，同时接通接收机支路。

图 1.7 所示装置为天线收发自动转换开关，用它可以完成上述任务。图中 B 和 D 处有火花隙，当发射机工作时，B 和 D 处的火花隙被击穿呈短路状态，DC 相当于 $\lambda_0/4$ 长短路线，在 C 点阻抗很大，BA 也相当于 $\lambda_0/4$ 长短路线，在 A 点呈现很大阻抗，因而不会影响

VSWR≠1，就意味着有反射。反射使一部分入射功率损耗在负载上，所以负载反射功率 P_r 与负载入射功率 P_i 和反射系数 Γ 有如下关系：

$$P_r = \Gamma^2 P_i \tag{1.27}$$

被负载吸收的功率 P_L 就等于入射功率与反射功率之差，即

$$P_L = P_i - \Gamma^2 P_i \tag{1.28}$$

【例 1.7】 已知 $P_i = 50$ mW，信号源与馈线匹配，但与负载不匹配。假定 $\Gamma = 0.5$，试求 P_r 和 P_L。

解 由式(1.27)可以求得反射功率：

$$P_r = 0.5^2 \times 50 = 12.5 \text{ mW}$$

由式(1.28)可以求得负载吸收功率：

$$P_L = 50 \times (1 - 0.5^2) = 37.5 \text{ mW}$$

在实际工程中，有时也可以用通过式功率计来测量天馈系统的 VSWR。如果测出正向功率(入射功率) P_i 和反向功率(反射功率) P_r，则可以由式(1.29)计算 VSWR：

$$\text{VSWR} = \frac{1 + \sqrt{P_r/P_i}}{1 - \sqrt{P_r/P_i}} \tag{1.29}$$

7. VSWR 大时带来的害处

为什么用户总希望天线的 VSWR 小一些呢？这是因为不少发射机规定，当 VSWR≥2 时，发射机就自动呈保护状态，以防损伤而降低输出功率。不仅如此，当 VSWR≠1 时，它还会降低天馈系统的效率。我们引入失配损耗 M_L(Mismatch Loss)来表示天馈系统增益损失的大小。失配损耗 M_L 与电压驻波比 VSWR 之间的关系用 dB 可表示为

$$M_L(\text{dB}) = -10\lg\frac{(\text{VSWR}+1)^2}{4\text{VSWR}} = -10\lg\left[1 - \left(\frac{\text{VSWR}-1}{\text{VSWR}+1}\right)^2\right] \tag{1.30}$$

VSWR 为不同值时，所造成的增益损失 M_L 见表 1.16。

表 1.16　VSWR 为不同值时所造成的增益损失

VSWR	1.09	1.15	1.20	1.30	1.4	1.5	2.0	3.0	3.57	4.42
M_L/dB	−0.009	−0.022	−0.035	−0.0754	−0.122	−0.176	−0.500	−1.256	−1.651	−2.205

由表 1.16 可以看出，当天线的 VSWR=1.3 时，只带来 0.0754 dB 的增益损失；当 VSWR=1.4 时，仅造成 0.122 dB 的增益损失。天线的 VSWR=1.4 时，比天线的 VSWR=1.3 时仅增加了 0.0466 dB 的损耗，可以完全忽略不计。即使天线的 VSWR=1.5 时，也只仅造成 0.176 dB 的增益损失，比 VSWR=1.3 和 VSWR=1.4 时，增益损失仅分别增加了 0.1006 dB 和 0.054 dB，也可以完全忽略不计。也就是说，即使天线的 VSWR=1.5，也不会给用户造成影响，且不会影响对发射机的保护。在实际中，发射天线和发射机之间的连线通常为 70～50 m。由于馈线存在损耗，因此从发射机输出端测量的 VSWR 实际只有 1.3～1.2。从保证使用的角度看，用户没有必要对天线 VSWR 提出过高的要求，但降低对天线 VSWR 的要求却会给天线制造厂商带来极大的社会效益和经济效益。

8. 匹配效率 M_e(Match Efficiency)

匹配效率 M_e 用%表示。M_e 与反射系数 Γ、VSWR、P_i、P_r 有如下关系；

$$M_e = (1 - \Gamma^2) \times 100 \tag{1.31}$$

$$M_{e} = \left[1 - \left(\frac{\text{VSWR} - 1}{\text{VSWR} + 1} \right)^{2} \right] \times 100 \tag{1.32}$$

$$M_{e} = \frac{P_{i} - P_{r}}{P_{i}} \times 100 \tag{1.33}$$

表 1.17 给出了 VSWR、Γ 与 M_e 的对应关系。

表 1.17　VSWR、Γ 与 M_e 的对应关系

VSWR	1.011	1.09	1.15	1.20	1.25	1.29	1.33	1.43	1.5	2.1	3.01	3.57	4.42
Γ	0.006	0.045	0.071	0.089	0.112	0.126	0.141	0.178	0.20	0.355	0.501	0.562	0.631
$M_e(\%)$	100.0	99.80	99.50	99.21	98.74	98.42	98.00	96.84	96.02	87.41	74.88	68.38	60.19

由表 1.16 和表 1.17 可以看出，VSWR＝2.0，失配损耗 0.5 dB，到达负载上的功率为入射功率的 88.9%；VSWR＝3.01，失配损耗 1.256 dB，到达负载上的功率为入射功率的 75%。

9. 回波损耗 R_L(dB)(Return Loss)

国外不少资料不用电压驻波比（VSWR）来表示天线与馈线的匹配程度，而用反射损耗 R_L 表征。按照定义

$$R_{L} = 20 \lg |\Gamma| \tag{1.34}$$

反射损耗 R_L(dB) 与 VSWR 有如下关系：

$$\text{VSWR} = \frac{1 + |\Gamma|}{1 - |\Gamma|} = \frac{1 + 10^{-\frac{R_{L}}{20}}}{1 - 10^{-\frac{R_{L}}{20}}} \tag{1.35}$$

表 1.18 给出了 VSWR、R_L 及 Γ 的对应关系。

表 1.18　VSWR、R_L 及 Γ 的对应关系

VSWR	1.09	1.12	1.15	1.17	1.20	1.22	1.25	1.29	1.33	1.38	1.43	1.50	2.10	2.32	3.01
R_L	−27	−25	−23	−22	−21	−20	−19	−18	−17	−16	−15	−14	−9	−8	−6
Γ	0.045	0.056	0.071	0.079	0.089	0.100	0.112	0.126	0.141	0.156	0.178	0.200	0.355	0.398	0.501

反射损耗 R_L(dB) 也可以用 VSWR 及入射功率 P_i、反射功率 P_r 来表示：

$$R_{L}(\text{dB}) = 20 \lg \frac{\text{VSWR} - 1}{\text{VSWR} + 1} \tag{1.36}$$

$$R_{L}(\text{dB}) = 10 \lg \frac{P_{r}}{P_{i}} \tag{1.37}$$

10. 阻抗变换段

如果天线与馈线不匹配（特别是在天线阵中），则大量使用如图 1.17 所示的 $\lambda_0/4$ 阻抗变换段来实现天线与馈线的匹配。最简单、最有效的 $\lambda_0/4$ 阻抗变换段就是一段特性阻抗为 Z_0 的 $\lambda_0/4$ 传输线。传输线可以是双线传输线、同轴线或微带线。特性阻抗为 Z_0 的 $\lambda_0/4$ 阻抗变换段与它两端相连接的阻抗 Z_1 和 Z_2 有如下关系：

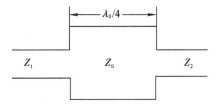

图 1.17　$\lambda_0/4$ 阻抗变换段

$$Z_{0} = \sqrt{Z_{1} Z_{2}} \tag{1.38}$$

　　$\lambda_0/4$ 阻抗变换段一般用于负载为纯电阻的场合，当负载阻抗为复阻抗时仍然要用 $\lambda_0/4$ 阻抗变换段，此时先不接入 $\lambda_0/4$ 阻抗变换段，用仪器测出电压波腹点或电压波节点，再把 $\lambda_0/4$ 阻抗变换段从电压波腹点或电压波节点接入，因为该处等效阻抗为纯电阻，这样方能用 $\lambda_0/4$ 阻抗变换段完成阻抗匹配。

　　由于 Z_1 和 Z_2 的大小是任意的，因此要做到阻抗匹配，$\lambda_0/4$ 阻抗变换段的特性阻抗 Z_0 也应该是可变的，至少应该有多个值，以供实际匹配选用。由式（1.38）计算的 Z_0 值用双线传输线和微带线容易实现。常用同轴线的特性阻抗只有 50 Ω 和 75 Ω 两种，但可以把两根和三根 $\lambda_0/4$ 长 50 Ω 和 75 Ω 同轴线并联，也可以把 $\lambda_0/4$ 长的一根 50 Ω 同轴线与一根 75 Ω 同轴线并联，以便尽可能得到具有不同 Z_0 值的 $\lambda_0/4$ 阻抗变换段。表 1.19 是不同根数 $\lambda_0/4$ 长 50 Ω 和 75 Ω 电缆并联构成的特性阻抗 Z_0。

表 1.19　不同根数 $\lambda_0/4$ 长 50Ω 和 75Ω 电缆并联构成的特性阻抗 Z_0

$\lambda_0/4$ 长并联电缆	并联电缆的特性阻抗 Z_0/Ω
一根 50 Ω，一根 75 Ω	30
两根 75 Ω	37.5
两根 50 Ω	25
两根 75 Ω，一根 50 Ω	21.4
一根 75 Ω，两根 50 Ω	18.75
三根 50 Ω	16.67

　　为了实现宽频带，可以使用多节 $\lambda_0/4$ 阻抗变换段，特性阻抗分别为 Z_{01} 和 Z_{02}。$\lambda_0/4$ 阻抗变换段与它相邻两端的阻抗 Z_{in} 和 Z_L 有如下关系：

$$Z_{01}\,Z_{02}=Z_{in}\,Z_L \tag{1.39}$$

则匹配。

　　如果

$$\begin{cases} Z_{01}=(Z_{in}^3 Z_L)^{1/4} \\ Z_{02}=(Z_{in} Z_L^3)^{1/4} \end{cases} \tag{1.40}$$

则获得宽带匹配。

　　【例 1.8】 用输入阻抗为 50 Ω 的八个半波偶极子并联组阵，馈电电缆的特性阻抗为 50 Ω，试设计馈电网络。

　　解　先给出如图 1.18 所示的馈电网络。由馈电网络示意图可看出，使用了四段 50 Ω 阻抗变换段和两段 75 Ω 阻抗变换段，基本上实现了阻抗匹配。由于分布参数的影响，$\lambda_0/4$ 阻抗变换段需要的长度明显小于 $\lambda_0/4$。这可以由 2.4 GHz 八元板状天线馈电网络的实际尺寸明显看

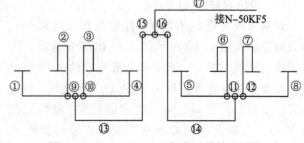

图 1.18　2.4 GHz 八元板状天线馈电网络

出。2.4 GHz 的工作频段为 2400～2500 MHz，中心工作波长 $\lambda_0=122.4$ mm，由于使用聚四

氟乙烯(SFF)电缆，已知 SFF 电缆的相对介电常数 $\varepsilon_r = 2.08$，因此 $\lambda_g = \lambda_0 / \sqrt{\varepsilon_r} = 84.9$ mm。

经计算，各线特性阻抗及长度如下：

①～⑧号线管长 250 mm，内穿 50 Ω SFF-50-3 线(线长供参考，但必须一样长)。

⑨～⑫号线管长 14 mm，内穿 50 Ω SFF 线(线长必须严格控制)。

⑬、⑭号线管长 298 mm，内穿 50 Ω SFF 线(线长供参考，但必须一样长)。

⑮、⑯号线管长 14 mm，内穿 75 Ω SFF 线(线长必须严格控制)。

⑰号线管长 520 mm，内穿 50 Ω SFF 线(线长供参考)。

在理论上，$\lambda_0/4$ 阻抗变换段的长度应为 $\lambda_g/4 = 21.2$ mm，但实际上只有 14 mm，相当于 $14\lambda_0/84.9 = 0.165\lambda_g$。

【例 1.9】　假定单元输入阻抗为 50 Ω，用三个单元组阵，馈电电缆的特性阻抗为 50 Ω，试设计馈电网络。

解　为了保证等幅同相馈电，连接辐射单元的三根电缆 L_1、L_2、L_3 的长度必须相等(特性阻抗 $Z_0 = 50$ Ω)，三根电缆并联连接，其阻抗为 50/3Ω，要使它与输出电缆匹配，必须加一段 $\lambda_0/4$ 阻抗变换段，变换段的特性阻抗 $Z_0 = 28.86$ Ω。由于常用的只有 50 Ω 和 75 Ω 的同轴线，为实现 28.8 Ω 的特性阻抗，只能近似把一根 $\lambda_0/4$ 长的 75 Ω 电缆 P_2 与一根 $\lambda_0/4$ 长的 50 Ω 电缆 P_1 并联。图 1.19 是三单元天线阵馈电网络示意图。

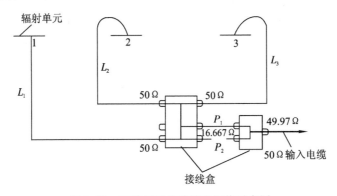

图 1.19　三单元天线阵馈电网络示意图

在 HF 频段，常用巴伦型传输线变压器，既完成不平衡-平衡变换，还兼作阻抗变换器完成阻抗匹配。传输线变压器初次级阻抗 Z_1、Z_2 与初次级匝数 N_1、N_2 有如下关系：

$$\frac{Z_1}{Z_2} = \left(\frac{N_1}{N_2}\right)^2 \tag{1.41}$$

由于变压器和阻抗变换段只对电阻进行变换，以完成阻抗匹配，因此如果要用变压器和阻抗变换段对复阻抗进行匹配，则不能直接把变压器和阻抗变换段与负载阻抗相接，而要离开负载阻抗一段距离 d 才能串入。距离 d 的确定可以利用史密斯圆图。如何利用史密斯圆图确定 d，可看例 1.10。

【例 1.10】　已知馈线特性阻抗 $Z_0 = 50$ Ω，终端负载阻抗 $Z_L = 32.5 - j20$ Ω，求线上 VSWR 最小点与负载的距离 d。

解　(1) 计算归一化负载阻抗 $\overline{Z}_L = \dfrac{32.5 - j20}{50} = 0.65 - j0.4 = r - jx$。

(2) 在史密斯圆图上找到 $r = 0.65$ 和 $x = 0.4$ 两个圆的交点 A，把 A 点和圆心 O 相连，

以 O 为圆心，以 OA 为半径画圆，与右边实轴相交，交点读数为 1.9，如图 1.20 所示。

（3）延长 OA 与圆图的边缘 C 点相交，C 点的电刻度为 $0.412\lambda_0$，由 C 点顺时针方向旋转与左边的实轴相交于 B 点，B 点电刻度读数为 $0.5\lambda_0$，即 B 点为电压最小点，故负载到电压最小点的距离 $d=0.5\lambda_0-0.412\lambda_0=0.088\lambda_0$。

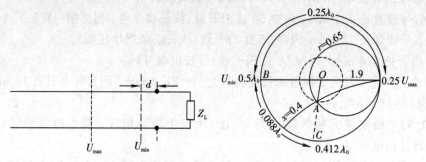

图 1.20　利用史密斯阻抗圆图寻找 VSWR 最小点 U_{min} 与负载的距离 d 用图

参 考 文 献

[1] Volakis J. Antenna Engineering Handbook. 4th. McGaw-Hill，2007.

[2] Lo Y T，Lee S W. Antenna Handbook. New York：Van Nostrand Reinhold Company，1988.

[3] Times Microwave Systems.

第 2 章　巴伦及天线的馈电技术

2.1　平衡与不平衡的基本概念

如果已知通过某一电路(或器件)的电流及在其两端的电位差,那么就能确定这个电路(或器件)所呈现的阻抗。如果这个阻抗不能完全与地电位的物体隔离,则知道这个阻抗两端与地之间的耦合情况是非常重要的。这些到地的杂散耦合可以用图 2.1 所示的等效电路表示。

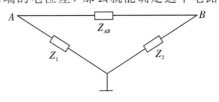

图 2.1　与地面有耦合阻抗的等效电路

下面研究两种情况:

(1) $Z_1 = Z_2$,在这种情况下,A 到地的电位差和 B 到地的电位差大小相等,相位相反,我们就说阻抗 Z_{AB} 是平衡的。

(2) $Z_1 = 0$(或 $Z_2 = 0$)或 $Z_1 \neq Z_2$,常常把这种情况下的阻抗称为不平衡阻抗。

对传输 TEM 模的传输线来讲,按平衡和不平衡可将其分成两类。平衡传输线通常指的是单股(或多股)双导线、传输电视信号用的特性阻抗为 300 Ω 的扁馈线、屏蔽的双电缆。不平衡传输线通常指的是同轴电缆,但不一定都指的是同轴电缆。例如,一根粗导线与一根细导线构成的双导线也属不平衡馈线。

2.2　同轴电缆向对称天线馈电产生的不平衡现象

要用馈线连接天线,必须知道天线的输入端是平衡的还是不平衡的。对图 2.2(b)所示的底部馈电的鞭状天线,由于它要求不平衡输入,需要把一个馈电点选在地电位点上,故用不平衡馈线——同轴电缆直接连接天线就能实现这个要求。对图 2.2(a)所示的中心馈电的对称天线,由于天线要求平衡输入,所以传输线必须是平衡的,即传输线与对称天线相接的那两点带有等幅反相电流。这就要求传输线本身必须是平衡的。末端接上天线后不应该改变它的对称性。保证对称两臂带有等幅同方向电流,除要求天线结构完全对称(如对称振子,

(a) 中心馈电的对称天线　　　　　　　　　　(b) 底馈鞭状天线

图 2.2　说明天线馈电的例子

两臂长短粗细一样)外,天线和馈线的感应耦合可以完全忽略不计,或者这种耦合对天线两臂是对称的(如两臂对地的分布电容一样大)。

在米波和分米波段用双导线(明线)给对称天线馈电会产生显著的天线效应。此外,明线还会受到下雨、下雪等不利天气的影响。因此,多数情况下都用同轴电缆向对称天线馈电,但直接用同轴线给对称天线馈电会产生不平衡现象。

在传输 TEM 模同轴线的任一横截面上,内导体和外导体内表面上的电流大小相等,相位相反。如果直接与对称天线连接(参看图 2.3),则右臂上的电流等于内导体上的电流 I_1,但沿外导体内表面流动的电流 I_2 分成两部分:一部分是流到对称天线左臂上的电流 I_3;另一部分是流到外导体外表面上的电流 I_4。这时,$I_3 + I_4 = I_2 = -I_1$,可见 $I_3 \neq I_1$。这表明对称天线两臂上的电流不相等,即产生了所谓的不平衡现象。流到同轴线外导体外表面上的电流还将产生附加辐射和损耗,结果使方向图畸变,最大辐射方向偏离轴线。测量中电缆不能触摸或有少许晃动,否则读数就会发生变化。用半波振子

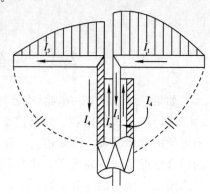

图 2.3　同轴电缆直接给 $\lambda_0/2$ 长水平对称振子馈电产生的不平衡现象

(带反射器)作抛物面天线的馈源时,不平衡电流造成振子相位中心侧向偏移,使次级波束偏离轴线。

为了抑制同轴线外导体外表面流动的电流,常常在同轴线与对称线天线连接处附加一个不平衡-平衡转换器,以保证同轴线向对称线天线平衡馈电。不平衡-平衡变换器的英文名叫"巴伦"(Balun),为书写方便起见,以下把不平衡-平衡变换器均用译音"巴伦"表示。巴伦不仅能起到不平衡-平衡变换器的作用,许多巴伦还同时兼有阻抗变换的功能。巴伦的种类很多,就结构而言,有同轴型、微带型和传输线变压器等形式,就阻抗变换比而言,有 1∶1、1∶4 到任意比值。

2.3　扼流型巴伦

2.3.1　扼流套型巴伦

1. 单节 $\lambda_0/4$ 扼流套型巴伦

图 2.4 是用 $\lambda_0/4$ 扼流套构成的最简单的同轴扼流套巴伦。它在同轴线外导体外边加一段 $\lambda_0/4$ 长的金属圆筒,圆筒下端与同轴线外导体焊接在一起,上端开路。由图 2.4 可看出,扼流套与同轴线的外导体构成了一段 $\lambda_0/4$ 短路线。在中心工作频率,由于在开口处呈现的阻抗为无穷大,因而阻止了图 2.3 中电流 I_4 的外溢,确保了对称天线两臂电流相等,起到了平衡馈电的作用。由于 $\lambda_0/4$ 扼流套开口电容的影响,外溢电流并不是在套筒的长度正好等于 $\lambda_0/4$ 时为最佳,而是在长度为 $0.23\lambda_0$ 时为最佳。由于扼流套的长度与波长有关,所以它的最大缺点是频带窄。

图 2.5 是用单节 $\lambda_0/4$ 扼流套和同轴线构成的垂直极化全向偶极子天线。辐射体 A 与同轴线的内导体连接,成为对称天线的一臂。倒扣的 $\lambda_0/4$ 扼流套在 B 点与同轴线的外导体相接,构成对称振子的另一臂。在 D 点由于扼流套和同轴线的外导体形成了一个高阻抗,

阻止了同轴线外导体表面上电流的流动,从而保证了扼流套外臂上电流的流动,这个电流正是对称天线所需要的。可见,扼流套既是天线平衡馈电装置,又是天线辐射体的一部分。利用这个道理,还可以构成共轴高增益垂直极化全向天线阵。

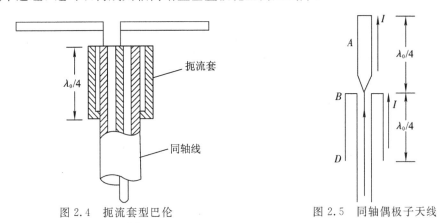

图 2.4　扼流套型巴伦　　　　　　　图 2.5　同轴偶极子天线

2. 双节对称扼流套巴伦[1]

为克服单节扼流套巴伦频带窄的缺点,应采用双节对称扼流套巴伦(参看图 2.6)给对

称天线馈电。它以馈电点为参考点对称地加两节 $\lambda_0/4$ 扼流套。中心内导体在上半部分变得与同轴线外导体一样粗,以保证结构对称。当偏离中心频率时,由馈电点向两个扼流套看进去的输入阻抗虽然对称,但并不呈现无穷大,这时有电流 I_4 流出,I_5 流入。设同轴线内导体上的电流为 I_1,外导体内臂上的电流为 I_6,I_1 与 I_6 大小相等,但流向相反,即 $I_1 = -I_6$。由于结构对称,故 I_4 和 I_5 大小相等,但流向相反,因而有 $I_4 = -I_5$。由图 2.6 可以看出,$I_6 = I_5 + I_3$,$I_1 = I_4 + I_2$,即 $I_2 = I_1 - I_4 = -I_5 - I_3 - I_4 = I_4 - I_3 - I_4 = -I_3$。

可见,采用了双节扼流套,在较宽的频带范围内,都能保证对称天线两臂上载有大小相等、流向相同的电流。因而它是一种宽频带巴伦,这种巴伦同单节 $\lambda_0/4$ 扼流套一样,都是阻抗变换比为 1∶1 的巴伦。

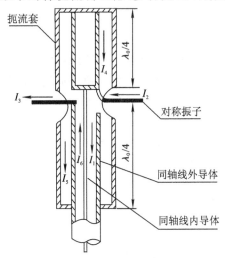

图 2.6　双节对称扼流套巴伦

为了展宽同轴线馈电对称振子天线的带宽,除了采用宽带巴伦馈电外,还应该采用有宽频带特性的套筒对称振子。

2.3.2　用线圈和磁环构成的扼流型巴伦

单节扼流套和双节对称扼流套巴伦都要求扼流套的长度为 $\lambda_0/4$。对频率比较低的天线,由于扼流套的长度太长,因而无法使用。图 2.7(a)、(b)所示为用线圈和磁环构成的扼流型巴伦,并不要求巴伦的长度达到 $\lambda_0/4$,而且结构简单、紧凑,不仅适用于频率较高、用同轴线直接馈电的对称天线,而且特别适用于用同轴线直接馈电、频率较低的对称天线。

如图 2.7(a) 所示，用线圈构成的扼流型巴伦就是把直接给对称振子馈电的同轴线绕成线圈，由于用同轴线外导体构成的线圈呈现高阻抗，因而扼制了同轴线外导体上的电流外溢。用线圈呈现的电感 L 及分布电容 C 构成的 LC 并联电路还可使天线谐振在它的工作频率上。图 2.7(b) 所示为把磁环套在同轴线的外导体上，用磁环来扼制同轴电缆外皮上的电流。该方法不但简单、实用，而且具有宽频带特性。

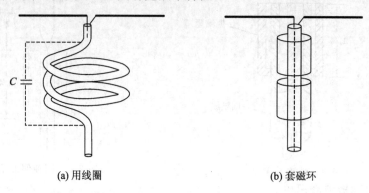

(a) 用线圈　　　　　　　　　　　　　(b) 套磁环

图 2.7　扼流型巴伦

用馈电电缆绕成的线圈制成的扼流线圈型巴伦，其制作方法相当简单，在 14～30 MHz 频段，只需要把电缆绕成直径为 203 mm、圈数为 4～7 的线圈，就能扼制电缆外皮上的电流。但空气芯扼流线圈型巴伦不适合 14 MHz 以下频率使用，因为尺寸太大。如果一定要在 14 MHz 以下频率上使用扼流线圈型巴伦，可以把电缆绕在高磁导率磁环或磁棒上，或把磁环套在同轴线外导体上，同轴线外导体表面的阻抗几乎与套在它上面的磁环个数呈正比。在 1.8～30 MHz 频段，只需要在离开馈电点 305 mm 长同轴电缆的外导体上套上 $\mu=$ 2500～4000 的磁环即可；对 30～250 MHz 频段，用约 25 个 $\mu=950～3000$ 的磁环；对 $f>$ 200 MHz 以上的频率，应使用 $\mu=250～375$ 的磁环。

2.4　分支导体型巴伦[2]

2.4.1　分支导体型巴伦的定义

通常把用与同轴馈线一样粗、长度为 $\lambda_0/4$ 的金属管(或同轴线)，底端与同轴线外导体短路连接、顶端与同轴电缆的内导体相连所构成的装置叫分支导体型巴伦，如图 2.8(a) 所

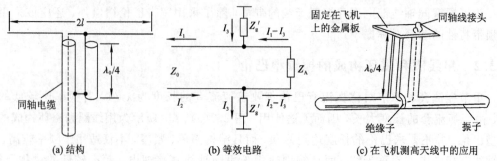

(a) 结构　　　　　　　　(b) 等效电路　　　　　　(c) 在飞机测高天线中的应用

图 2.8　分支导体型巴伦及应用

示，图(b)为其等效电路。由图 2.8(a)可看出，对称振子的左臂与同轴馈线的外导体相连。对称振子的右臂与分支导体相连。由于结构对称，输出端总存在平衡电压，因而同轴电缆的外导体上无电流流动，故平衡性与频率无关。但只有在中心工作频率，输入端呈现的阻抗才无限大。偏离中心频率，就有一个由短路线形成的阻抗与负载阻抗并联。可见，它的阻抗频带特性与频率有关。图 2.8(c)是飞机上使用的高度表天线。该天线不仅用分支导体完成对称天线的平衡馈电和 1∶1 的阻抗变换功能，还起着金属绝缘振子的作用。

为了减小测量场强用天线中巴伦的尺寸，常常把巴伦弯成环状，并在中间放入铁氧体。结构示意图如图 2.9(a)所示。如果把分支导体巴伦仅弯成圆环状，不接振子天线，就变成了如图 2.9(b)所示的屏蔽环探头。

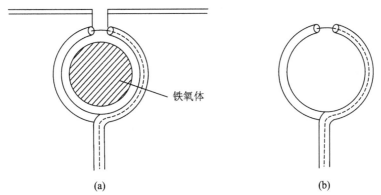

铁氧体

(a) (b)

图 2.9 圆形分支导体中间填充铁氧体材料的测量场强用天线和屏蔽环探头

分支导体型巴伦的平衡性与频率无关，即长度不限于 $\lambda_0/4$，通常把任意长度分支导体型巴伦也称作无穷巴伦。在构成 $\lambda_0/2$ 长四线螺旋天线时，就使用了无穷巴伦给自相位四线螺旋天线馈电，如图 2.10 所示。由图 2.10 可看出，同轴线馈线外导体作为四线螺旋天线的一个臂，在馈电点与相邻四线螺旋中的一个臂相连(取决于极化方向)，同轴线内导体在馈电点与剩余四线螺旋的两个臂相连。

为了提高分支导体型巴伦的阻抗变换比，可以采用两根同轴电缆，在不平衡端把它们并联，在平衡端把它们串联，就能得到 1∶4 的阻抗变换特性。这种巴伦对电缆和圆柱体的长度并没有提出要求，因而是一种宽频带巴伦。具体结构如图 2.11 所示。如果把三根或四根同轴电缆在不平衡端并联，在平衡端串联，就能得到 1∶9 或者 1∶16 的阻抗变换比。

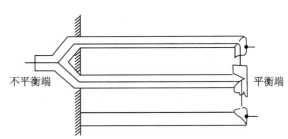

不平衡端 平衡端

图 2.10 用无穷巴伦馈电的
四线螺旋天线

图 2.11 由两个分支导体型巴伦构成的
1∶4 分支导体型巴伦

2.4.2　线圈式分支导体型巴伦

在用分支导体型巴伦给频率比较低的对称天线馈电时，由于长度为 $\lambda_0/4$ 的分支导体型巴伦的长度太长，因而在工程上很难实现，一种有效的解决办法就是把分支导体型巴伦中的同轴馈线及分支导体都绕成线圈，如图 2.12(a)、(b)所示。这种巴伦线圈的一半用细同轴电缆绕制，该线既是线圈的一部分，又是不平衡线。线圈的另一半用普通导线绕制。在低频工作时，可以把线圈绕在铁氧体棒上；在高频工作时，线圈可以是空芯的。A、B 端接对称天线或平衡电阻，这种巴伦实质上是分支导体型巴伦的一种变形，因为它的阻抗比仍为 1∶1。为了提高这种巴伦的阻抗变换比，常采用如图 2.12(b)所示的有变阻比的线圈式分支导体型巴伦，通过调整线圈的匝数比，就能实现预定的阻抗变换比。对图 2.12(b)所示的线圈型巴伦，加在"1"与地之间的信号，其激励点可以看成是"2"、"3"点。由于这个激励电压的作用，结果在线圈"1"、"2"和"3"、"4"上产生大小相等、相位反相的电压，该电压又在线圈"5"、"6"上感应出相对于"7"等幅反相的两个电压，这正是平衡馈电所要求的。

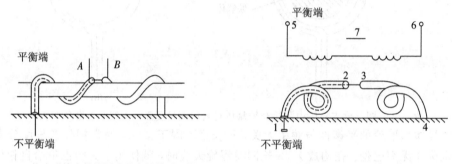

(a) 绕在磁棒上的线圈式分支导体型巴伦　　　(b) 有变阻比的线圈式分支导体型巴伦

图 2.12　线圈式分支导体型巴伦

2.4.3　串联补偿分支导体型巴伦[3]

把分支导体型巴伦中的金属管换成一根开路同轴线构成的巴伦叫串联补偿分支导体型巴伦。图 2.13(a)、(b)分别是它的结构和等效电路图。图 2.13(c)是图 2.13(a)所示巴伦归

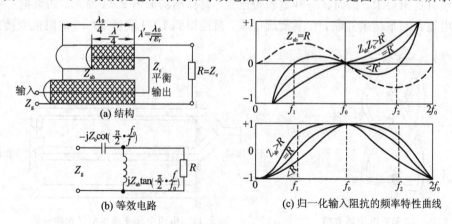

(a) 结构　　　　　　(b) 等效电路　　　　(c) 归一化输入阻抗的频率特性曲线

图 2.13　串联补偿分支导体型巴伦

一化输入阻抗的频率特性曲线。由图 2.13 可看出，补偿线特性阻抗 Z_b 起控制巴伦输入电抗

的作用，它能够降低巴伦在中心频率 f_0 附近的电抗值。改变 Z_a 和 Z_{ab} 的乘积，还能起到改变巴伦电抗的性质，在中心频率 f_0 附近电抗为零，短路线的特性阻抗 Z_{ab} 越大，带宽就越宽。

把两个或三个串联补偿分支导体型巴伦在不平衡输入端并联，在平衡输出端串联，就能构成 1∶4 或 1∶9 宽带巴伦。

2.5　腔体型巴伦[4]

为了克服分支导体型巴伦频带窄的缺点，应尽量提高分支导体型巴伦中短路线的特性阻抗，常常用一个谐振腔把分支导体与同轴线连接起来构成腔体型巴伦。图 2.14 是串联腔体巴伦。它可以不带补偿线，如图 2.14(a) 所示，也可以带补偿线，如图 2.14(b) 所示。输出线可以是双芯平衡线，或者是对称的同轴线。串联腔体型巴伦与分支导体型巴伦(或补偿分支导体型巴伦)的不同点在于：前者短路线(由腔体与等直径同轴线及补偿线构成)的特性阻抗 Z_3' 与后者的特性阻抗 Z_3 不同。

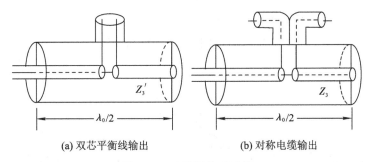

(a) 双芯平衡线输出　　　　　　　(b) 对称电缆输出

图 2.14　串联腔体型巴伦

图 2.15 为并联腔体型巴伦，它的阻抗变换比为 1∶4，带宽可以做到 25∶1，是阻抗变换比为 1∶1 的串联腔体型巴伦的 4 倍，所以特别适合给宽带高阻抗对称天线馈电，例如作为锥体螺旋天线的平衡馈电装置。下面以图 2.15(a) 为例来说明它的工作原理和阻抗特性。由图 2.15(a) 可看出，不平衡输入线 A 的内导体与输出线 D 的内导体相接，所以 A、D 线同相，不平衡线 A 的外导体与输出线 C 的内导体相连，所以 A、C 线反相，可见输出线反相。由于馈电点的结构对称，因此经输入线 A 馈进来的电流等分到两输出线 C、D 上，这些完全符合巴伦平衡端要求等幅反相的条件。由于 A、C、D 线在馈电点并联，因此腔体与电缆线构成的短路线所呈现的电抗为

$$X = 2Z_3 \tan\beta L \tag{2.1}$$

式中：

$$Z_3 = 138 \lg \frac{d}{1.5b} \tag{2.2}$$

其中，d 是腔体的内直径，b 是同轴线的外径。在中心频率，$X \to \infty$。巴伦的输入阻抗仅是与 C、D 线连接的并联负载阻抗，由于两个负载阻抗相等，故阻抗变换比为 1∶4。图 2.16 是并联腔体型巴伦的另一种形式。平衡输出线 C、D 由一根在巴伦中心连接处外导体留有

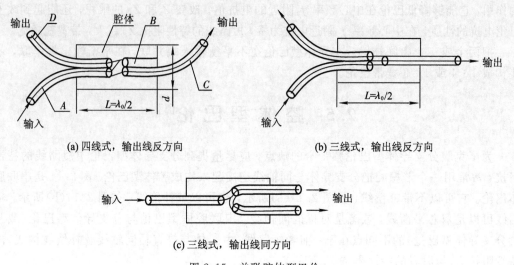

(a) 四线式，输出线反方向　　　　　　　　(b) 三线式，输出线反方向

(c) 三线式，输出线同方向

图 2.15　并联腔体型巴伦

间隙的同轴线组成，不平衡输入线 A、补偿线 B 也由一根在巴伦中心连接处外导体留有间隙的同轴线组成。把 A、C 线和 B、D 线的外导体分别接在一起。A 线输入的能量靠耦合的方式传到由一对等幅反相不平衡线组成的平衡输出线 C、D 上。图 2.16(b)是四线腔体巴伦的等效电路。

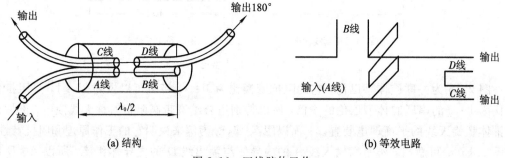

(a) 结构　　　　　　　　　　　　　　　(b) 等效电路

图 2.16　四线腔体巴伦

2.6　Marchand 巴伦[5,6]

图 2.17 为 Marchand 巴伦，它实际上是腔体巴伦的一种改型结构。在图 2.17 中，Z_0 为不平衡输入线的特性阻抗；Z_1 为长度为 $\lambda_0/4$ 的同轴线的特性阻抗；Z_2 是长度为 $\lambda_0/4$ 的同轴补偿线的特性阻抗；Z_3 是两端都短路的长度为 $\lambda_0/4$ 的同轴空腔的特性阻抗；Z_4 是长度为 $\lambda_0/4$ 的平衡输出线的特性阻抗。

为了说明图 2.17 所示巴伦的发展过程和比较它们的性能。把只有 Z_3（即腔体）的称为一型 Marchand 巴伦，把具有腔体（Z_3）和补偿线（Z_2）的称为二型 Marchand 巴伦。为了展宽它的工作频带，在平衡输出线与负载之间串联了一段特性阻抗为 Z_4 的 $\lambda_0/4$ 阻抗变换段，把同时具有腔体、补偿线 Z_2 和 Z_4 阻抗变换段的称为三型 Marchand 巴伦。三型 Marchand 巴伦在近似两个倍频程的带宽内，阻抗频带特性比二型 Marchand 巴伦有了明显的改进。但随着带宽的增加，$\lambda_0/4$ 阻抗变换线的作用就变得越来越不明显，所以在输入端又串联了

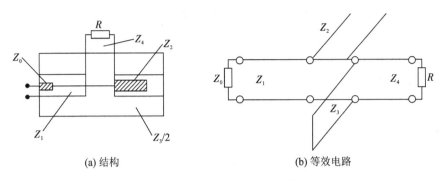

(a) 结构　　　　　　　　　　(b) 等效电路

图 2.17　四型 Marchand 巴伦

一段特性阻抗为 Z_1 的 $\lambda_0/4$ 阻抗变换段，把同时具有 Z_1、Z_2、Z_3、Z_4 的巴伦称为四型 Marchand 巴伦。电源内阻 $Z_0=50\ \Omega$，负载电阻 R 为 $100\ \Omega$，带宽比 $B=10:1$，具有切比雪夫响应的 Marchand 巴伦的元件值和反射系数 Γ 如表 2.1 所示。

表 2.1　具有切比雪夫响应的 Marchand 巴伦的元件值及反射系数 Γ

型号	Z_1/Ω	Z_2/Ω	Z_3/Ω	Z_4/Ω	Γ/dB
2	—	21.0	241.0	—	−9.5
3	—	17.5	215.0	70.7	−12.4
4	60.5	20.0	250.0	76.0	−14.9

2.7　U 形管巴伦

图 2.18 为 $\lambda_g/2$ 长 U 形管巴伦，它实际上是一种移相式巴伦，主要由附加的半波长延迟同轴线组成，所以有人称它为半波长线巴伦。由于把半波长同轴线弯成曲线像英文字母"U"，因此把这种巴伦也叫 U 形管巴伦。根据传输线理论，长线上相距半波长两点的电流或电压等值反相。

参看图 2.18(a)，设 A 点同轴线的内导体相对地的电位为 $+U$，则相距半波长 B 点同轴线内导体相对地的电位为 $-U$，可见 A、B 两点结构对称，电流或电压等值反相，起到了平衡馈电的作用。U 形管巴伦不仅起到了不平衡–平衡的变换作用，而且还具有阻抗变换作用。由此可以看出，A、B 两点间的电位差为 $2U$。设同轴线内导体上的电流为 I，显然输入阻抗 $Z_{\mathrm{in}}=U/I=Z_0$（Z_0 为同轴线的特性阻抗）。由于同轴线内导体上的电流同时流到两个相等的通道 A、B 上，则 $I_A=I_B=I/2$。由 A、B 点看进去的输入阻抗为

$$Z_{AB}=\frac{2U}{I_A}=\frac{2U}{I/2}=4\ \frac{U}{I}=4Z_0 \tag{2.3}$$

可见，$Z_{\mathrm{in}}:Z_{AB}=1:4$，这说明 U 形管巴伦具有 $1:4$ 的阻抗变换比。如果要用特性阻抗为 $75\ \Omega$ 的 U 形管巴伦连接输入阻抗为 $75\ \Omega$ 左右的半波对称振子，则阻抗失配。为了实现阻抗匹配，可以采用如图 2.18(b)、(c)所示的串联 U 形管巴伦，即附加了一段 $\lambda_0/4$ 阻抗变换段。把 AB 点所呈现的 $75\ \Omega$ 阻抗经过特性阻抗为 $150\ \Omega$ 的 $\lambda_0/4$ 阻抗变换段变到 $A'B'$ 处的 $300\ \Omega$，再利用 U 形管巴伦 $1:4$ 阻抗变换特性就能完全实现阻抗匹配。

U 形管巴伦由于只需要附加一段长度为 $\lambda_g/2$ 的软同轴线就能完成平衡馈电和阻抗匹

配的功能，因而在采用半波长折合振子的电视接收天线和通信天线中得到了广泛应用。

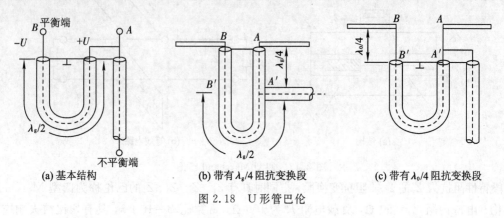

(a) 基本结构　　　　　(b) 带有 $\lambda_g/4$ 阻抗变换段　　　　　(c) 带有 $\lambda_0/4$ 阻抗变换段

图 2.18　U 形管巴伦

2.8　裂缝式巴伦[7]

　　裂缝式巴伦同 U 形管巴伦一样，也具有两种功能，即具有不平衡–平衡的变换功能，还兼有 1∶4 阻抗变换功能。

　　图 2.19(a) 是裂缝式巴伦的基本结构。它是在以空气为介质的硬同轴线外导体上开两条 $\lambda_0/4$ 长的窄缝，对称天线的左臂与同轴线左半块外导体相连，内导体与同轴线右半块外导体相连。对称天线的右臂与同轴线的内导体及右半块外导体相连接。这样连接保证了对称天线两臂与同轴线外导体结构完全对称。另外，这种对称性不随频率变化，因而实现了宽频带平衡馈电。

　　同轴线开槽段有左右外导体构成的双线和左右外导体与同轴线内导体构成的同轴线两种传输线，能同时提供两种传输能量的模式，即同轴线模式（不平衡模式）和双线模式（平衡模式）。槽的存在基本上不影响同轴线模式能量的传输。开槽两部分外导体构成了双线模式。假定漏泄和辐射很小，如果还需要进一步减小这种影响，则可以在开槽段同轴线的外边再加一个屏蔽套（见图 2.19(b)）。

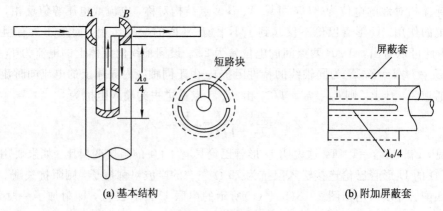

(a) 基本结构　　　　　　　　　　　　　(b) 附加屏蔽套

图 2.19　裂缝式巴伦

　　裂缝式巴伦由于用硬同轴线制作，所以结构坚固，只要槽宽合适，在开口处把外导体削成喇叭状，就能承受大功率，故裂缝式巴伦特别适合给大功率、频率较高的对称天线馈电。

缝长与平衡无关,由于主要由匹配决定,所以通常为 $\lambda_0/4$ 长。但在作为反射面的馈源时,为了便于把缝隙式巴伦固定在反射板上,又对称附加了一段 $\lambda_0/4$ 长的缝,使缝总长度达到 $\lambda_0/2$,对称振子由中间引出。

2.9　板线式巴伦[8]

图 2.20 为板线式巴伦。由图 2.20 可看出,板线式巴伦实际上是裂缝式巴伦的一种改型,只要把裂缝式巴伦中的同轴线外导体变成两块平板导体就构成了板线式巴伦,唯一不同点在于两块板线与内导体构成的特性阻抗 Z_0 和两块板线(包括内导体的影响)的特性阻抗 Z_p 与裂缝式巴伦开槽部分的特性阻抗不同。

当板线式导体的宽度和间距均为 w 小时:

$$Z_0 = 15 + 60\ln\frac{w}{d} \quad (w > 1.5d) \tag{2.4}$$

$$Z_p = 173\sqrt{\cos\left(90°\frac{w}{d}\right)} \quad (d < 0.6\,w) \tag{2.5}$$

式中:d 为板线内导体的直径。

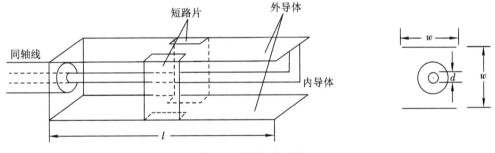

图 2.20　板线式巴伦

板线式巴伦多用于带折合振子八木天线的平衡馈电和阻抗匹配。在实践中发现,宽带八木天线的输入阻抗呈现容性。为了抵消输入阻抗中的容抗,在板线式巴伦中装有短路片,移动短路片的位置就能补偿天线输入阻抗中的容抗,达到阻抗匹配的目的。

板线式巴伦虽具有 1∶4 阻抗变换比,适合用于全波对称振子,但实践中发现,板线式巴伦也具有 1∶2 阻抗变换比,即对 75 Ω 馈线,负载为 150 Ω,对 50 Ω 馈线,负载为 100 Ω,而且此情况下阻抗带宽最宽。

板线式巴伦的频带特性比裂缝式巴伦宽,功率容量比裂缝式巴伦高,加上结构简单、易于生产等优点,因而在实际中得到了广泛应用。

2.10　宽带同轴巴伦[9]

图 2.21 是用几节同轴传输线构成的 1∶4 宽带同轴巴伦。其主要特点如下:
(1) 频带宽,在 7.5∶1 的带宽比内,VSWR≤1.1。
(2) 阻抗变换比为 1∶4。

（3）能承受大功率。

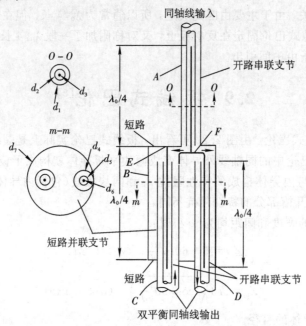

图 2.21　宽带同轴巴伦的结构

由图 2.21 可看出，宽带同轴巴伦由三个内导体均串联了 $\lambda_0/4$ 长开路支节的同轴线 A、C、D 及空腔 B 组成。同轴线 A 为不平衡输入线，平衡输出线——同轴电缆 C、D 包含在长度为 $\lambda_0/4$、直径为 d_7 的圆柱空腔 B 内。同轴线 C 内导体中的 $\lambda_0/4$ 长开路支节与空腔 B 在 E 点短路，同轴线 D 内导体中的 $\lambda_0/4$ 长开路支节在 F 点与不平衡同轴线 A 中的开路支节相连，这三个开路支节构成的电抗 X 均串联在每根同轴线的输入端。输入电流通过同轴线 A 的内导体流入，在 F 点等分成两路，一路由同轴线 D 的内导体流出，另一路由同轴线 C 的外导体流出。由于同轴线内外导体上的电流必然大小相等，方向相反，因此同轴线 C 内导体上的电流必须向内流，正好与同轴线 D 内导体上的电流流向相反，因而满足了巴伦要求输出线电流大小相等、方向相反的平衡条件。图 2.22 是图 2.21 所示同轴巴伦的等效电路。

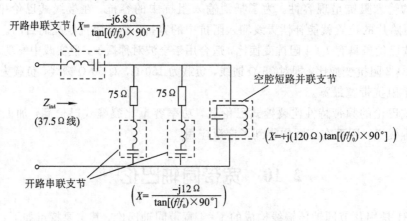

图 2.22　宽带同轴巴伦的等效电路

假定平衡负载的阻抗 $Z_L = 150\ \Omega$，则平衡同轴线 C、D 的特性阻抗为 $Z_C = Z_L/2 =$

75 Ω。由于同轴线 C、D 与不平衡同轴线 A 并联，故同输线 A 的输入阻抗 $Z_{inA}=37.5$ Ω。采用级联的 $\lambda_0/4$ 阻抗变换器，能很容易地把 37.5 Ω 变换到 50 Ω。实例，同轴巴伦的工作频段为 0.4～3.0 GHz，中心工作频率 $f_0=1.7$ GHz，$Z_L=150$ Ω，$Z_{inA}=37.5$ Ω，等效电路中不同特性 Z_c 所需要的金属管的直径比关系如表 2.2 所示。

表 2.2　同轴巴伦线的阻抗与金属管直径比的关系

特性阻抗/Ω	直径比
6.8	$d_2/d_3=11.2$
12.0	$d_5/d_6=1.22$
75.0	$d_4/d_5=3.5$
37.5	$d_1/d_2=1.87$
120.0	$d_7/d_4=7.4$

图 2.23 是相对 37.5 Ω 实测同轴巴伦的 VSWR～f 特性曲线。由图 2.23 可以看出，在 0.4～3.0 GHz 的频段内，VSWR≤1.1，相对带宽为 152.94%。

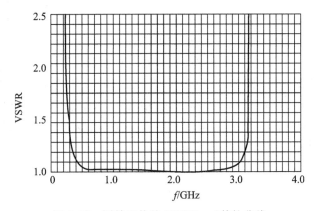

图 2.23　同轴巴伦的 VSWR～f 特性曲线

对其他输入阻抗，只需要将图 2.22 中的阻抗乘以比例系数即可。例如，把 50 Ω 不平衡阻抗变换成 200 Ω 平衡阻抗，只需要把图 2.22 中的阻抗均乘以系数 1.33（50/37.5=1.33）即可。

2.11　渐变型巴伦[10]

渐变型巴伦是把同轴电缆的外导体以渐变的形式逐渐切割掉，直到变成平衡双线传输线为止，变换段的长度通常为最低工作波长的 1/2。阻抗变换比为 1∶1.5～1∶5，在足够长的情况下，带宽比可以达到 100∶1。

该平衡变换器实际上是一种渐变阻抗变换器，即其特性阻抗沿长度是连续变化的，并兼有平衡变换作用，是切比雪夫渐变线阻抗变换器的一种形式。如图 2.24(a) 所示，在同轴线外导体上纵向切口，切口的张角按特定规律变化，以改变各点的特性阻抗，使通带内的反射系数 $|\Gamma|$ 按切比雪夫函数分布。图 2.24(b) 为沿线特性阻抗变化的示意图，设渐变线的中点为坐标原点，两端 $X=\pm L/2$ 的阻抗分别为 Z_1 和 Z_2，若已知阻抗变换比 Z_1/Z_2、通带内允许的最大反射系数 $|\Gamma_m|$ 以及下限频率的工作波长 λ_{max}，可按式(2.6)求出渐变线的长度：

$$l = \frac{\lambda_{\max}}{2\pi} \operatorname{arch}\left[\frac{\ln(Z_2/Z_1)}{2|\Gamma_{\mathrm{m}}|}\right] \tag{2.6}$$

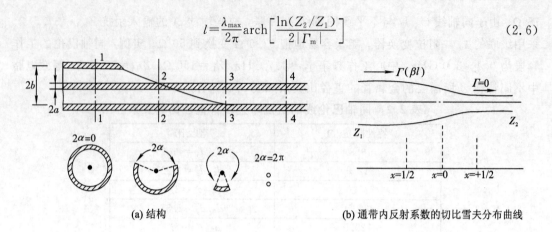

(a) 结构　　　　　　　　　(b) 通带内反射系数的切比雪夫分布曲线

图 2.24　渐变巴伦

利用有关图表曲线，可求出渐变线沿线分布的特性阻抗 $Z_c(x)$ 值。根据 $Z_c(x)$ 与开口张角 2α 的对应关系，求出沿线张角 2α 的变化情况，最后采取适当工艺切除同轴线外导体的相应部分，可构成如图 2.24(a) 所示的结构。这种结构兼有阻抗变换和平衡器的作用，工作带宽可达 50：1，驻波比小于 1.25：1，它是一种将 50 Ω 或 75 Ω 同轴线特性阻抗与 100～200 Ω 对称阻抗相匹配的宽带阻抗变换器。图 2.25(a)、(b) 给出了 50～150 Ω 切比雪夫渐变线特性阻抗 $Z_c(x)$ 沿线分布的情况，以及 $Z_c(x)$ 随 2α 的变化曲线。这是根据设计要求：$Z_1 = 50$ Ω（同轴线），$Z_2 = 150$ Ω（对称负载），$|\Gamma|_{\mathrm{m}} = 0.055$，$f_L = 50$ MHz（$\lambda_{\max} = 6$ m）得出的。图中，同轴线变换段的介质为空气，长度 L 为 2.68 m。

同轴线的相对介电常数 ε_r、同轴线内外导体的半径 a 和 b 有如下关系：

$$Z_c = 138 \frac{1}{\sqrt{\varepsilon_r}} \lg\left[\frac{b}{a}\cos\frac{a}{4}\right] \tag{2.7}$$

这种变换器具有超宽频带，但下限工作频率受渐变线长度和通带内所允许的最大反射系数 $|\Gamma_{\mathrm{m}}|$ 的制约，上限频率主要受双线传输线辐射效应及同轴线内激励的高次模限制。若上述情况不明显，则工作带宽可达 100：1。

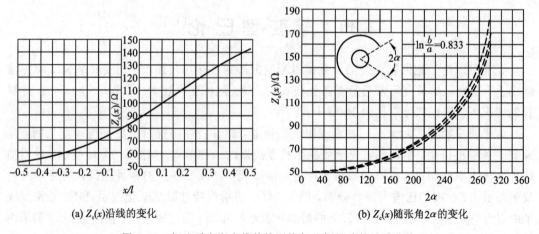

(a) $Z_c(x)$ 沿线的变化　　　　　　　(b) $Z_c(x)$ 随张角 2α 的变化

图 2.25　切比雪夫渐变线特性阻抗与几何尺寸的关系曲线

2.12　微带巴伦[11-13]

由于同轴线能用微带传输线的形式表示，而且在微带电路中容易构成平衡线和不平衡线，因而极容易用微带线构成巴伦。由于通过耦合的方式能够把输入信号输送到输出线上，因此输入线、输出线能够共面排列。这样不但重量轻，体积小，而且易生产，缺点是若用聚四氟乙烯基板，则导体附着力差，易脱落，若用氧化铝基板则脆，顶部易断。

微带巴伦像同轴式巴伦一样，有多种形式，阻抗变换比可以为 1∶1，亦可以为任意。

随着通信技术、制造天线的基板及生产工艺的迅速发展，适合批量生产的低成本带巴伦的印刷对称振子也得到了广泛应用。图 2.26(a)是带分支导体型巴伦馈电的印刷对称振子。图 2.26(b)是带串联补偿分支导体型巴伦馈电的对称振子。

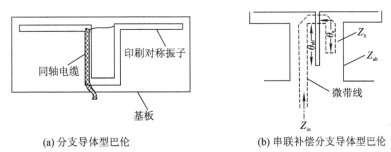

(a) 分支导体型巴伦　　　　　　　　(b) 串联补偿分支导体型巴伦

图 2.26　印刷对称振子及所用巴伦和馈线

图 2.27 是图 2.26(a)所示分支导体型巴伦的微带形式。不平衡输入线 A 是由宽度为 b 的上导体(相当于同轴线的内导体)、宽度为 B 的底板导体(相当于同轴线的外导体)、中间填充高度为 h 的介质构成的微带线组成的。平衡输出线是由特性阻抗为 Z_{ab}、长度为 θ_3 的微带线组成的。

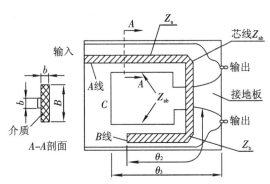

图 2.27　补偿分支导体型巴伦的微带形式

实际上，所有的场都集中在大约三个导体宽度的区域内。也就是说，只要 $B \geqslant 3b$，由 B 和 b 组成的微带线就不会辐射。补偿开路传输线的几何长度 θ_2 取决于波在印刷电路中的相速。通常在 $1 < h/b < 5$ 的范围内，相速约变化 10%，因此设计微带巴伦时可以采用平均相速(或平均有效介电常数)。平均有效介电常数 ε_a 与相对介电常数 ε_r 之间的关系为 $\varepsilon_a = 0.75\varepsilon_r$。

图 2.28 是图 2.16 所示的四线腔体巴伦的微带形式。上导体包括输出线 C 和 D、输入线 A、补偿线 B 的内导体。为了消除四根线之间的耦合，除了在巴伦的连接处外，一般都

要相距一个线宽 b 以上。由于补偿线的特性阻抗不等于输入线的特性阻抗，所以上导体的线宽也就不一样；输出线的特性阻抗相同，线的宽度也就必然相同。为了把输入线上的能量耦合到输出线上，在巴伦的连接处让输入线尽量靠近输出线。中间导体是上导体的底板。可见，底板和上导体构成了四根微带传输线。底板和下导体之间填充介质，以构成巴伦的谐振空腔。在中心工作频率，空腔两个短路面相距 $\lambda_g/2$（λ_g 为介质波长）。

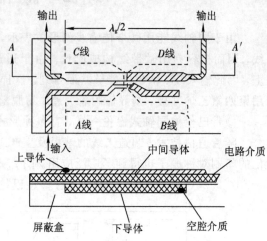

图 2.28　四线腔体巴伦的微带形式

图 2.29(a) 为渐变微带巴伦，它实际上是图 2.24 所示的渐变巴伦的微带形式。这种渐变微带巴伦具有频带宽、结构简单等优点，因而在单、双混频器和天线中得到了广泛应用。图 2.29(b) 为 Marchand 渐变巴伦，图 2.29(c) 为折叠 Marchand 巴伦，它们都具有宽频带特性。图 2.29(c) 是共面波导（CPWG，Coplanar Wave Guide）Marchand 巴伦。

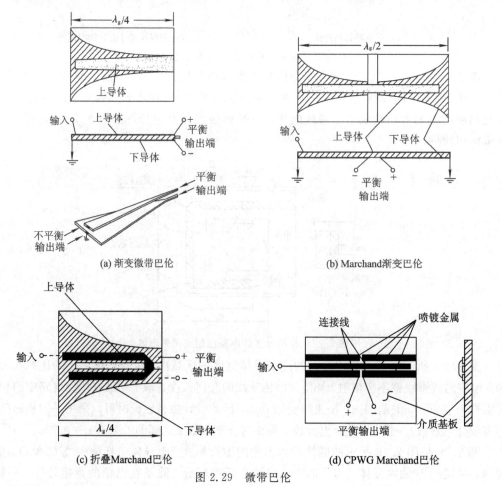

(a) 渐变微带巴伦

(b) Marchand渐变巴伦

(c) 折叠Marchand巴伦

(d) CPWG Marchand巴伦

图 2.29　微带巴伦

2.13 其他形式的巴伦

2.13.1 混合环

混合环是由周长为 $6\lambda_0/4$ 的传输线构成的圆环，如图 2.30(a)所示。假定信号由 D 端输入，等分成两路，一路经过 $3\lambda_0/4$ 到达 A 端，另一路经过 $\lambda_0/4$ 到达 C 端，由于两路信号路径差 $\lambda_0/2$，即 A、C 端相对于地的电位等值反相，因此符合平衡馈电的要求。可以把平衡电阻（或对称天线）接在 A、C 端，可见，混合环起着巴伦的作用。假定输入线和输出线的特性阻抗为 Z_0，要达到阻抗匹配，对称天线的输入阻抗（或平衡电阻）应为 $2Z_0$，环的特性阻抗为 $\sqrt{2}Z_0$。假定 $Z_0=50\ \Omega$，则环的特性阻抗为 $71.7\ \Omega$。如果用特性阻抗为 $75\ \Omega$ 的同轴线，则不会引入过大的误差。在微波波段，常用波导或带线构成混合环；在 VHF 和 UHF 频段，常用同轴电缆构成混合环。

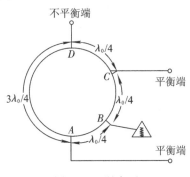

图 2.30 混合环

2.13.2 曲折线宽带分支线巴伦[14]

分支线巴伦由四个分支线组成，其中两个分支线长 $\lambda_g/4$，另外两个分支线长 $\lambda_g/2$。为了减小分支线巴伦的尺寸，把四根分支线用曲折线表示，如图 2.31(a)、(b)所示，与直线分支线巴伦相比，尺寸减小了 40.6%。按照分支线巴伦的特性，所有端口匹配，信号由端口 1 输入，由 2、3 端口等幅反相输出。假定 Z_1 为分支线 1-2 的特性阻抗，Z_2 为其余三根分支线的特性阻抗，Z_0 为各端口的特性阻抗。通常情况下，$Z_0=50\ \Omega$，Z_1、Z_2 与 Z_0 有如下关系：

$$Z_1=\frac{Z_2 Z_0}{\sqrt{2}Z_2-Z_0} \tag{2.8}$$

普通分支线巴伦满足 $Z_1=Z_2=\sqrt{2}Z_0$ 的阻抗关系，为了展宽如图 2.31(b)所示的曲折线分支线巴伦的带宽，在一个输出端附加一段长 $\lambda_g/4$ 的短路支节作为输出幅度偏差的补偿电路，如图 2.31(a)所示。

假定中心谐振频率为 $f_0=1.5\ \text{GHz}$，用 $\varepsilon_r=2.33$、厚度 $h=0.787\ \text{mm}$ 的基板制造分支线巴伦。由式(2.8)可知，Z_1 与 Z_2 有多种组合，假定选 $Z_2=60\ \Omega$，由式(2.8)可以求得 $Z_1=86\ \Omega$，其他尺寸为：$a=32.78\ \text{mm}$，$b=41.45\ \text{mm}$，$\lambda_g/4$ 短路支节的阻抗 Z_s 为 $40\ \Omega$，微带线的宽带 $W=3.20\ \text{mm}$，$50\ \Omega$ 微带线的宽度为 $2.35\ \text{mm}$。

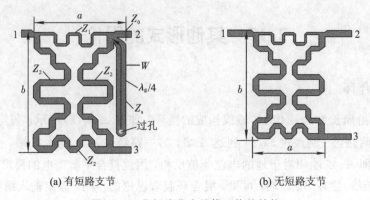

(a) 有短路支节　　　　　　　　　　(b) 无短路支节

图 2.31　曲折线分支导体巴伦的结构

2.13.3　宽带平面巴伦[15]

宽带平面巴伦由宽带等功率 3 dB Wilkinson 功分器和非耦合线宽带 180°移相器组成，如图 2.32 所示。其中，图(a)是组成方案，图(b)是微带线结构。

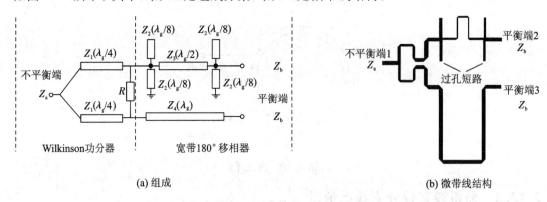

(a) 组成　　　　　　　　　　　　　(b) 微带线结构

图 2.32　宽带平面巴伦

宽带平面巴伦的主要特点如下：

(1) 用印刷电路板制造，既节约成本，又易批量生产。

(2) 频带宽，在 1.7～3.3 GHz 频段内，VSWR≤2.0 的相对带宽为 64%，VSWR≤1.2 的相对带宽为 53%。

(3) 在 64% 的相对带宽内，平衡端隔离度大于−15 dB，幅度和相位的不平衡性分别为 0.3 dB 和±5°。

由图 2.32 可看出，Wilkinson 功分器不仅对功率等分，而且对不同输入端、输出端阻抗有变换功能。图中，Z_a、Z_b 分别为不平衡输入线和平衡输出线的阻抗；Z_1 是 $\lambda_g/4$ 长的功分臂线的特性阻抗。宽带 180°移相器是把 $\lambda_g/8$ 长的特性阻抗为 Z_2 的两根微带短路线和两根微带开路线分别并联在 $\lambda_g/2$ 长的特性阻抗为 Z_3 的微带线两端。该线与另一路 λ_g 长的特性阻抗为 Z_4 的参考微带线相差为 180°。

宽带平面巴伦各个线的阻抗及它们之间的关系如下：

$$Z_1 = \sqrt{2Z_aZ_b} \tag{2.9}$$

$$R = 2Z_b \tag{2.10}$$

$$Z_2 = 1.27Z_b \tag{2.11}$$

$$Z_3 = 1.61Z_b \tag{2.12}$$

$$Z_4 = Z_b \tag{2.13}$$

中心设计频率 $f_0 = 2.4\ \text{GHz}$。用厚 $0.8\ \text{mm}$、$\varepsilon_r = 3.38$ 的基板制造宽带平面巴伦。为了方便，使 $Z_a = Z_b = 50\ \Omega$。为了减小整个巴伦的尺寸，把参考线变成 U 形，短路线过孔与地板相连。经实测，在 $1.7 \sim 3.3\ \text{GHz}$ 频段内，VSWR $\leqslant 2(S_{11} \leqslant -10\ \text{dB})$ 的相对带宽为 64%，S_{21} 和 S_{31} 即幅度不平衡小于 $0.3\ \text{dB}$，相位不平衡为 $\pm 5°$，平衡输出端之间的隔离度大于 $-15\ \text{dB}$。

2.14　天线阵的馈电技术

微带天线具有低轮廓、重量轻、易批量生产、成本低、易与微带器件集成等优点，但普通微带天线的带宽太窄，且有辐射效率低等缺点。为克服这些缺点，宜使用低介电常数或空气介质的基板。使用低介电常数的基板，能防止表面波产生，增强辐射，展宽带宽。以空气和低密度的泡沫作为微带天线的介质，可以使微带天线的损耗最小，辐射效率最高。

微带天线阵的效率还取决于馈电网络的结构。对边射波束天线阵，特别是对均匀分布的边射波束天线阵，无论是微带天线阵、偶极子天线阵，还是缝隙天线阵，均主要使用并联馈电。对大型平面天线阵，宜使用串并联馈电网络。

2.14.1　并联馈电[16]

并联馈电是指利用若干个功分器，将输入功率分配给各阵元。功分器可以是二路、三路和多路。不管是宽带定向板状天线还是宽带全向天线，都应该采用并联馈电。例如，对由八元宽带双锥振子组成的宽带全向天线，就可以通过八功分器用八根 RF 同轴线将八个宽带双锥振子并联；如果需要赋形方向图，应采用不等八功分器。

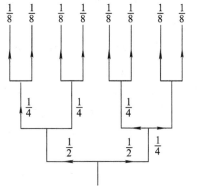

图 2.33　由七个二等功分器构成的多级并联馈电网络

为了使并联馈电网络中最大和最小阻抗比最小，通常采用如图 2.33 所示的由二等功分器组成的多级并联馈电网络。

当所有阵元相同时，阵元所要求的幅度分布通过改变功分器的功分比来实现；各阵元所要求的相位分布采用控制各路馈线的长度或附加移相器来实现。对边射阵，为了得到最大增益，所有阵元必须等幅同相馈电。这就要求所用多级功分器均为二等功分器，多级功分器到所有阵元的馈线必须等长。对特定的赋形波束天线阵，可以采用如图 2.34 所示的并联天线阵。对相控天线阵，则需要电控移相器来实现波束扫描所需要的相位分布。

并联馈电的主要优点如下：

(1) 设计简单，阵元所要求的激励振幅和相位可以通过设计馈电网络来实现。

(2) 单元间距在一定范围内可以任意确定。

(3) 带宽较宽。

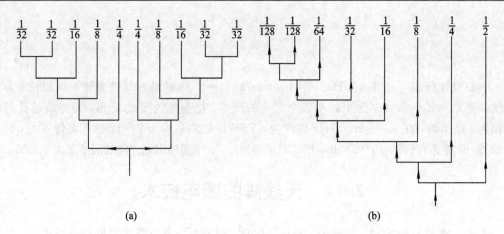

图 2.34 由不等二功分器构成的八元天线馈电网络

（4）当馈线等长时，波束指向与频率无关。

相对于串联，并馈天线阵的主要缺点如下：

（1）占据的空间大。

（2）由于馈线的总长度长，因而导体和介质损耗大，天线阵的效率相对较低。

（3）馈电网络相对复杂。

并馈天线阵既适合用于固定波束天线阵，又适用于利用电控移相器进行波束扫描的相控天线阵。

2.14.2 串联馈电[17]

串联馈电是指将天线阵元用传输线串联。此时，对馈电的主传输线来说，每一天线阵元都等效于一个四端网络。所以从等效网络观点来看，这种馈电形式确切地说是一种级联形式。每一阵元的等效四端网络有各种形式，如 T 形、π 形或变压器等形式。

串联馈电根据传输线终端所接负载不同，分为行波串联馈电和谐振串联馈电。当终端负载等于传输线的特性导纳时，设计此馈电网络不仅使天线输入匹配，而且使馈线处近似达到匹配。整个馈线上接近行波，故称为行波馈电。馈电网络仅在天线输入端匹配，在各段馈线上电流或场按驻波分布，称为谐振馈电。

串馈天线阵中各阵元所要求的激励幅度和相位是通过改变各天线阵元的尺寸来实现的。所以一个具有幅度或相位加权的串馈天线阵，各阵元的尺寸一般是不相同的，这与并馈天线阵不同。

对串联微带天线阵，为得到边射波束，必须使每个贴片等幅同相馈电。N 个贴片之间的相位差则为 $N \times 360°$。可用从主馈线到每个内贴片微带线的宽度来控制到贴片的功率幅度，用馈线的长度来控制贴片之间的相位差。但馈线随频率变化引起相位差时，使主波束的方向也随频率变化。克服这个缺点最有效的方法是采用中馈技术，该法就是把左右对称的串馈微带天线阵在中间并馈。

串馈天线阵由于使用的总馈线长度短，因而具有以下优点：

（1）导体和介质损耗小。

（2）由馈线造成的杂散辐射小。

（3）占据的空间小。

（4）馈电网络结构既简单又紧凑。

相对于并馈天线阵，串馈天线阵的主要缺点如下：

（1）带宽较窄。对谐振串馈天线阵，由于基本辐射单元和整个天线阵都工作在谐振频率，所以阻抗及方向图带宽都很窄。

（2）波束指向随频率变化。

（3）行波串馈天线阵，特别是在窄波束行波天线阵的情况下，由于主波束随频率变化，因而减小了可用带宽。

实例 2.1　中馈串馈微带天线阵[18]

图 2.35 是有中馈点的三个串馈边射微带天线阵的结构。每个天线阵都是用 $\varepsilon_r = 2.3$、厚度为 0.38 mm 的基板用印刷电路技术制造的。每个天线阵都由有 -22 dB 副瓣电平的十六单元微带贴片组成。

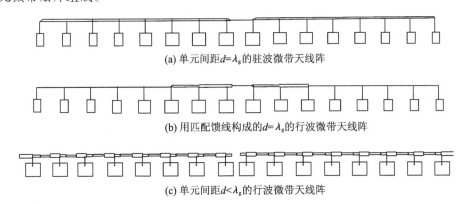

(a) 单元间距 $d = \lambda_g$ 的驻波微带天线阵

(b) 用匹配馈线构成的 $d = \lambda_g$ 的行波微带天线阵

(c) 单元间距 $d < \lambda_g$ 的行波微带天线阵

图 2.35　中馈串馈微带天线阵

图 2.35（a）中，为了实现低副瓣，采用变化贴片宽度来得到所需要的渐变幅度分布。主馈线的特性阻抗为 50 Ω，贴片的宽度随单元间距 λ_g（相当于 $0.714\lambda_0$）逐渐减小，用长度为 $\lambda_g/2$、特性阻抗为 100 Ω 的分支线把贴片与主馈线相连。由于把天线阵的一半在中馈点并联，因此希望贴片的阻抗尽可能地高，方法是选择贴片的宽度，以便给出在谐振时的输入电阻，其范围是：在阵的中间为 180 Ω，在阵的末端为 680 Ω。当贴片的宽度减小时，其长度要稍微增大一些，由于天线阵的一半的输入阻抗为 25 Ω，因此必须将特性阻抗为 50 Ω 的 $\lambda_g/4$ 阻抗变换段变为 100 Ω，将两个 100 Ω 阻抗并联后变为 50 Ω 之后，与主馈线匹配。天线阵的阻抗带宽为 1.7%，实测增益为 16 dB。

图 2.35（b）仍然使用了变化宽度的贴片，但采用了在每个贴片的分馈点与主馈线匹配的方法。单元间距仍然为 $d = \lambda_g$，该方案采用了不同特性阻抗的主馈线，因而为设计提供了更大的自由度，有利于改善天线阵的阻抗带宽。实测天线阵的增益为 16.6 dB。

图 2.35（c）中，贴片之间的间距为 $0.96\lambda_0$，所有贴片及贴片之间的馈线都相同。按行波阵设计半个天线阵，在 $f = 12$ GHz，波束偏离边射方向约 $1°$。把两个半个天线阵合成来构成边射阵。用选择贴片的阻抗和馈线匹配段的方法来控制阵的幅度按指数渐变。在每一端都利用开路支节来调谐天线阵。由于阵的幅度为指数渐变，所以口面效率要低一点，但用该方法可改善天线方向图和阻抗带宽。

2.14.3 串并联馈电

为克服串联馈电和并联馈电的缺点，对大的平面天线阵，既用串馈，又用并馈，即串并联馈电。

实例 2.2 Ku 频段高效率串并馈微带天线阵[19]

严格来讲，与抛物面天线相比，在 Ku 频段不宜用微带天线阵，主要是因为制造天线所用基板材料的成本，以及设计、加工成本过大所致。通常用户把低轮廓、重量轻作为天线的重要参数，例如移动卫星车载天线仍然希望使用贴片天线。

对 Ku 频段卫星通信，使用低轮廓微带天线，用电控而不用机械调整 15°仰角，在方位面用机械跟踪系统对波束扫描，希望天线有 5°×15°的垂直极化扇形波束。要求天线的主波束固定在偏离边射方向 15°的角度上，由于要求天线尺寸为 250 mm×82 mm，因而馈电网络成为关键技术。在 Ku 频段，微带天线阵的效率主要取决于馈电网络的损耗。

并馈的优点是设计简单，单元间距可以灵活选择。由于所有单元都通过 1∶n 功分器用等长传输线馈电，因而相对带宽宽，但在大型毫米波天线阵中，馈线会引入很大的插损。

为了获得高效率，并避免波束指向随频率变化，对低轮廓微带天线阵的馈电网络，既不是全部串馈，也不是全部并馈，而是采用如图 2.36 所示的串并馈电网络。图 2.36 是用如图 2.37 所示的基本辐射单元(共四十八元)通过串并联馈电网络构成的背腔贴片天线阵。

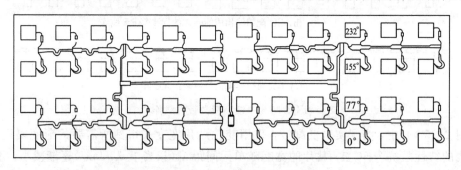

图 2.36 用串并联馈电网络构成的四十八元背腔贴片天线阵

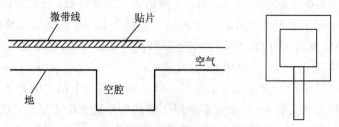

图 2.37 背腔贴片天线的结构

由图 2.36 可看出，整个天线阵由四个子阵组成，每个子阵由十二个完全相同的背腔方贴片组成。单元与单元之间通过三个串联和两个并联馈电网络连接而成。单元间距为 $0.8\lambda_0$。为了获得所需要的单元带宽，背腔微带贴片单元的总高度为 3 mm；为了减小微带线的漏泄辐射，微带线的高度只有 1 mm。天线的中心工作频率 $f_0=12.35\ \text{GHz}$，天线和馈电网络用厚 1 mm、以空气为介质和厚 0.2 mm、$\varepsilon_r=3.38$ 的基板制作。

　　为了实现高增益，所有单元都按均匀功率分布设计。为了实现这种功率分配，必须按如图 2.38 所示控制馈线的阻抗，在传输线的每个结点都必须实现阻抗匹配。为了使主波束偏离边射方向 $15°$，在如图 2.36 所示的天线阵中，从上到下，每一层贴片馈线的相位分别为 $0°$、$77.4°$、$154.8°$、$232.2°$。

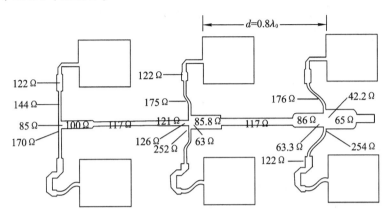

图 2.38　1/2 子阵馈电网络及阻抗变换段

该天线阵的主要电性能如表 2.3 所示。

表 2.3　Ku 频段四十八元背腔微带天线电性能的频率特性

f/GHz	G/dBi	E 面波束最大方向	$HPBW_E$	H 面波束最大方向	$HPBW_H$
11.7	22.6	$14.5°$	$15.4°$	$-0.5°$	$5.15°$
12.0	22.9	$15°$	$15.7°$	$-0.5°$	$5.11°$
12.2	23.5	$15°$	$15.3°$	$0°$	$5.5°$
12.5	23.8	$15°$	$15°$	$0°$	$5.1°$
12.7	23.1	$15.5°$	$14.3°$	$0°$	$4.5°$

　　在中心频率 12.5 GHz 处，实测增益为 23.8 dBi，计算的方向系数为 24.44 dBi，输入端的反射损耗为 -20 dB。由天线阵微带线和失配造成的损耗仅为 $24.44-23.8=0.64$ dB，表明天线的效率高达 86.3%。

2.15　基站板状天线的馈电网络及阻抗匹配

　　为了实现宽带基站天线，基站使用的板状天线基本都使用并馈。基站天线的基本辐射单元常用 $\lambda_0/2$ 长偶极子天线，其输入阻抗有两种，多数为 50 Ω，少数为 75 Ω。由于只有 50 Ω 和 75 Ω 两种同轴线，所以阻抗变换段只能把它们并联组合来实现所需的特性阻抗。

2.15.1　基本单元输入阻抗为 75 Ω 的八元板状天线的馈电网络

　　图 2.39 是单元输入阻抗为 75 Ω 的八元板状天线的馈电网络。为了实现最大增益，所有单元等幅同相馈电。

　　(1) 用八根等长 75 Ω 同轴线①～⑧与 1～8 个 $\lambda_0/2$ 偶极子相连，并把两两单元并联，并联阻抗为 $75/2=37.5$Ω。

（2）利用 $\lambda_g/4$ 奇数倍长 50 Ω 同轴线⑨、⑩、⑪、⑫的 $\lambda_0/4$ 阻抗变换段把 37.5 Ω 变成 66.67 Ω（$50^2/37.5=66.67$）。

（3）用⑬号 $\lambda_g/4$ 长 75 Ω 同轴线的 $\lambda_0/4$ 阻抗变换段把 66.67 Ω 变成 84.37 Ω，（$75^2/66.67=84.37$）。

（4）通过接线盒把阻抗为 84.37 Ω 的⑬号同轴线与阻抗为 66.67 Ω 的⑩、⑪和⑫号同轴线并联，并联阻抗为 17.59 Ω。

（5）利用一根 $\lambda_g/4$ 长 75 Ω 同轴线与一根 $\lambda_g/4$ 长 50 Ω 并联构成的特性阻抗为 30 Ω 的 $\lambda_0/4$ 阻抗变换段，把 17.59 Ω 变换成 51.2 Ω（$30^2/17.59=51.2$），与 50 Ω 同轴馈线匹配。

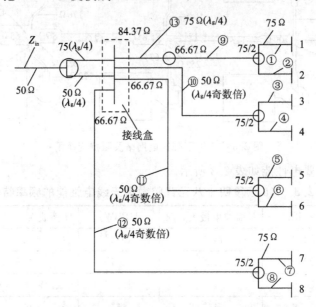

图 2.39　单元输入阻抗为 75 Ω 的八元板状天线的馈电网络

2.15.2　基本辐射单元输入阻抗为 50 Ω 的板状天线的馈电网络

1. 八元板状天线的馈电网络

八元板状天线的馈电网络如图 2.40 所示。

（1）为保证等幅同相馈电，用八根等长 50 Ω 同轴线①～⑧直接与 1～8 个 $\lambda_0/2$ 长偶极子相连，并把它们两两并联，并联阻抗为 $50/2=25$ Ω。

（2）利用 $\lambda_g/4$ 奇数倍长 75 Ω 同轴线的 $\lambda_g/4$ 阻抗变换段⑨～⑫，把 25 Ω 变换成 225 Ω（$75^2/25=225$），两两并联后变成 $225/2=112.5$ Ω。

（3）把 $\lambda_g/2$ 偶数倍长⑬和⑭号 50 Ω 同轴线并联，变成 56 Ω，基本上与 50 Ω 主同轴馈线匹配。

八单元线极化贴片天线阵可以反相并联馈电，也可以同相并联馈电，如图 2.41(a)、(b)所示。在图 2.41(a)中，把天线的辐射单元两两分成一组，反相并联馈电，再让两路馈线长度相差 $\lambda_g/2$，变成同相。也可以看成是由反相二功分器给两相邻辐射单元反相并联馈电，许多反相二功分器位于贴片天线的两侧。图 2.41(b)所示为用位于贴片天线同侧的许多二功分器给相邻辐射单元同相并联馈电。

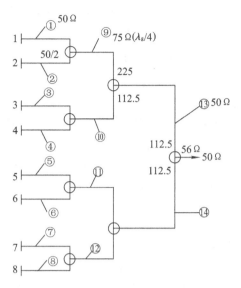

图 2.40　单元输入阻抗为 50 Ω 的八元板状天线的馈电网络

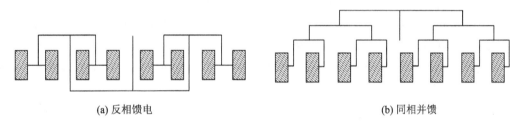

(a) 反相馈电　　　　　　　　　　　　(b) 同相并馈

图 2.41　八元线极化贴片的馈电方法

　　与同相并联馈电网络相比，反相馈电网络结构较对称，在线阵组成面阵时，占用的空间相对小，而且容易抑制交叉极化分量。

2. 六元板状天线的馈电网络

　　图 2.42 是单元输入阻抗为 50 Ω 的六元板状天线的馈电网络。

　　（1）为实现最大增益，用六根等长①～⑥50 Ω 同轴线与 1～6 个 $\lambda_0/2$ 长偶极子相连，两两并联，输入阻抗度为 50/2＝25 Ω。

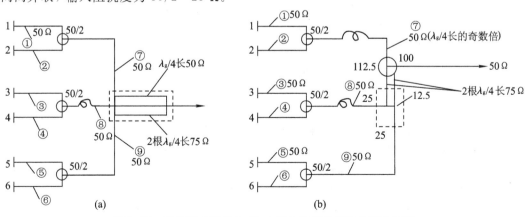

图 2.42　单元输入阻抗为 50 Ω 的六元板状天线的馈电网络

(2) 把 $\lambda_g/2$ 整数倍长 50 Ω 同轴线⑦、⑧和⑨并联，阻抗变为 25/3 Ω。

(3) 用一根 $\lambda_g/4$ 长 50 Ω 同轴线与两根 $\lambda_g/4$ 长 75 Ω 同轴线并联构成特性阻抗为 21.4 Ω 的 $\lambda_0/4$ 阻抗变换段，把 25/3 Ω 变换成 55 Ω($21.4^2/(25/3)=55$)，基本与 50 Ω 主同轴馈线匹配(参看图 2.42(a))。

图 2.42(b)与图 2.42(a)的不同点在于：

(1) ⑦号 50 Ω 同轴线的长度为 $\lambda_g/4$ 的奇数倍，利用 $\lambda_g/4$ 的阻抗变换段，把 50/2 Ω 变换成 100 Ω。

(2) 把⑧号和⑨长度为 $\lambda_g/2$ 整数倍 50 Ω 同轴线并联，并联阻抗为 25/2 Ω。

(3) 用两根 $\lambda_g/4$ 长 75 Ω 同轴线并联构成特性阻抗为 37.5 Ω 的 $\lambda_g/4$ 阻抗变换段，把 25/2 Ω 变换成 112.5 Ω($37.5^2/(25/2)=112.5$)。

(4) 把 100 Ω 与 112.5 Ω 并联，并联阻抗为 53 Ω，基本上与 50 Ω 主同轴馈线匹配。

3. 十元板状天线馈电网络

图 2.43 是单元输入阻抗为 50 Ω 的等功率十元板状天线的馈电网络。

(1) 用等长十根①～⑩50 Ω 同轴线分别与 1～10 个 $\lambda_0/2$ 长偶极子相连。

(2) 分别把①～⑤和⑥～⑩各五根 50 Ω 同轴线并联，并联阻抗为 50/5=10 Ω。

(3) 分别利用长度均为 $\lambda_g/4$ 的一根 50Ω、两根 75 Ω 同轴线并联构成特性阻抗为 21.4 Ω 的 $\lambda_0/4$ 阻抗变换段，把 10 Ω 变换成 45.8 Ω($21.4^2/10=45.8$)。

(4) 用 $\lambda_g/4$ 奇数倍长 50 Ω 同轴线⑪和⑫的 $\lambda_0/4$ 阻抗变换段，把 45.8 Ω 变换成 54.6 Ω($50^2/45.8=54.6$)。

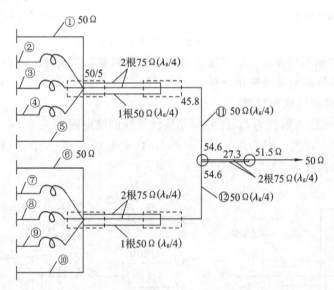

图 2.43 单元输入阻抗为 50 Ω 十元板状天线的馈电网络

(5) 把⑪和⑫号同轴线并联，并联阻抗为 54.6/2=27.3 Ω。

(6) 利用两根 $\lambda_g/4$ 长 75 Ω 同轴线并联构成特性阻抗为 37.5 Ω 的 $\lambda_0/4$ 阻抗变换段，把 27.3 Ω 变换成 51.5 Ω($37.5^2/27.3=51.5$)，与 50 Ω 主同轴馈线匹配。

图 2.44 是单元输入阻抗为 50 Ω 的不等功率十元板状天线的馈电网络。

(1) 用十根等长①～⑩50 Ω 同轴线，分别与 1～10 个 $\lambda_0/2$ 长偶极子相连。

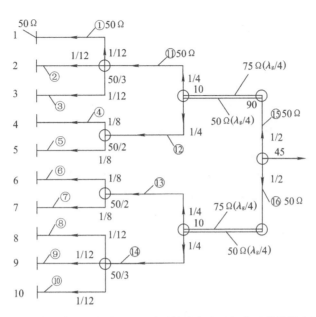

图 2.44 单元输入阻抗为 50 Ω 的不等功率十元板状天线的馈电网络

（2）把①、②、③和⑧、⑨、⑩同轴线分别并联，并联阻抗为 50/3＝16.67 Ω，把④、⑤和⑥、⑦同轴线分别并联，并联阻抗为 50/2＝25 Ω。

（3）分别把 $\lambda_g/2$ 整数倍长⑪、⑫和⑬、⑭号同轴线并联，并联阻抗为 10 Ω $\left(\dfrac{16.67 \times 25}{16.67 + 25} = 10\right)$。

（4）利用长度分别为 $\lambda_g/4$ 的一根 75 Ω、一根 50 Ω 同轴线并联构成特性阻抗为 30 Ω 的 $\lambda_g/4$ 阻抗变换段，把 10 Ω 变换成 90 Ω（$30^2/10 = 90$）。

（5）把 $\lambda_g/2$ 整数倍长 50 Ω 同轴线⑮、⑯并联，并联阻抗为 45 Ω，基本上与 50 Ω 主同轴馈线匹配。

从功率上看，假定输入功率 $P = 1$ W，经过两个二分配器变成 1/4 W，经过三分配器，分别到 1、2、3、8、9、10 辐射单元上的功率为 1/12 W，再经过二分配器，分别到 4、5、6、7 辐射单元上的功率为 1/8 W。

2.16 贴片天线的馈电方法

贴片天线可以用同轴线、微带线、共面波导直接馈电。对宽带贴片天线，就同轴线馈电而言，可以用容性探针、L 形探针和曲折探针耦合馈电。对多频贴片天线，既可以用探针耦合馈电，也可以用探针过孔通过层叠多频贴片中的底、中层贴片直接与顶层高频贴片相连馈电，中、底层贴片则通过耦合馈电。对微带线馈电而言，既可以通过近耦合给贴片天线馈电，还可以通过口面耦合馈电。为了抵消线极化贴片的高次模，需要用 0°和 180°双馈技术。对正交线极化贴片天线，需要从方贴片（或圆贴片）相邻两个边的中间位置，用同轴线或微带线双馈，为了实现宽带，正交馈线一个用同轴线，另一个用微带线；对自相位圆极化贴片天线，可以用同轴线或微带线直接馈电或耦合馈电；对宽带圆极化方贴片（或圆贴片）天线，则需要用等幅 0°和 90°相差双馈，为实现更好的性能，还要用等幅 0°、90°、180°和 270°相差四馈；对天线阵，还可以用顺序旋转馈电技术。

2.16.1　线极化贴片天线的馈电方法

1. 用同轴线馈电

1）用同轴线直接馈电

把同轴线的内导体（探针）穿过介质基板和贴片，直接与贴片焊接，同轴线的外导体（或同轴插头的法兰）与贴片天线的地焊接，如图 2.45 所示。为了与 50 Ω 同轴线匹配，探针的位置应位于贴片输入阻抗为 50 Ω 的点。

对沿对角线单馈的矩形（$a=1.5b$）贴片天线，天线的带宽与基板的厚度 t 成正比，与基板的 ε_r 成反比。图 2.46 把不同厚度 t，$\varepsilon_r=2.32$ 和 $\varepsilon_r=9.8$ 两种基板矩形贴片的相对带宽作了比较。由图 2.46 可看出，单馈矩形贴片的相对带宽小于 5%。要展宽矩形贴片的带宽，既要采用厚基板，又要使用低 ε_r 的基板。

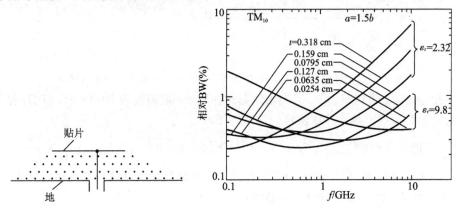

　　图 2.45　探针直接馈电　　　图 2.46　ε_r不同、厚度不同的矩形贴片的相对带宽

实例 2.3　用探针直接给折叠短路贴片馈电构成的宽带定向天线

图 2.47 是用探针直接给折叠短路贴片馈电构成的宽带定向天线。该天线之所以具有宽带及小尺寸，是因为采用了以下技术：

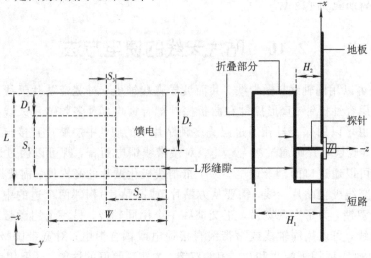

图 2.47　探针馈电折叠短路贴片天线

（1）折叠短路贴片。

（2）在贴片上开 L 形缝隙。

中心设计频率 $f_0 = 2450$ MHz（$\lambda_0 = 122.4$ mm），天线的主要尺寸及电尺寸为：长×宽×高 $= L \times W \times H_1 = 25.6$ mm（$0.21\lambda_0$）$\times 42.5$ mm（$0.35\lambda_0$）$\times 14$ mm（$0.11\lambda_0$），其他尺寸为 $S_1 = 19.6$ mm，$S_2 = 19.5$ mm，$S_3 = 1$ mm，$H_2 = 4$ mm，$D_1 = 5$ mm，$D_2 = 17.3$ mm。接地板的尺寸为 145 mm $\times 162.5$ mm。主要实测电性能如下：

（1）VSWR $\leqslant 2$ 的频率范围为 $1.56 \sim 3.49$ GHz，相对带宽 76%。

（2）实测增益 $4.5 \sim 8.5$ dBi。

2）用容性探针直接馈电

为了展宽贴片天线的带宽，常常采用厚空气介质贴片，由于长探针引入了大的感抗导致阻抗失配，为此采用如图 2.48 所示的带有容抗的泪珠形或圆柱形探针直接馈电，以抵消长探针引入的感抗。

3）用曲折探针直接馈电

实例 2.4　曲折探针馈电贴片天线

图 2.49 是用曲折探针直接馈电构成的宽带贴片天线。中心设计频率 $= 1.82$ GHz（$\lambda_0 = 165$ mm），天馈系统的具体尺寸及电尺寸如表 2.4 所示。

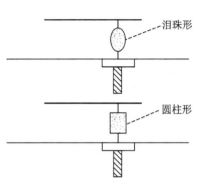

图 2.48　容性探针（泪珠形或圆柱形）直接馈电贴片天线

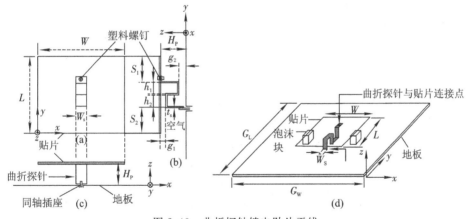

图 2.49　曲折探针馈电贴片天线

表 2.4　曲折探针馈电贴片天线的具体尺寸及电尺寸

参数	L	W	H_P	G_L	G_W
尺寸/mm	60（$0.36\lambda_0$）	70（$0.425\lambda_0$）	17.5（$0.106\lambda_0$）	300（$1.82\lambda_0$）	200（$1.21\lambda_0$）
参数	$g_1 = g_2$	$h_1 = h_2$	$S_1 = S_2$	t_s	W_s
尺寸/mm	1.5（$0.01\lambda_0$）	9.5（$0.06\lambda_0$）	20.5（$0.123\lambda_0$）	0.2（$0.0012\lambda_0$）	9.5（$0.06\lambda_0$）

该天线的主要实测电性能如下：

（1）VSWR $\leqslant 2$ 的频率范围为 $1.56 \sim 2.12$ GHz，相对带宽为 30.5%，VSWR $\leqslant 1.5$ 的相对带宽为 24%。

（2）在阻抗带宽内，平均增益为 9 dBi。

（3）在 $f_0 = 1.82$ GHz，实测 $\text{HPBW}_E = 67°$，$\text{HPBW}_H = 74°$，交叉极化电平为 -20 dB。可见，用曲折探针不仅展宽了阻抗带宽，实现了平均 9 dBi 高的增益，小于 -20 dB 的交叉极化电平，而且提供了对称的 E 面和 H 面方向图。

4）用双探针直接馈电正交极化贴片天线

对方形或圆形双线极化天线，只要从方形或圆形贴片相邻正交边的中间馈电（见图 2.50）就能实现。该方法只适合用普通相对比较薄的基板制作的贴片天线。对用相对厚的基板制作的贴片天线，由于厚基板存在极强的高次模，如果仍然用两个正交馈电，就会导致两个端口存在很大的互耦，为此必须使用如图 2.51 所示的 0°、180°、0°、180° 四馈来实现正交双线极化。用一对具有 0° 和 180° 相位的馈电技术，使高次模彼此抵消，使基模彼此加强，可见采用反方向 180° 相差馈电，不仅抵消了交叉极化分量，而且提高了正交馈电端口之间的隔离度。

双正交馈电，可以用同轴线或微带线。为实现更好的端口隔离度，也可以一个端口用同轴线，另一个端口用微带线。

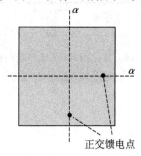

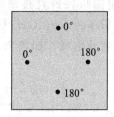

图 2.50　正交双馈双极化贴片天线　　　图 2.51　4 馈（0°、180°、0°、180°）双极化贴片天线

5）用同轴线直接双馈构成的双频双正交线极化贴片天线

许多通信系统往往用一个频率发射信号，用另一个频率接收信号。为了提高收发端口的隔离度，不是用双工器，就是用环流器。采用如图 2.52（a）所示的双馈矩形贴片就不必使用用双工器，如果 $L_1 > L_2$，让 L_1 的尺寸使天线谐振在低频作为接收线极化天线，让 L_2 谐振在高频作为发射正交线极化。也可以在方形贴片中心开一个矩形缝隙，如图 2.52（b）所示。由于开缝，因此使垂直极化的谐振频率降低。在单馈矩形贴片的边缘附加 $\lambda_0/4$ 长开路支节，如图 2.53（a）所示，不用双层基板就能构成窄带双频天线。图 2.53（b）所示为给贴片附加一个或几个短路针，相当于在远离贴片谐振频率用感抗对贴片加载。由于抵消了贴片带来的容抗，结果形成了第二个谐振频率。如果在短路针处插入电压可控变容二极管，还能改变两个谐振频率。

6）用同轴线耦合馈电

实例 2.5　用探针耦合馈电构成的双频定向贴片天线

用探针沿贴片的侧面，通过耦合给贴片馈电。图 2.54 是用探针给同心圆垂直贴片耦合馈电构成的双频垂直极化定向天线。该天线能同时在 $f_{01} = 4.25$ GHz（$\lambda_{01} = 70.6$ mm）和 $f_{02} = 7$ GHz（$\lambda_{02} = 42.9$ mm）工作。天线的具体尺寸如下：$D_1 = 20$ mm（$0.283\lambda_{01}$），$L_1 = 3$ mm（$0.043\lambda_{01}$），$H_1 = 5$ mm（$0.071\lambda_{01}$），$D_2 = 14$ mm（$0.327\lambda_{02}$），$L_2 = 3$ mm（$0.07\lambda_{02}$），

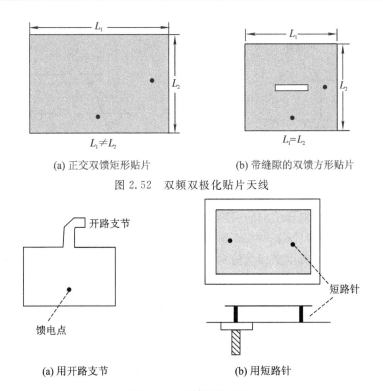

(a) 正交双馈矩形贴片   (b) 带缝隙的双馈方形贴片

图 2.52 双频双极化贴片天线

开路支节

馈电点

短路针

(a) 用开路支节   (b) 用短路针

图 2.53 双频贴片天线

$H_2 = 5$ mm$(0.117\lambda_{02})$。接地板的尺寸为：$G_x = G_y = 55$ mm$(0.779\lambda_{01})$。

该天线的主要电性能如下：

低频段：$f_{01} = 4.25$ GHz，VSWR$\leqslant 2$ 的相对带宽为 7%，$G = 7$ dBi。

高频段：$f_{02} = 7$ GHz，VSWR$\leqslant 2$ 的相对带宽为 26%，$G = 7$ dBi。

由此可以看出，用探针给垂直贴片耦合馈电不仅简单，而且为宽频带。

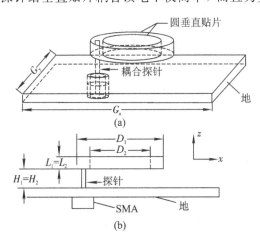

图 2.54 探针耦合馈电定向贴片天线

7）用容性探针耦合馈电

为了展宽贴片天线的带宽，使其达到 $5\% \sim 15\%$，往往采用厚基板印刷制造。如果用同轴线直接馈电，则由于长的探针引入感抗会使阻抗失配，因此可以采用如图 2.55 所示的容性探针进行耦合馈电。

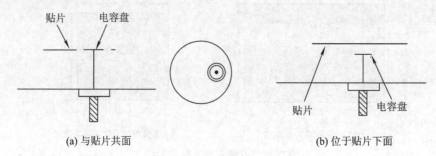

(a) 与贴片共面　　　　　　　　　　　　(b) 位于贴片下面

图 2.55　容性探针耦合馈电

实例 2.6　容性探针耦合馈电的背腔层叠双线极化贴片天线

为了实现 $f_0 = 435$ MHz($\lambda_0 = 690$ mm)、相对带宽为 19.5% 的双线极化天线，由于该天线用来探测冰的回声，所以必须低轮廓，为此采用如图 2.56 所示的用容性探针耦合馈电的背腔层叠双线极化贴片天线。天线的具体尺寸如下：

$a = 106.5$ mm，$b = 90$ mm，$L = 197$ mm，$L_a = 220$ mm，$L_c = 19$ mm，$W_c = 39.5$ mm，$s = 2.9$ mm，$d = 10$ mm，$h_1 = 70$ mm(泡沫)，$h_2 = 1.52$ mm，$h_3 = 30$ mm，$h_4 = 3$ mm，$t = 3$ mm。

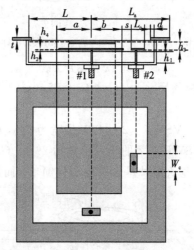

图 2.56　容性探针耦合馈电的背腔层叠双线极化贴片天线

该天线的主要实测电性能如下：

(1) $S_{11} < -15$ dB 的频率范围为 390～480 MHz，相对带宽为 20%。

(2) 天线的电尺寸为：长×宽×高 $= 0.638\lambda_0 \times 0.638\lambda_0 \times 0.638\lambda_0$。

(3) 端口隔离度低于 -15 dB。

为了实现 13 dBi 的天线增益，采用 4 元天线阵。为了减小天线阵的副瓣电平和交叉极化电平，采用了如图 2.57 所示的顺序旋转布局。其中，1、3、5、7 为垂直极化，2、4、6、8 为水平极化，端口馈电相位如表 2.5 所示。

表 2.5　四元顺序旋转天线端口的相位

端口	1	2	3	4	5	6	7	8
相位	0°	0°	0°	180°	180°	0°	180°	180°

4 元天线阵的尺寸为 1880 mm×470 mm×92 mm。实测天线阵的最大增益为 13 dBi。

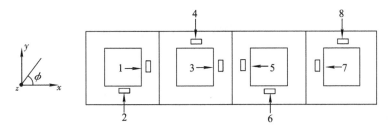

图 2.57 四元顺序旋转天线阵

8) 用 L 形探针耦合馈电

对于以空气为介质或基板比较厚的贴片，宜用 L 形探针耦合馈电，如图 2.58 所示。该方法的好处是：天线和馈线不用焊接连接，还具有宽带特性。

实例 2.7 用双 L 形探针耦合馈电构成的宽带贴片天线

图 2.59 是用并联双 L 形探针耦合馈电构成的宽带贴片天线。中心设计频率 $f_0 = 5$ GHz（$\lambda_0 = 60$ mm），天馈系统的尺寸及电尺寸如表 2.6 所示。

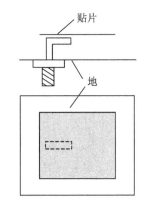

图 2.58 用 L 形探针给厚贴片耦合馈电

表 2.6 双 L 形探针耦合馈电的宽带贴片天线的尺寸及电尺寸

参数	L	H	W	T	a	b
尺寸/mm	22(0.367λ_0)	6(0.1λ_0)	44(0.733λ_0)	0.3(0.005λ_0)	4.5(0.075λ_0)	12(0.2λ_0)
参数	d	s	t	G_L	G_w	
尺寸/mm	0(0λ_0)	28.6(0.477λ_0)	1.5748(0.026λ_0)	100(1.667λ_0)	100(1.67λ_0)	

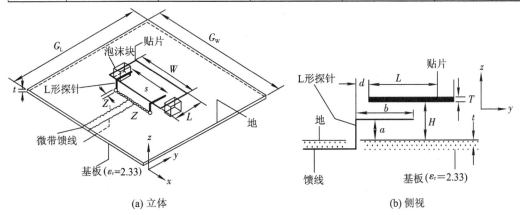

(a) 立体 (b) 侧视

图 2.59 双 L 形探针耦合馈电构成的宽带贴片天线

用 $\varepsilon_r = 2.33$ 的基板制作的微带馈电网络，50 Ω 带线的宽度为 4.877 mm，$Z_1 = 100$ Ω 带线的宽度为 1.41 mm。

该天线的主要实测电性能如下：

（1）VSWR≤1.5 的频率范围为 4.42～5.7 GHz，相对带宽为 25%。

（2）$G_{max}=10$ dBi，1 dB 增益带宽为 26%，用单 L 形探针，$G=8$ dBi。

图 2.60 是另外一种用双 L 形探针耦合馈电构成的宽带贴片天线。由于贴片带有缺口，因此进一步展宽了带宽。中心设计频率 $f_0=1.96$ GHz($\lambda_0=153$ mm)。天线的具体尺寸如下：$W_1=69.8$ mm，$W_2=47$ mm，$L_1=52$ mm，$L_2=18$ mm，$H=19.2$ mm，$W_3=4.8$ mm，$W_4=5$ mm，$W_5=3.1$ mm，$h_1=8.3$ mm，$D_1=27.3$ mm，$D_2=29.3$ mm，$H=19.2$ mm，$h_2=10.9$ mm。

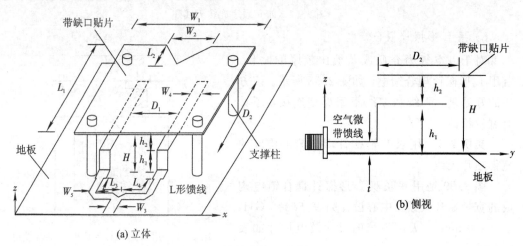

图 2.60　双 L 形探针耦合馈电的带缺口贴片天线

该天线的主要实测电参数如下：

（1）VSWR≤2 的频率范围为 1.744～2.444 GHz，相对带宽为 35.7%。

（2）在阻抗带宽内，$G=6.6～8.7$ dBi。

实例 2.8　用双 L 形探针耦合馈电构成的双频宽带贴片天线

图 2.61 是用双 L 形探针耦合馈电构成的双频宽带贴片天线。由图 2.61 可看出，该天线有以下特点：

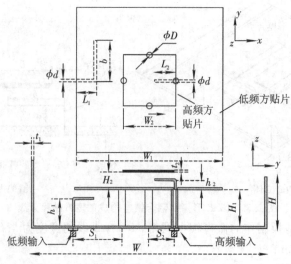

图 2.61　用双 L 形探针耦合馈电构成的双频宽带天线

（1）为了减小双频天线之间的耦合和阻挡，采用了层叠和在下贴片靠近中心有四个短路金属管两项技术，即把高频天线层叠在低频天线之上，低频方贴片既作为低频辐射单元，又作为高频天线的反射体。远离馈电的短路金属管的作用不是用作普通贴片来减小尺寸，而是更好地实现双频工作。

（2）为实现宽带，双频天线均采用空气介质贴片和独立的双 L 形探针耦合馈电，特别是高频天线 L 形探针穿过低频天线的一个短路金属管，相当于用同轴线外导体和与下贴片短路的 L 形探针耦合激励高频天线，有利于减小高频天线馈线对低频天线的影响。

（3）采用背腔，减小了后瓣。

双频天线中低频中心谐振频率 $f_{01} = 0.89$ GHz（$\lambda_{01} = 337$ mm），高频中心设计频率 $f_{02} = 2.45$ GHz（$\lambda_{02} = 122.5$ mm）。天馈的几何尺寸及电尺寸如下：$W = 243.6$ mm（$0.72\lambda_{01}$），$H = 47$ mm（$0.139\lambda_{01}$），$W_1 = 125.6$ mm（$0.37\lambda_{01}$），$H_1 = 33$ mm（$0.098\lambda_{01}$），$L_1 = 20.5$ mm（$0.061\lambda_{01}$），$h_1 = 24.8$ mm（$0.074\lambda_{01}$），$b = 33.5$ mm（$0.1\lambda_{01}$），$W_2 = 44$ mm（$0.36\lambda_{02}$），$H_2 = 13$ mm（$0.106\lambda_{02}$），$L_2 = 19$ mm（$0.155\lambda_{02}$），$h_2 = 9.5$ mm，$t_1 = 2$ mm，$t_2 = 1$ mm，$D = 4.6$ mm，$d = 2$ mm，$S_1 = 62.8$ mm，$S_2 = 22$ mm。

该天线的主要电性能如下：

（1）高频段天线：

① VSWR≤2 的频率范围为 2.04～3.13 GHz，相对带宽为 42.2%。

② $G_{max} = 8$ dBi，$F/B = 18$ dB。

（2）低频段天线：

① VSWR≤2 的频率范围为 0.78～1.02 GHz，相对带宽为 26.6%。

② $G_{max} = 8.4$ dBi。

实例 2.9　用 L 形探针和口面耦合馈电构成的宽带正交线极化贴片天线

图 2.62 是该天线的结构及尺寸。中心设计频率 $f_0 = 1.8$ GHz（$\lambda_0 = 166$ mm）。天线的具体尺寸及电尺寸如下：$H = 14$ mm（$0.084\lambda_0$），$L = 58.4$ mm（$0.35\lambda_0$），$W = 61.9$ mm（$0.37\lambda_0$），

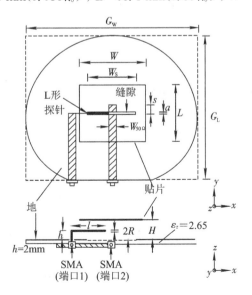

图 2.62　L 形探针和口面耦合馈电双正交线极化贴片天线

$h=8$ mm（$0.048\lambda_0$），$l=31.5$ mm（$0.189\lambda_0$），$R=0.5$ mm（$0.003\lambda_0$），$W_s=46$ mm（$0.275\lambda_0$），$a=2$ mm（$0.012\lambda_0$），$s=7.7$ mm（$0.068\lambda_0$），$W_{50\Omega}=5.49$ mm，$G_L=180$ mm（$1.078\lambda_0$），$G_W=190$ mm（$1.137\lambda_0$）。

天线的电尺寸为 $L\times W\times H=0.35\lambda_0\times0.37\lambda_0\times0.084\lambda_0$。由图 2.62 可看出，端口 1 用 L 形探针耦合馈电，端口 2 用微带线通过地板上的缝隙耦合馈电。

该天线的主要实测电性能如下：

（1）端口 1，VSWR$\leqslant$1.5 的频率范围为 1.7～2 GHz，相对带宽为 16.2%；端口 2，VSWR$\leqslant$1.5 的频率范围为 1.66～2 GHz，相对带宽为 18.6%。

（2）$S_{21}<-30$ dB，相对带宽为 28%。

2. 用微带线馈电

1）用微带线直接馈电

把微带线与贴片直接相连，就能给贴片馈电。由于贴片天线边缘的阻抗很高（200～300 Ω），因此为了避免与 50 Ω 微带馈线阻抗失配，可以采用如图 2.63(a)所示的 $\lambda_0/4$ 长阻抗变换段，也可以采用如图 2.63(b)所示的嵌入式。用印刷电路制造贴片和微带馈线，具有成本低的优点，但微带线存在漏泄辐射，不仅会降低天线效率，而且会使天线阵的副瓣电平和交叉极化电平增大。

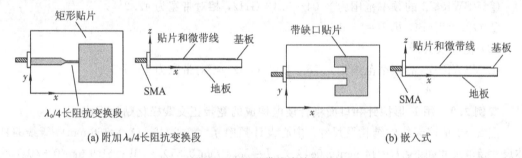

(a) 附加 $\lambda_0/4$ 长阻抗变换段　　　　　　　(b) 嵌入式

图 2.63　用微带线直接馈电

实例 2.10　用微带给方微带环天线馈电

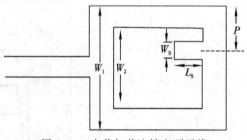

图 2.64　支节加载边馈方环天线

边长为 λ_0 的方环是尺寸最小的贴片天线，基模微带环天线的谐振波长几乎等于环的平均周长，但在边缘馈电输入阻抗很大，而且随环带的宽度而变。要实现 50 Ω 阻抗匹配，必须使用宽带方环。如果用探针在方环的内侧馈电，为实现 50 Ω 阻抗匹配，W_2/W_1 必须小于 0.4，但为了使尺寸紧凑，W_2/W_1 应该大些。阻抗失配时，对边馈方环天线，可以采用如图 2.64 所示的支节加载来改善阻抗匹配。

如果用 $\varepsilon_r=2.2$，厚 1.6 mm 的基板制作支节加载方环天线，则谐振频率为 1.929 GHz 时，天线的尺寸如下：$W_1=40$ mm，$W_2=20$ mm。开路直径的尺寸为：$W_s=5$ mm，$L_s=10$ mm，$P=13.6$ mm。该天线的带宽为 9 MHz，交叉极化电平为 -15 dB。

2) 微带线并馈 2×2 厚基板正交线极化贴片天线的馈电技术

由于在相对厚的基板贴片中存在极强的高次模，因此对单贴片可以采用如图 2.65 所示的在贴片相反位置用 0°和 180°相差双馈来抵消高次模实现宽带。对用厚基板制作的如图 2.66(a) 所示的 2×2 并馈双极化贴片天线阵，让垂直极化端口和水平极化端口两单元并馈馈电，故意偏离中心 $\lambda_g/2$，以实现所需要的 180°相差。用在并馈传输线中存在的 180°相差，不仅扼制了交叉极化，而且提高了正交极化端口之间的隔离度。图 2.66(b) 就是用这种技术制作的 L 频段 2×2 双线极化并联天线阵的照片，在天线的工作带宽内，实测端口隔离度低于−40 dB，最坏交叉极化电平也低于−28 dB。

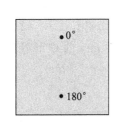

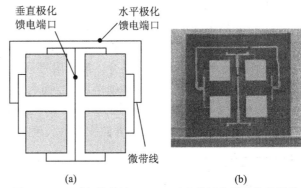

图 2.65　180°相差双馈贴片天线　　　图 2.66　180°相差并馈 2×2 双正交线极化天线阵及照片

3) 口面耦合馈电

把末端开路的微带线或带线放在贴片天线地板的下面，通过在地板上切割的缝隙耦合（或口面耦合）给贴片馈电，如图 2.67(a) 所示。用口面耦合馈电的好处如下：

(1) 能同时使贴片和馈电网络性能都最佳。

由于贴片和馈电网络位于地板两侧的双层基板中，因此可以用不同厚度、不同 ε_r 的基板独立设计天线和馈电网络。

(2) 避免了微带线杂散辐射。

(3) 具有更宽的阻抗带宽，如用相对厚的基板，能实现大于 10% 的相对带宽，如果用层叠贴片，能实现 30% 的相对带宽。

(4) 由于采用了无接触馈电技术，因此减小了在电路中由非线性产生的谐波造成的无源交调失真。

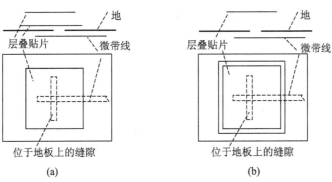

图 2.67　口面耦合贴片天线和口面耦合层叠贴片

用口面耦合馈电的缺点是：天线后瓣增大。但该缺点可以通过附加反射板改进。

为了实现宽带和高增益，可以采用如图 2.67(b)所示的口面耦合层叠贴片天线。

用口面耦合馈电不仅能构成单极化贴片天线，也能构成双极化贴片天线。双极化复用口径天线不仅能降低成本，减小天线尺寸，而且能增加天线的功能和业务的容量。双线极化口面耦合贴片天线通常采用以下两种技术：

(1) 偏离中心的两个正交耦合缝隙。

(2) 位于贴片下面中心的十字形耦合缝隙。

由于第二种方法需要采用相对复杂的馈电装置或多层结构，减小两馈线之间的耦合，所以多用第一种口面耦合技术。

图 2.68 是由偏离中心的 C 形和矩形缝隙耦合馈电构成的 5.8 GHz 正交线极化圆贴片天线[20]。由图 2.68 可看出，该天线由三层组成，顶层是用厚 $h=0.79$ mm、$\varepsilon_r=2.45$ 的基板制作的半径 $r_a=10$ mm 的圆贴片，第二层是厚 4 mm、$\varepsilon_r=1.06$ 的泡沫层，底层是厚 0.79 mm、$\varepsilon_r=2.45$ 的基板构成的馈电层，顶面为地板，在地板上切割有长 $L_1=14.5$ mm、宽 $W=2$ mm 的矩形缝隙，长 $L_2=5.5$ mm、$L_3=3$ mm 且宽 $W=2$ mm 的 C 形缝隙，底面为宽度为 2.27 mm 的微带馈线，开路支节的长度 $s_1=1.5$ mm，$s_2=2.75$ mm。

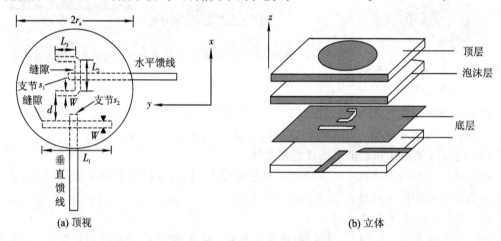

(a) 顶视　　　　　　　　　　　　　　(b) 立体

图 2.68　双线极化口面耦合圆贴片天线

该天线的主要实测电性能如下：

(1) 具有 $S_{11}<-10$ dB 的频率范围和相对带宽，水平极化端口为 5.2～6 GHz 和 14.3%，垂直极化端口为 4.8～6.15 GHz 和 24.5%。

(2) $\mathrm{HPBW}_E=\mathrm{HPBW}_H\approx70°$，交叉极化低于 -18 dB。

(3) 水平极化和垂直极化端口 $G=7.6～7.8$ dBi。

(4) 端口隔离度大于 -28 dB。

4) 用微带线近耦合馈电

用末端开路的微带线，通过近耦合给贴片馈电。图 2.69(a)就是把特性阻抗为 100 Ω 的微带线放在贴片天线的下面，通过近耦合给贴片馈电。把末端开路微带线特别靠近贴片边缘放置，通过边缘场耦合，也能激励贴片，如图 2.69(b)所示。由于不需要与贴片焊接连接，故近耦合馈电具有加工简单、可靠性高的优点。

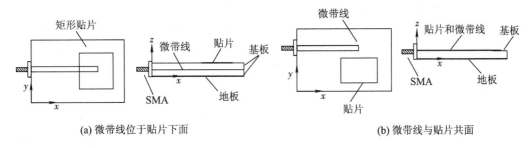

(a) 微带线位于贴片下面　　　　　　　　　　　(b) 微带线与贴片共面

图 2.69　微带线近耦合贴片馈电

2.16.2　圆极化贴片天线的馈电方法

1. 单馈圆极化贴片天线

对用微扰技术产生兼并模的圆极化天线，可以用同轴线，微带线单馈。该方法具有馈电网络简单的优点，其缺点是圆极化天线的阻抗和轴比带宽相比较窄。

1) 用同轴线馈电

(1) 用同轴线直接馈电。

用同轴线沿几乎方贴片对角线馈电，沿长度不等的两个直角产生了实现圆极化的两个兼并正交模。相对于馈电点，正交模中长度短的相位超前 45°，长度长的相位落后 45°，由于两个正交模等幅，相位差为 90°，因而实现了圆极化。边的长度为 $L_1/L_2 = 1.01 \sim 1.1$，如图 2.70(a)所示。图 2.70(b)、(c)分别用耳朵和缺口产生兼并模。

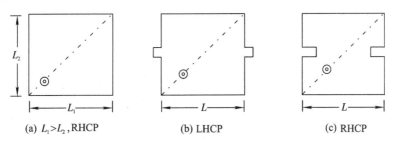

(a) $L_1 > L_2$, RHCP　　　　　(b) LHCP　　　　　(c) RHCP

图 2.70　对角线单馈圆极化贴片天线

图 2.71 是沿一个边中线单馈，由于沿两个对角线产生了等幅、相差 90°的兼并模，因而产生了圆极化。

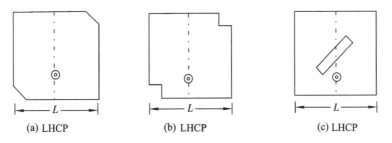

(a) LHCP　　　　　　(b) LHCP　　　　　　(c) LHCP

图 2.71　沿一个边中线单馈圆极化贴片天线

实例 2.11　用探针单馈层叠矩形贴片构成的宽带圆极化天线

　　图 2.72 是用探针单馈层叠矩形贴片构成的宽带圆极化天线。该天线用单馈还能实现宽带圆极化，主要是由于采用了空气介质寄生贴片。中心设计频率 $f_0 = 5.5$ GHz($\lambda_0 = 54.5$ mm)，用厚 $h_3 = 0.508$ mm、$\varepsilon_{r3} = 2.17$ 的基板制作尺寸为 $L_2 \times W_2 = 17.2$ mm$\times$14 mm 的寄生贴片，用 $h_1 = 1.575$ mm、$\varepsilon_{r1} = 2.2$ 的基板制作尺寸为 $L_1 \times W_1 = 16$ mm$\times$14 mm 的馈电贴片，两贴片之间为厚度 $h_2 = 5.8$ mm($0.106 \lambda_0$) 的空气。为实现用单馈构成圆极化，采用 $L_1 / W_1 = 1.143$ 几乎方贴片产生的兼并模，与前面单馈圆极化天线不同的是：馈电点既不位于对角线，也不位于边的中间，而是位于它们之间 $\theta = 37°$、$x_0 = 4$ mm 的圆上。

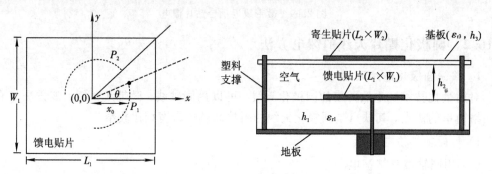

图 2.72　探针单馈层叠宽带圆极化贴片天线

该天线的主要实测电性能如下：

① VSWR≤2 的相对带宽为 21%。

② AR≤3 dB 的相对带宽为 13.5%。

③ 在轴比带宽内，平均增益为 8 dBic。

④ 在 f_0，HPBW$=63°$。

实例 2.12　探针单馈宽带小尺寸圆极化贴片天线[21]

　　为了缩小贴片天线的尺寸，业界广泛采用高 ε_r 基板，为实现宽带，还必须使用厚的高 ε_r 基板。对用同轴线馈电的圆极化贴片，厚基板必然使用长探针。抵消长探针引入电感的另一种方法是在切角方贴片上切割带容性的 U 形缝隙，如图 2.73 所示。U 形缝隙不仅展宽了天线的阻抗带宽，而且展宽了天线的轴比带宽。中心设计频率 $f_0 = 1575$ GHz($\lambda_0 = 190$ mm)，用厚 $h = 9.12$ mm、$\varepsilon_r = 10.02$ 的基板印刷制造，单馈 U 形缝隙切角方贴片的具体尺寸如表 2.7 所示。

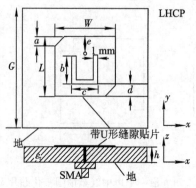

图 2.73　探针单馈带 U 形缝隙切角的圆极化贴片

表 2.7　单馈 U 形缝隙切角方贴片的尺寸及电尺寸

参数	a	b	c	d	e	G	L	W
尺寸/mm	6	10	11	7	6	60	25	25

相对于中心波长 λ_0，天线的电尺寸为 $0.13\lambda_0 \times 0.13\lambda_0$，地板的电尺寸为 $0.315\lambda_0 \times 0.13\lambda_0$，厚为 $0.048\lambda_0$。该天线的主要实测电参数如下：

① VSWR≤2 的频率范围为 1.548～1.8 GHz，相对带宽为 15.2%。

② AR≤3 dB 的频率范围为 1.56～1.61 GHz，相对带宽为 3.2%。

③ 在阻抗带宽内，$G=4.5$ dBic。

④ 在 $\Phi=0°$ 和 $\Phi=90°$ 平面，HPBW 分别为 112° 和 110°，交叉极化电平低于 -20dB。

实例 2.13　提高单馈圆极化切角方贴片天线轴比带宽的方法

图 2.74(a) 为单馈 LHCP 切角方贴片天线。图中，d 为馈电点到贴片边缘的距离，$W=L=28.6$ mm，地板 $=100$ mm $\times100$ mm，$f_0=4920$ MHz($\lambda_0=61$ mm)，在 $H=1$ mm，$a=3.3$ mm，$d=8.2$ mm 的情况下，VSWR≤2 的频率范围为 4.86～5.06 GHz，相对带宽为 4%，AR≤3 dB 的频率范围为 4.9～4.94 GHz，相对带宽为 0.82%，在 $H=3$ mm，$a=5.9$ mm，$d=5.1$ mm 的情况下，虽然把阻抗和轴比的相对带宽分别展宽为 7.4% 和 3.1%，但阻抗和轴比的频率范围并不重合。为了实用和进一步展宽，可以在切角方贴片上割一个如图 2.74(b) 所示的 U 形缝隙，天线的尺寸和阻抗、轴比带宽如表 2.8 所示。

表 2.8　带 U 形缝隙的切角方贴片天线的尺寸及阻抗、轴比带宽

H	a	d	U_a	U_d	U_x	U_y	仿真/GHz		实测/GHz	
							VSWR≤2	AR≤3 dB	VSWR≤2	AR≤3 dB
4(0.05 λ_0)	5.7	12.6	1	9.8	12	14	3～4.18 (8.7%)	3.～4.05 (2.2%)		
6(0.08 λ_0)	7.7	9.6	1	9.8	12	14	3.～4.2 (11.9%)	3.9～4.12 (4%)	3.6～4.16 (12.8%)	3.9～4.12 (5.23%)

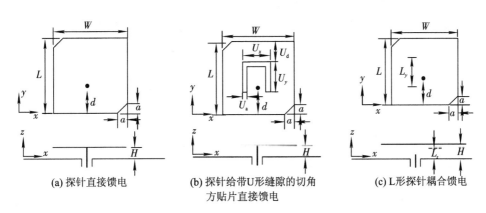

(a) 探针直接馈电　　　(b) 探针给带U形缝隙的切角　　　(c) L形探针耦合馈电
　　　　　　　　　　　方贴片直接馈电

图 2.74　单馈 LHCP 切角方贴片天线

由图 2.74(b) 可看出，用 U 形缝隙和把基板的厚度由 1 mm 变为 6 mm，3 dB 轴比带宽由 0.82% 变到了 5.23%，展宽了 6.37 倍，而且轴比的频率范围落在了阻抗的频段内。

用图 2.74(c)所示的 L 形探针耦合馈电并进一步增加厚度，还能进一步提高单馈圆极化贴片天线的阻抗和轴比带宽，具体如表 2.9 所示。

由表 2.9 可以看出，当厚度变为 $0.15\lambda_0$ 时，实测阻抗和轴比带宽分别为 34.7% 和 11.3%，而且 AR≤3 dB 的频率范围落在了阻抗带宽内。

表 2.9　切角方贴片天线的尺寸及阻抗、轴比的频带特性

H	a	d	L_y	L_z	仿真（GHz）		实测（GHz）	
					VSWR≤2	AR≤3 dB	VSWR≤2	AR≤3 dB
$7.5(0.1\lambda_0)$	10	3.3	10	6	3.5～5.29 (40%)	4.1～4.44 (7.2%)	3.4～5.05 (37%)	4.0～4.36 (7.6%)
$11(0.15\lambda_0)$	12.5	0	10.5	7.5	3.5～4.63 (27%)	4.01～4.39 (9.05%)	3.29～4.67 (34.7%)	3.93～4.4 (11.3%)

实例 2.14　探针直接馈电正交缝隙圆极化天线[22]

图 2.75 是用探针给正交缝隙直接馈电构成的圆极化天线。该天线具有以下特点：

① 为实现用位于 P_2、直径为 4.4 mm 的同轴线单馈圆极化，采用自相位让正交缝隙长度不等（臂长之比 $a:b=1.13:1$）。（RHCP）。

② L 形缝隙的长度约 λ_0，输入阻抗 Z_s 约 54 Ω，以便与特性阻抗 Z 为 50 Ω 的同轴线匹配。

③ 用位于 P_1、内外半径分别为 1.2 mm 和 2.2 mm 的短路金属管使方向图更对称。

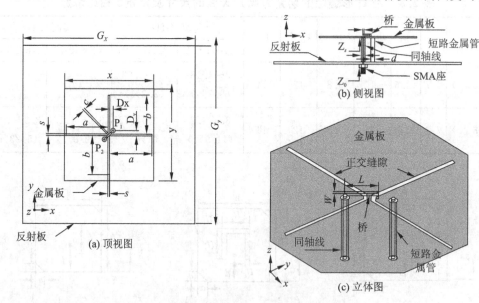

图 2.75　探针直接馈电圆极化缝隙天线

中心设计频率 $f_0 = 2.45$ GHz（$\lambda_0 = 122$ mm），天线的几何尺寸及电尺寸如表 2.10 所示。

表 2.10　天线的几何尺寸及电尺寸

参　　数	a	b	x	y	G_x	G_y	h	D_x	D_y	c	s
尺寸/mm	60	53	124	124	240	240	31	6.3	6.3	2	2
电尺寸（λ_0）	0.49	0.43	1.01	1.01	1.96	1.96	0.25	0.05	0.05	0.02	0.02

馈电的尺寸为：$r = 2.4$ mm，$\rho = 1$ mm，$L = 15.6$ mm，$W = 2$ mm，$h_1 = 1$ mm。
天线的主要电性能如下：

① VSWR$\leqslant 2$ 的频率范围为 $2.3 \sim 2.7$ GHz，相对带宽为 16%。

② AR$\leqslant 3$ dB 的频率范围为 $2.4 \sim 2.53$ GHz，相对带宽为 5%。

③ $G_{\max} = 11$ dBic，HPBW$= 45°$。

实例 2.15　用同轴探针通过带线直接给环形贴片馈电构成的圆极化天线[23]

图 2.76(a)是用厚 0.8 mm 的 FR4 基板制作的内外直径分别为 a、b 的线极化环形贴片天线，用 7 mm 厚的泡沫支撑在地板上，用长度为 d、宽带为 W 的带线与环形贴片的内边缘相连来调整谐振频率，用直径为 1.2 mm 的探针与带线的另一端相连馈电。为了实现圆极化，采用如图 2.76(b)所示的与环形贴片内边缘相连的 L 形带线来产生正交兼并模，选择合适的馈电点 G，就能产生圆极化。图中由于 x 轴相位超前 y 轴，所以为 RHCP。

中心设计频率 $f_0 = 2.51$ GHz，天线的尺寸为：$a = 15$ mm，$b = 20$ mm，$W = 2$ mm，馈电点 G 到中心的距离 $s = 5$ mm。

圆极化天线的主要电性能如下：

① VSWR$\leqslant 2$ 的相对带宽为 8%。

② AR$\leqslant 3$ dB 的相对带宽为 3%。

③ $G_{\max} = 8$ dBic。

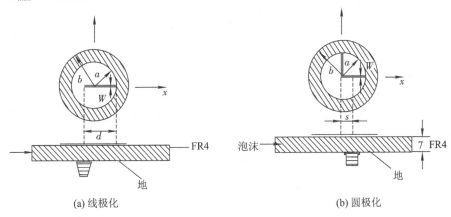

(a) 线极化　　　　　　　　　　　　　　　　(b) 圆极化

图 2.76　探针通过带线直接馈电环形贴片天线

实例 2.16　探针直接馈电双频 GPS 天线[24]

图 2.77 是由用 $\varepsilon_{r1} = 9.2$，厚 $h_2 = 2.5$ mm 的上基板制成的切角为 ΔL_2、边长 $a_2 = 31$ mm 的方贴片，和用 $\varepsilon_{r1} = 12$、厚 $h_1 = 4$ mm 的下基板制成的切角为 ΔL_1、边长 $a_1 = 31.5$ mm 的方贴片，用探针过孔通过下基板直接和上贴片相连，下贴片通过耦合馈电构成的 L_1 (1575 MHz)/L_2 (1227 MHz)双频 GPS 天线。为实现圆极化，上下贴片均采用切角方贴片。该天线的主要电性能如下：

① 对 L_1/L_2，VSWR$\leqslant 2$ 的绝对带宽均为 26 MHz。

② AR$\leqslant 3$ dB 的带宽，对 L_1 为 1.3%(20 MHz)，对 L_2 为 1.3%(16 MHz)。

③ 对 L_1，$G = 4.5$ dBic；对 L_2，$G = 2.4$ dBic。

由于该双频圆极化天线用高 ε_r 基板制造，不仅尺寸相对小，而且利用表面波，天线的低仰角性能比较好，$20°$ 仰角 GPS L_1/L_2 圆极化天线的增量分别为 -1 dBic 和 -2.7 dBic。

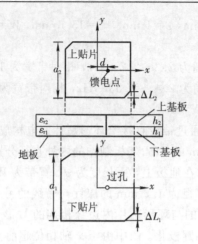

图 2.77　探针直接馈电的双频 GPS 天线

（2）用曲折探针直接馈电。

实例 2.17　曲折探针馈电双频圆极化天线

图 2.78 是用曲折探针直接馈电构成的 1.51 GHz 和 2.37 GHz 双频使用的高增益圆极化天线。由图 2.78 可以看出，该天线具有以下特点：

① 为实现宽带，用曲折探针单馈。

② 用切角方贴片和附加在切角上的两个 L 形支节构成低频段 1.51 GHz 圆极化天线。由于电流沿周长流动，故称为外模。周长总长度决定了低频谐振频率，用切角产生兼并模。

③ 用右上 L 形支节和内对角线三角贴片构成高频段 2.37 GHz 圆极化天线。由于电流沿内对角三角路线流动，故称为内模。

④ 用左下 L 形支节作为调谐单元，不仅使圆极化性能最佳，而且实现了所期望的频率比（2.37/21.51）。

确定双频频率比（FR）的经验公式如下：

$$FR = \frac{4L + 2(\sqrt{2}-4)d + L_1 + C_1 + L_2 + C_2}{(2+\sqrt{2})(L-d) + L_1 + C_1 + P_1}$$

调 P_1、P_2 可以使圆极化性能最佳，减小 L_1，增加 L_2，可实现最大频率比 1.77（2.58 GHz/ 1.46 GHz）；相反，增加 L_1，减小 L_2，可实现最小频率比 1.45（2.2 GHz/1.52 GHz）。

该天线的主要电性能如下：

低频段为 1.49 GHz。

① 实测 VSWR≤2 的频率范围为 1.43～1.55 GHz，相对带宽为 8%。

② 实测 AR≤3 dB 的频率范围为 1.49～1.53 GHz，相对带宽为 3%。

③ 在轴比带宽内，实测 $G=8\sim9$ dBic，在 $f=1.51$ GHz，$G=9$ dBic，（仿真增益为 8～8.5 dBic）。

高频段为 2.31 GHz。

① 实测 VSWR≤2 的频率范围为 2.09～2.53 GHz，相对带宽为 19%。

② 实测 AR≤3 dB 的频率范围为 2.34～2.43 GHz，相对带宽为 4%。

③ 实测增益为 8 dBic（仿真增益为仿真 8.5 dBic）。

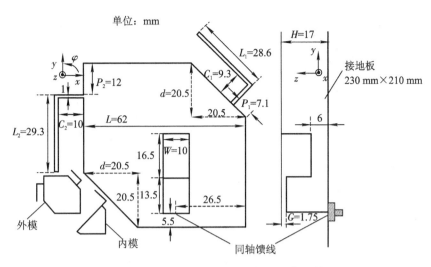

图 2.78　曲折探针馈电的双频圆极化天线

表 2.11 把该天线在两个频段仿真和实测的 HPBW、交叉极化电平和 F/B 作了比较。

表 2.11　双频圆极化天线仿真和实测的方向图性能

f/GHz	实　测				仿　真			
	HPBW/(°)		交叉极化/dB	(F/B)/dB	HPBW/(°)		交叉极化/dB	(F/B)/dB
	$\varphi=0°$	$\varphi=90°$			$\varphi=0°$	$\varphi=90°$		
1.51	65.7	65.7	−20.9	21.2	67.0	69.5	−24.5	20.1
2.37	65.2	60.2	−17.0	19.8	68.5	57.5	−20.2	21.8

实例 2.18　三维曲折探针馈电的宽带圆极化贴片天线

图 2.79 是用 0.3 mm 厚的铜带构成的三维曲折探针给边长为 L_1 的方贴片馈电构成的宽带圆极化贴片天线。调整三维曲折探针的尺寸，使方贴产生圆极化必须具备的兼并模。为实现宽带阻抗匹配，用厚 2 mm、$\varepsilon_r=2.65$ 的基板制造了微带阻抗变换段。中心设计频率 $f_0=2.45$ GHz，天线的具体尺寸如表 2.12 所示。

表 2.12　三维曲折探针馈电宽带圆极化贴片天线的尺寸

参数	H	G	L_1	L_2	L_3	L_4	L_5	W_1	W_2	W_3	W_4	h_1	h_2
尺寸/mm	16.2	90	41.6	20.2	13	7	5.2	27.8	9	14	1	12	9
λ_0	0.13	0.73	0.34	0.16	0.11	0.06	0.04	0.23	0.07	0.01	0.01	0.10	0.07

该天线的主要实测电性能如下：

① VSWR≤2 的相对带宽为 25.2%（2.18～2.81 GHz）。

② 3 dB 带宽为 22.4%（2.18～2.73 GHz）。

③ $G_{max}=8.2$ dBic。

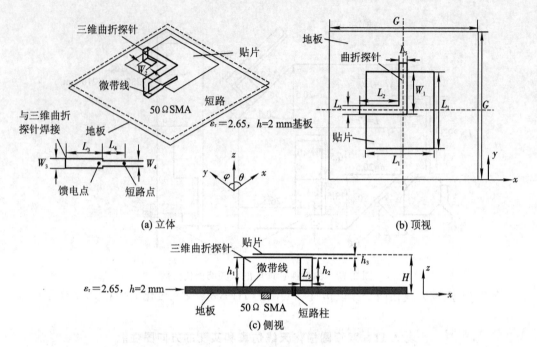

图 2.79　用三维曲折探针单馈的宽带圆极化贴片天线

（3）用容性探针直接馈电。

实例 2.19　用容性探针给切角方贴片耦合馈电构成的宽带圆极化贴片天线[25]

图 2.80 是用容性探针给切角方贴片耦合馈电构成的宽带圆极化贴片天线。图中，贴片是用 $\varepsilon_r = 4.4$，$H_1 = 1.6\,\text{mm}$ 的 FR4 基板制作的。为了增强带宽，在贴片下面有厚度 $H_2 = 9.5\,\text{mm}(0.0779\lambda_0)$ 的空气层。由于用同轴线单馈，因此为了实现性能比较好的圆极化，除采用切角方贴片产生的兼并模外，还必须使贴片有最佳馈电位置。由于贴片相对比较厚（总厚度为 $0.091\lambda_0$），因此为抵消探针引入的感抗，用容性探针耦合馈电。中心设计频率为 2.4 GHz，天线的具体尺寸为：$L_1 = 2\,\text{mm}$，$L_2 = 3\,\text{mm}$，$W = 0.5\,\text{mm}$，$L_3 = 42\,\text{mm}$，$L_4 = 13.5\,\text{mm}$，天线电高度为 $0.15\lambda_0$。

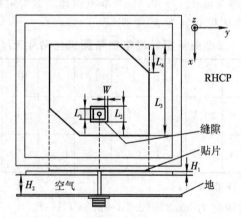

图 2.80　容性探针耦合单馈的切角圆极化贴片天线

该天线的主要实测电性能如下：

① VSWR≤2 的频率范围为 2.163～2.897 GHz，相对带宽为 29％。

② AR≤3 dB 的频率范围为 2.394～2.529 GHz，相对带宽为 5.48％。

③ 在 2.36～2.54 GHz 频段内，$G=5.5～6.9$ dBic。

实例 2.20　用容性探针给层叠切角方贴片耦合馈电构成的宽带圆极化天线[26]

图 2.81 是容性探针给层叠切角方贴片耦合馈电构成的宽带圆极化天线。由图看出，由于用下贴片馈电点的串联电容补偿了长探针引入的感性，再加上中间为空气介质的层叠贴片技术，因而展宽了带宽。中心设计频率 $f_0=5.48$ GHz，天线的具体尺寸如表 2.13 所示。

表 2.13　单馈层叠切角方贴片天线的尺寸　　　　　　　mm

L_1	L_2	L_3	L_4	L_f	W_1	W_2	H_1	H_2	H_3
19	7.5	16	6.5	3.5	3	2	3	1.6	3.8

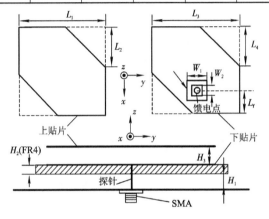

图 2.81　容性探针耦合馈电的层叠切角方贴片天线

图 2.82(a) 是该天线仿真和实测的 $S_{11}\sim f$ 特性曲线。由图 2.82(a) 可看出，VSWR≤2 的相对带宽为 66.26％(4.42～8.80 GHz)，VSWR≤1.5 的相对带宽为 30.7％(4.99～6.805 GHz)。图 2.82(b) 是该天线仿真和实测 AR 和 G 的频率特性曲线。由图 2.82(b) 可看出，AR≤3 dB 的带宽为 20.2％(4.98～6.10 GHz)，在 WLAN 频段，最大增益为 7.6 dBic。

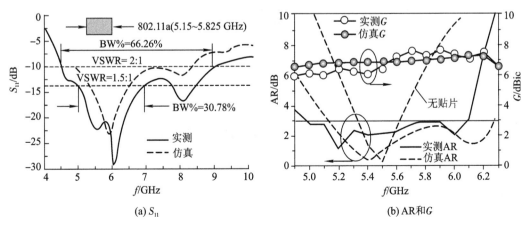

(a) S_{11}　　　　　　　　　　　(b) AR 和 G

图 2.82　单馈层叠切角方贴片天线仿真和实测 S_{11}、AR 和 G 的频率特性曲线

图 2.83 是该天线在 5.2 GHz、5.3 GHz 和 5.775 GHz 仿真和实测垂直面方向图。

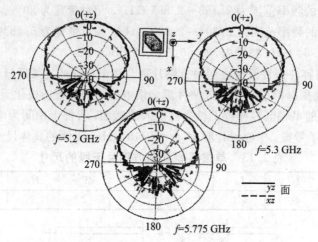

图 2.83　单馈层叠切角方贴片天线在 5.2 GHz、5.3 GHz 和
5.775 GHz 仿真和实测垂直面方向图

2）用微带线馈电

（1）用微带线直接馈电。

实例 2.21　用微带线直接馈电的圆极化环形贴片天线[27]

图 2.84 是用微带线直接给环形贴片馈电构成的 RHCP。为了与 50 Ω 微带线匹配，附加了 $\lambda_0/4$ 长阻抗变换段。为了实现 RHCP，在相对馈电点 $\varphi=45°$ 的环形贴片用双缺口产生正交兼并模。由于沿 x 轴的相位超前 y 轴，所以为 RHCP。

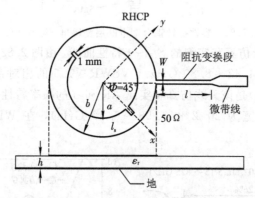

图 2.84　用微带线直接馈电的圆极化环形贴片天线

（2）用微带线耦合馈电。

实例 2.22　微带线耦合馈电构成的圆极化贴片天线[27]

图 2.85 是用厚 1.6 mm、$\varepsilon_r=4.4$ 的 FR4 基板制成的圆极化贴片天线。图 2.85(a)用切角实现 RHCP。中心频率 $f_0=2231$ MHz，其主要实测电参数如下：

① VSWR≤2 的相对带宽为 6.5%。

② AR≤3 dB 的相对带宽为 1.4%。

③ $G_{max}=2.9$ dBic。

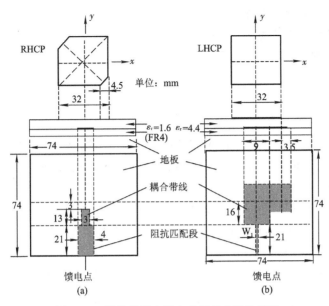

图 2.85　微带线耦合馈电的圆极化贴片天线

图 2.85(b)用 C 形微带线实现 LHCP。中心频率 $f_0 = 2194$ MHz，其主要实测电参数如下：

① VSWR≤2 的相对带宽为 6.5%。

② AR≤3 dB 的相对带宽为 1.4%。

③ $G_{max} = 2.9$ dBic。

实例 2.23　用微带线给缝隙环耦合馈电构成的宽带圆极化天线

相对于贴片，印刷缝隙环天线具有低轮廓、宽频带的优点。为了实现圆极化，采用 C 形微带线给缝隙环耦合馈电，具体结构如图 2.86 所示。中心设计频率 $f_0 = 2410$ MHz（$\lambda_0 = 124$ mm），天馈用厚 1.6 mm，$\varepsilon_r = 4.4$ 的 FR4 基板制造，天线的具体尺寸如下：缝隙环宽 1 mm，平均半径 $R = 14$ mm，$W = 11$ mm，$W_1 = 0.6$ mm，$L = 18.5$ mm，$L_s = 1.5$ mm（调整该尺寸，可以得到最佳 AR）。

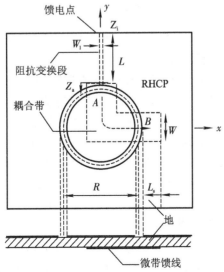

图2.86　微带线耦合电缝隙环的圆极化天线

该天线的主要实测电性能如下：

① VSWR≤2 的相对带宽为 11%。

② AR≤3 dB 的相对带宽为 3.5%。

③ HPBW＝66°。

④ G_{max}＝3.9 dBic。

3) 用共面波导馈电[28,29]

图 2.87 是共面波导馈电的方缝宽带圆极化天线。由图 2.87 可看出，该天线是用厚 H＝0.8 mm，ε_r＝4.4 的 FR4 基板制成的边长 G＝60 mm 的方地板，位于边长 L＝40 mm 缝隙中的三个与地相连接的倒 L 形金属带，以及伸进缝隙中长度、宽度都不相等的垂直支节组成的 50 Ω 共面波导(CPW，带线宽度 W_f＝3.1 mm，有 g＝0.3 mm 的两个相同的间隙)构成的。在 2～7 GHz 工作频段内，天线的尺寸（单位为 mm）如下：G＝60，L＝40，L_1＝14，L_2＝10，L_3＝5，L_4＝4.8，L_5＝1.5，L_6＝0.55，W_1＝3，W_2＝2，W_3＝12.1，W_4＝5.9，W_5＝2，W_6＝2.5，d_1＝12.5，d_2＝15，d_3＝12，d_4＝14，d_5＝10，W_f＝3.1，L_f＝10.3。

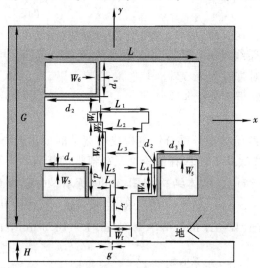

图 2.87　共面波导馈电的方缝宽带圆极化天线

该天线的主要实测电性能如下：

(1) VSWR≤2 的频率范围为 2～7 GHz，相对带宽为 110%，带宽比为 3.5∶1。

(2) AR≤3 dB 的频率范围为 2～5 GHz，相对带宽为 85%，带宽比为 2.5∶1。

(3) 在 2～5.5 GHz 频段，实测增益为 3.8～4.2 dBic。

(4) 双向方向图，正 z 方向为 RHCP，负 z 方向为 LHCP。

图 2.88 是另外一种 CPW 馈电的方缝宽带圆极化天线。该天线的具体尺寸（单位为 mm）如下：G＝60，L＝10，W_f＝3，L_f＝10.3，g＝0.3，h＝0.8，L_x＝15.5，L_y＝16.5，L_n＝3.3，W_n＝6，L_t＝6，W_t＝1.5，L_m＝14，d_x＝13，d_y＝9，x＝21，y＝18。

该天线的主要实测电性能如下：

(1) VSWR≤2 的频率范围为 2.67～13 GHz，相对带宽为 132%，带宽比为 4.74∶1。

(2) AR≤3 dB 的频率范围为 4.9～6.9 GHz，相对带宽为 32.2%，带宽比为 1.5∶1。

(3) 在 2～10 GHz 频段内，G＝3.5～4 dBic。

(4) 双向方向图，正 z 方向为 LHCP，负 z 方向为 RHCP。

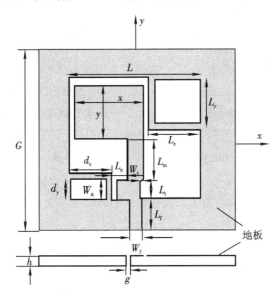

图 2.88 CPW 馈电的方缝宽带圆极化天线

2. 双馈圆极化贴片天线

1）用 T 形功分器

沿方贴片（圆贴片）相邻两个边的中间位置，用等幅、相位差为 90°的馈电网络馈电，就能构成圆极化天线。该方法的缺点是需要附加相对复杂的馈电网络，但带来了宽频带的优点。等幅、相位差为 90°的馈电网络可以用输出端路径长度差为 $\lambda_g/4$ 的三端口 T 形功分器、Wilkinson 功分器。该方法只能实现单圆极化，如图 2.89(a)所示。按图 2.89(b)变更馈电位置，也能实现双圆极化。如果要实现 LHCP，应在 1 处馈电；要实现 RHCP，应在 2 处馈电。由于方贴片边缘阻抗为 300 Ω，为此需要用特性阻抗为 173 Ω 的 $\lambda_g/4$ 阻抗变换段把 300 Ω 变为 100 Ω，两个 100 Ω 并联后为 50 Ω，正好与 50 Ω 馈线匹配。

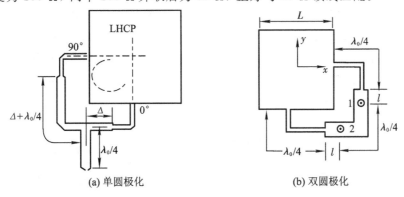

(a) 单圆极化   (b) 双圆极化

图 2.89 用 T 形功分器馈电构成的圆极化贴片天线

2）用 3 dB 分支线定向耦合器

用四端口网络 3 dB 90°分支线定向耦合器馈电，可以构成单圆极化，如图 2.90(a)、(b)所示；也可以构成双圆极化，如图 2.91 所示。

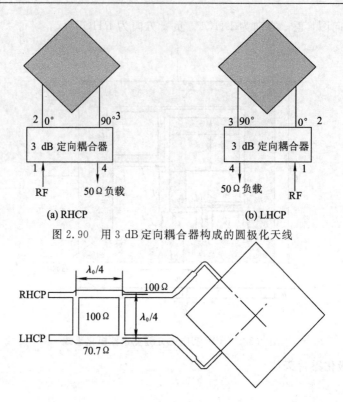

(a) RHCP　　　　　(b) LHCP

图 2.90　用 3 dB 定向耦合器构成的圆极化天线

图 2.91　用 3 dB 定向耦合器构成的双圆极化天线

实例 2.24　用变形 3 dB 分支线定向耦合器构成的紧凑双圆极化天线

用 3 dB 分支线定向耦合器给方贴片(或圆贴片)馈电,既可以构成 RHCP 发射天线, 也可以构成 LHCP 接收天线。图 2.92 就是把 3 dB 分支定向耦合器与天线集成在一起构成 的紧凑圆极化 Tx/Rx 圆贴片天线。图 2.93(a)是变形 3 dB 分支线定向耦合器,假定信号 由端口 1 输入,由端口 2、3 等幅、相位相差 90°输出,端口 2 的相位超前端口 3 90°,如果 把端口 2、3 与圆贴片的正交边缘相连,就能构成 LHCP。如果从端口 4 输入,则端口 3 超 前端口 2 90°,圆贴片辐射 RHCP,如图 2.93 所示。由于把变形 3 dB 分支线定向耦合器串 并臂的尺寸由 $\lambda_0/4$ 变大为 $3\lambda_0/4$,因而可以把贴片放在它的内部,变成紧凑的圆极化 Tx/ Rx 贴片天线,如图 2.93(b)所示。变形 3 dB 分支线定向耦合器端口的阻抗如图 2.93(a)所 示。由于 2、3 端口的阻抗为 110 Ω,因此把它们与输入阻抗为 350 Ω 的圆贴片相连。为了 匹配,必须附加特性阻抗为 196 Ω 的 $\lambda_0/4$ 长阻抗变换段。

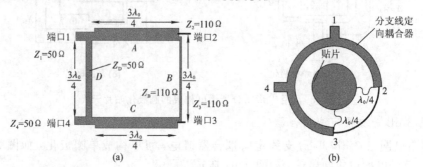

(a)　　　　　　　(b)

图 2.92　变形 90°定向耦合器和紧凑的双圆极化贴片天线

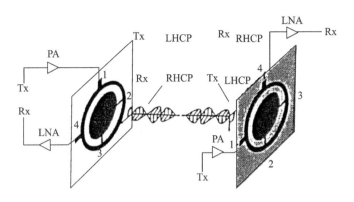

图 2.93　紧凑的双圆极化贴片天线

在 10 GHz，用 $\varepsilon_r = 2.33$ 的基板制作了这种双圆极化天线，实测结果：$S_{11} \leqslant -10$ dB 的带宽为 900 MHz，在 200 MHz 带宽内，Tx/Rx 端口的隔离度大于-20 dB。

实例 2.25　用 3 dB 定向耦合器双 L 形探针耦合馈电构成的三频 GPS 天线

图 2.94(a)是工作频率为 L_1(1575 MHz)、L_2(1227 MHz)、L_5(1176.5 MHz)、E5a (1164~1189 MHz)、E5b(1189~1214 MHz) 的小体积用 L 形探针近耦合馈电构成的层叠贴片天线。由图 2.94(a)可看出，该天线由上下方贴片构成。上贴片用边长为 a、厚为 h_1、$\varepsilon_{r1} = 16$ 的方基板制成，上方贴片的边长为 L_1，下贴片用边长为 a、厚为 h_2、$\varepsilon_{r2} = 30$ 的方基板制成，下方贴片的边长为 L_2，在相邻边用与 3 dB 电桥 0°和 90°输出端相连的 L 形探针给上下贴片近耦合馈电。L 形探针垂直和水平部分的长度分别为 L_y 和 L_h。图 2.94(b)是实际制作的天线照片。

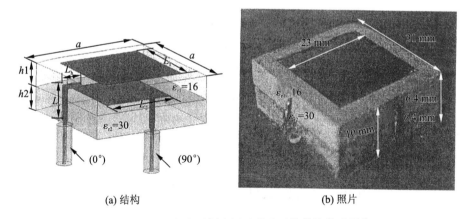

(a) 结构　　　　　　　　　　　　　　　　(b) 照片

图 2.94　三频段近耦合层叠贴片天线的结构及照片

由于 L_2 和 L_5 的频率比较靠近，所以合并成一个频段用下贴片来实现，上贴片的设计频率为 L_1。天线的尺寸如下：$a = 31$ mm，$L_1 = 23$ mm，$h_1 = 6.4$ mm，$L_2 = 18$ mm，$h_2 = 6.4$ mm，$L_y = 10$ mm，$L_h = 4$ mm。上下贴片用 $\varepsilon_r = 3.5$、$\tan\delta = 0.03$ 的环氧树脂胶黏结。图 2.95(a)、(b)分别是该天线仿真和实测的 S 参数和增益的频率特性曲线。由图 2.95 可看出，VSWR 比较大，但在所有频段，轴向增益均为 2 dBic。如果轴向增益按 0 dBic 要求，低频段的带宽为 100 MHz(相对带宽为 8.3%)，包含 L_5、L_2、E5a 和 E5b，高频段的带宽为 110 MHz(相对带宽为 7%)，大大超过了 L_1 的工作频段。

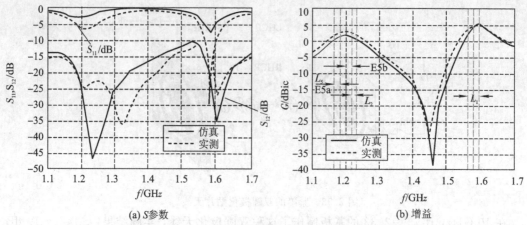

(a) S参数　　　　　　　　　　　　　　(b) 增益

图 2.95　三频段近耦合层叠贴片天线仿真和实测 S 参数和增益的频率特性曲线

该天线实测轴向轴比在 $f=1.2$ GHz 为 1.83 dB，在 $f=1.575$ GHz 为 1.75 dB。

实例 2.26　分支线定向耦合器和双容性探针耦合馈电的宽带圆极化贴片天线

图 2.96 是用分支线定向耦合器和双容性探针耦合馈电构成的宽带圆极化天线。天馈的具体尺寸如下：$\varepsilon_r=4.4$，$h=1.6$ mm，$s_1=13.6$ mm，$s_2=3.2$ mm，$R=28.75$ mm，$d=22$ mm，$r=4.5$ mm。接地板的尺寸为 200 mm$\times100$ mm。

该天线的主要实测电性能如下：

（1）VSWR$\leqslant2$ 的频率范围为 1484～3278 MHz，相对带宽为 81%。

（2）AR$\leqslant3$ dB 的频率范围为 1700～3085 MHz，相对带宽为 63%。

（3）$G_{\max}=6.7$ dBic。

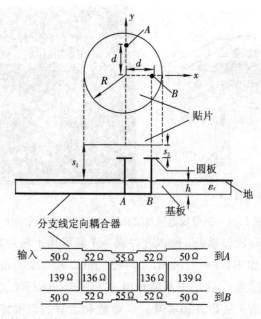

图 2.96　分支线定向耦合器和双容性探针耦合馈电的宽带圆极化贴片天线

3）用 Wilkinson 功分器

实例 2.27　容性探针耦合馈电的宽带圆极化贴片天线

图 2.97 是用 $\varepsilon_r = 4.4$，厚 $h = 0.8$ mm 的基板制成的半径 $R = 26.25$ mm 的圆贴片和输出路径长度差为 $\lambda_g / 4$ 的功分器构成的馈电网络。由于圆贴片和地板之间为 $h_1 = 12.8$ mm 的空气层，因此为抵消长探针引入的电感，采用距圆贴片中心 $d = 11$ mm，内外半径 $r_1 = 4$ mm、$r_2 = 4.5$ mm 的双容性探针耦合馈电。为实现圆极化，让功分器 B 输出端比 A 输出端长 $\lambda_g / 4$，用与圆贴片共面的双容性探针接功分器的两个输出端 A 和 B 来实现 LHCP。

该天线的主要实测电性能如下：

(1) VSWR$\leqslant 2$ 的频率范围为 $1544 \sim 2856$ MHz，相对带宽为 65%。

(2) AR$\leqslant 3$ dB 的频率范围为 $1550 \sim 2480$ MHz，相对带宽为 46%。

(3) $G = 6$ dBic。

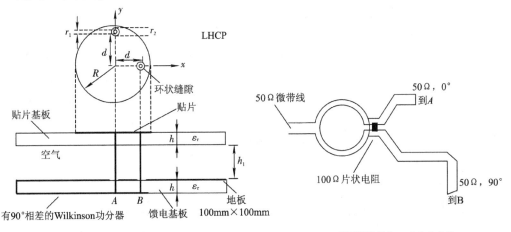

(a) 天馈结构　　　　　　　　　　　　　(b) 等幅相位差为-90°的功分器

图 2.97　用双容性探针馈电构成的宽带圆极化贴片天线

图 2.98 是用另外一种双容性探针耦合馈电构成的宽带圆极化贴片天线[31]，贴片和馈电网络仍然用 $\varepsilon_r = 4.4$、厚 0.8 mm 的 FR4 基板制造。图 2.98 与图 2.97 的不同点在于：双容性探针位于贴片下面，到贴片的距离 s_2 近似为贴片到地板空气层距离 s_1 的 20%（即 $s_2 = 0.2 s_1$）。天线的具体尺寸如下：$\varepsilon_{r1} = \varepsilon_{r2} = 4.4$，$h_1 = h_2 = 0.8$ mm，$s_1 = 12.8$ mm，$s_2 = 2.4$ mm，$R = 28.75$ mm，$r = 4.5$ mm，$d = 22$ mm。地板的尺寸为 100 mm$\times$100 mm。

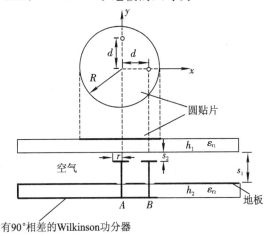

图 2.98　用功分器和双容性探针耦合馈电构成的宽带天线

该天线的主要实测电性能如下：

（1）VSWR≤2 的频率范围为 1514～2500 MHz，相对带宽为 49%。

（2）AR≤3 dB 的频率范围为 1525～2160 MHz，相对带宽为 34.5%。

（3）G_{max}=7.2 dBic。

实例 2.28　用双容性探针、宽带 90°功分器和层叠贴片构成的 L 频段宽带圆极化天线[32]

图 2.99 是用双容性探针、宽带 90°功分器和层叠贴片构成的 L 频段宽带圆极化天线。为了实现宽频带，该天线采用了以下技术：

（1）用层叠空气介质方贴片。边长为 L_1=48 mm 的下方贴片尽管用 ε_r=4.4，厚 h=4.8 mm 的 FR4 基板制造，但离地板距离 H_1=9 mm，仍然为空气层，边长 L_2=57 mm 的上方贴片为寄生贴片，上、下贴片相距 H_2=11.4 mm，为空气层，L_3=72 mm。

（2）用宽带 90°功分器和容性探针双馈。为了让方贴片实现宽带圆极化，馈电网络由 Wilkinson 功分器双容性探针组成。为使功分器两个输出端相位差 90°，如图 2.99 所示，功分器的输出端口 2 附加了由片状电感 L=12 nH、电容 C=4.7 pF 构成的两个 T 形网络。功分器两个输出端与两个探针相连，探针到贴片中心的距离 D=16 mm。为消除长探针引入的感抗，采用了如图 2.99 所示的 W_1=6 mm、W_2=9 mm 的容性探针。

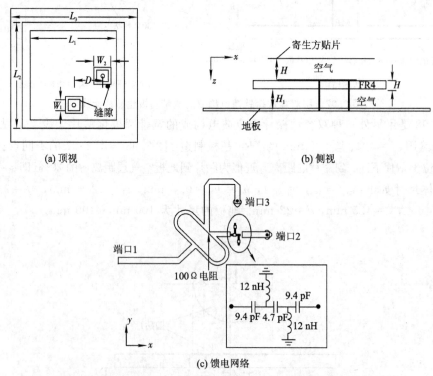

图 2.99　用功分器和双容性探针耦合馈电构成的宽带圆极化天线

该天线的主要实测电性能如下：

① VSWR≤2 的频率范围为 1.28～2.74 GHz，相对带宽为 72.6%。

② AR≤3 dB 的频率范围为 1550～2480 MHz，相对带宽为 46%。

③ G=6 dBic。

实例 2.29　用功分器 L 形探针和口面耦合双馈构成的宽带圆极化贴片天线

近年来，在 L 频段的电信业务(如雷达、DPS、移动通信)得到了迅速增长，而且多用圆极化天线。用顺序旋转馈电技术虽然可以实现 16% 的轴比带宽，但这种技术需要复杂的馈电网络，而且只能在天线阵中使用。用等幅、90° 相差正交双馈贴片天线可以展开圆极化贴片天线的带宽。在这类双馈圆极化贴片中，广泛采用口面耦合技术。口面可以用位于地面上偏离中心的两个缝隙激励，也可以用十字形缝隙激励。偏离中心的缝隙，由于结构固有的不对称性，存在大的端口耦合及高的交叉极化电平，因而轴比带宽比较差，一般为 10% 左右。相反，十字形缝隙的每个缝隙都用一对微带线平衡馈电，由于天线具有对称结构，因而有 25%~30% 宽的轴比带宽。

对双馈圆极化贴片天线，必须使贴片具有正交双极化特性，为了实现宽带，双极化贴片天线的每个输入端必须为宽带，为此使用了 L 形探针和口面耦合两种宽带馈电技术。

为了实现圆极化，让 Wilkinson 功分器两个输出端路径长度相差 $\lambda_g/4$，再把该功分器与 L 形探针和微带线相连，如图 2.100 所示。

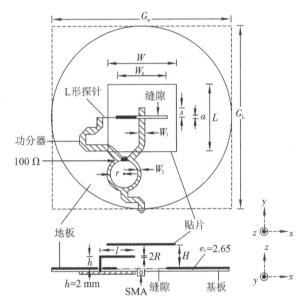

图 2.100　用功分器、L 形探针和口面耦合双馈构成的宽带圆极化贴片天线

该天线的尺寸和电尺寸如下：

$H = 13.5$ mm$(0.081\lambda_0)$, $L = 58.4$ mm$(0.35\lambda_0)$, $W = 61.9$ mm$(0.37\lambda_0)$, $h = 8$ mm$(0.048\lambda_0)$, $l = 31.5$ mm$(0.189\lambda_0)$, $R = 0.5$ mm$(0.003\lambda_0)$, $W_s = 46$ mm$(0.275\lambda_0)$, $a = 2$ mm$(0.012\lambda_0)$, $s = 7.7$ mm$(0.068\lambda_0)$, $r = 11.86$ mm, $W_1 = 5.49$ mm, $W_2 = 3.08$ mm, $G_L = G_w = 190$ mm$(1.137\lambda_0)$。

该天线的主要实测电性能如下：

(1) VSWR≤1.5 的频率范围为 1.49~2.12 GHz，相对带宽为 35%。

(2) AR≤3 dB 的频率范围为 1.67~2.05 GHz，相对带宽为 20.4%。

(3) $G = 7.5$ dBic。

(4) 在 $f = 1.7$ GHz、1.8 GHz 和 1.9 GHz 实测垂直面 HPBW 分别为 97°、84° 和 74°。

4) 2×2 圆极化天线阵的馈电方法

对单元为线极化的 2×2 天线阵，用顺序旋转技术可以把线极化天线阵变为圆极化天线阵；对单元为单馈的圆极化和单元为双馈的圆极化 2×2 天线阵，用顺序旋转技术可以展宽天线阵的轴比带宽，提高极化纯度，如图 2.101 所示。用 2×2 顺序旋转技术虽然能把线极化变为圆极化，但与用圆极化单元相比，天线阵增益平均下降 3 dB。

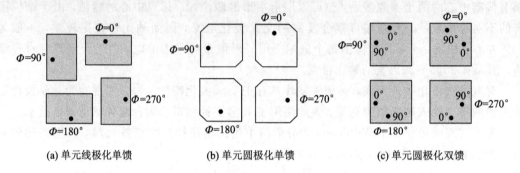

(a) 单元线极化单馈　　　　　　(b) 单元圆极化单馈　　　　　　(c) 单元圆极化双馈

图 2.101　圆极化 2×2 顺序旋转天线阵

参 考 文 献

[1] Kraus J D, Marhefka R J. Antenna for All Applications. 3rd. McGraw-Hill，2004.

[2] Robert W K. A new Wide-Band Balun. Proc. of the Ire, 1957,45(12).

[3] Oltman G. The Compensated Balun. IEEE Trans. on Microwave Theory&Tech.，1966，14(3).

[4] Phclan H R, A Wide-Band Parallel-connected Balun. IEEE Trans. on Microwave Theory&Tech.，1970，18(5).

[5] Cioete JH. Graphs of Circuit Elements for the Marchand Balun. Microwave J，1981，24(5).

[6] Cioete&J H. Exact Design of the Marchand Balun. Microwave Conference，1979,23(5).

[7] 汪茂光. 天线基本理论与线天线. 西北电信工程学院，1977.

[8] Hu S H. The Balun Family. Microwave J.，1987，30(9).

[9] Woodward O M. Broadband Balun. RCA Review，1983，44.

[10] Duncan J W, Minerva V P. 100∶1 Bandwidth Balun Transformer. IRE Proc，1960，48(2).

[11] Bawer R. A Printed Circuit Balun for Use with Spiral Antennas. IEEE Trans. on Microwave Theory&Tech.，1960，8(3).

[12] Langhlin G J. A new Impedance-Matched Wide-Band Balun and Magic Tee. IEEE Trans. on Microwave Theory &Tech. on 1976，24(3).

[13] Puglia K V. Electromagnetic Simulation of some Common Balun Structures. IEEE Microwave Mag.，2002，3(3).

[14] Li J, Qu S W, Xue Q. Investigation of a Compact and Broadband Balun. Microwave&Optical Technology. Lett.，2008，50(5).

[15] Zhang Z Y, Guo Y X, Ong L C, et al. A New Wide-Band Planar Balun on a Single-Layer PCB. IEEE Microwave & Wireless Components Lett. 2005, 15(6).

[16] Horng T S, Alexopoulos N G. Corporate Feed Design for Microstrip Arrays. IEEE Trans. on Antennas & Propag. , 1993, 41(12).

[17] Metzler T. Microstrip Series Array. Ire Trans. on Antennas & Propag. , 1981, 29 (1).

[18] Huang J. A parallel-Series-Feed Microstrip Array with High Efficiency and Low Cross-Polarization. Microwave Optical Technology Lett. , 1992, 5(5).

[19] Lee B, Kang G C, Yang S H. Broadband High-Efficiency Microstrip Antenna Array with Corporate-Series-Feed. Microwave Optical Technology Lett. , 2004, 43(3).

[20] Padhi S K, Karmakar N C S, Law C L, et al. A dual polarized aperture coupled circular patch antenna using a C-shaped coupling slot. Antennas & Propagation IEEE Transactions on, 2003, 51(12).

[21] Lam K Y, Luk K M, Kai F L, et al. Small Circularly Polarized U-Slot Wideband Patch Antenna. IEEE Antennas & Wireless Propagation Letters, 2011, 10(1).

[22] Lau K L, Hang W, Luk K M. A full—wavelength circularly polarized slot antenna. Antennas & Propagation IEEE Transactions on, 2006, 54(2).

[23] Row J S, Lin K W. Design of an annular—ring microstrip antenna for circular polarization. Microwave and Optical Technology Letters, 2004, 42(2).

[24] Zhong S S, Peng X F. Compact dual—band GPS microstrip antenna. Microwave & Optical Technology Letters, 2005, 44(1).

[25] Su B P, Kim S M, Yang W G. Wideband circular polarization patch antenna for access point of 802. 11B, G WLAN. Microwave & Optical Technology Letters, 2008, 50(4).

[26] Kim S M, Yang W G. Single feed wideband circular polarised patch antenna. Electronics Letters, 2007, 43(13).

[27] Microwave & Optical Technology Letters, 2005, 48(5).

[28] Felegari N, Nourinia J, Ghobadi C. Broadband CPW — Fed Circularly Polarized Square Slot Antenna With Three Inverted — L — Shape Grounded Strips. IEEE Antennas & Wireless Propagation Letters, 2011, 10(1).

[29] Pourahmadazar J, Ghobadi C, Nourinia J, et al. Broadband CPW — Fed Circularly Polarized Square Slot Antenna With Inverted—L Strips for UWB Applications. IEEE Antennas & Wireless Propagation Letters, 2011, 10(6).

[30] Chiou T W, Wong K L. Single — layer wideband probe — fed circularly polarized microstrip antenna. Microwave & Optical Technology Letters, 2000, 25(1).

[31] Antennas & Propagation IEEE Transactions on, 2001, 49(1).

[32] Zhao G, Jiao Y C, Yang X, et al. Wideband circularly polarized microstrip antenna using broadband quadrature power splitter based on metamaterial transmission line. Microwave & Optical Technology Letters, 2009, 51(7).

第3章　　线型变压器与混合变压器

3.1　线型变压器

3.1.1　传输线变压器

顾名思义，传输线变压器是在传输线和变压器理论的基础上发展起来的一种新型器件。它既有传输线的特点，又有变压器的优点。为了更好地理解传输线变压器，下面首先介绍变压器和传输线。

1. 变压器

1）变压器的基本概念及特点

电路和天线的阻抗匹配，既可以用 LC 匹配网络，也可以用 $\lambda_0/4$ 阻抗变换段，但它们固有地为窄频带，在低频段，由于尺寸大，因而在工程上难实现，而且它们也不具有不平衡-平衡的变换功能。

在宽频带范围内使一个阻抗与另外一个阻抗匹配的最有效、最简单的方法是使用变压器。变压器是由两个绕在磁环上的绕组构成的电路元件，通过电磁耦合，能量从一个绕组传输到另一个绕组。

变压器的工作原理是：给初级加一个电压，就会有电流流过初级，且在磁环上产生磁场，在次级绕组的两端就会感应一个电压，把负载与次级绕组相连，在负载中就会有交流电流流过。可见，能量从一个绕组传输到另一个绕组，不通过电连接，仅通过电磁耦合。

射频变压器具有以下特点：

（1）宽频带，倍频程达到 6∶1。

（2）宽带阻抗匹配，实现最大功率传输，扼制不需要的反射信号。

（3）使电路之间直流隔离，但对交流能提供有效传输。

（4）易倒相。

（5）具有不平衡-平衡变换功能。

2）变压器的种类

（1）理想变压器。

理想变压器是由初次级线圈组成的，如图 3.1 所示，设初次级线圈上的电流为 I_1、I_2，线圈的匝数分别为 N_1 和 N_2，线圈两端的电压分别为 U_1 和 U_2，端接阻抗分别为 Z_1 和 Z_2。假定电流 I_1 由初级线圈的同名端流入，由于线圈之间的磁耦合，

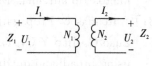

图 3.1　理想变压器

在次级线圈上必然感应电压和产生电流,则次级电流 I_2 从次级线圈的同名端流出。

根据理想变压器的特点,初次级电流、电压与阻抗有如下关系:

$$\frac{U_1}{U_2} = \frac{N_1}{N_2} \qquad \text{(电压与匝数成正比)} \qquad (3.1)$$

$$\frac{I_1}{I_2} = \frac{N_2}{N_1} \qquad \text{(电流与匝数成反比)} \qquad (3.2)$$

$$\frac{Z_1}{Z_2} = \left(\frac{N_1}{N_2}\right)^2 \qquad \text{(阻抗与匝数的平方成正比)} \qquad (3.3)$$

理想变压器具有阻抗变换准确、改变 N_1 和 N_2 就能很方便地实现所需要的阻抗变换比、易倒相和宽频带等优点。

(2) 自耦变压器。

把一根线连续绕在磁环上,根据阻抗变换比与绕组匝数比的平方成正比的关系,把线圈抽头,就构成了如图 3.2 所示的自耦变压器。自耦变压器是变压器中最简单的一种,其优点是可以实现任意阻抗变换比,但自耦变压器对初次级不能提供直流隔离。自耦变压既可以升阻,如图 3.2(a) 所示,也可以降阻,如图 3.2(b) 所示,还可以采用如图3.2(c)所示的抽头方法。

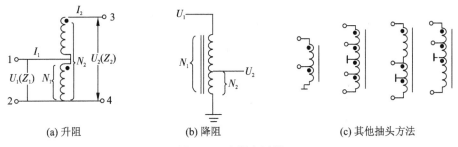

　　(a) 升阻　　　　　　　(b) 降阻　　　　　　　　(c) 其他抽头方法

图 3.2　自耦变压器

图 3.3 是用两根同轴线在磁环上绕 4 圈,再把同轴线内导体并联,把外导体串联构成的 2∶1 自耦变压器。

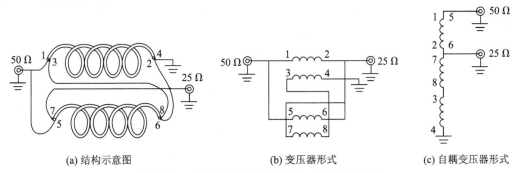

　　(a) 结构示意图　　　　　(b) 变压器形式　　　　　(c) 自耦变压器形式

图 3.3　由两根同轴线构成的 2∶1 自耦变压器

实例 3.1　1.8~30 MHz 1∶9 自耦变压器

图 3.4 是 1∶9 自耦变压器。它是在 1∶4 传输线变压器的基础上,多绕一个匝数与双线绕组 1、2 和 3、4 相同的绕组 5、6,用材料为 FT－240－61,$\mu=125$,外直径为 61 mm 的磁环,三个绕组各绕 9 圈,就能构成 1.8~30 MHz 50~450 Ω 的阻抗变换器,平均功率为 500 W,峰值功率为 1500 W。如果用 $\mu=850$、内外直径为 7.13 mm 和 12.7 mm、厚 4.8 mm 的磁环,则三个绕组需要各自绕 11 圈。

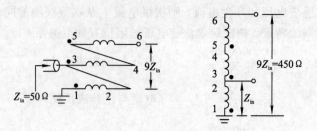

图 3.4　1：9 自耦变压器

把 1：1 不平衡-平衡传输线变压器与任意阻抗变换比自耦变压器级联，就能构成如图 3.5 所示的不平衡-平衡任意阻抗变换比自耦变压器。根据阻抗比与匝数平方比的关系，应当有如下关系：

$$\frac{R_{\mathrm{L}}}{R_1} = \left(\frac{N_2}{N_1}\right)^2 = \left[\frac{(N_3 + N_1)}{N_1}\right]^2 \tag{3.4}$$

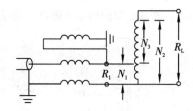

图 3.5　不平衡-平衡任意阻抗变换比自耦变压器

假定 $R_1 = 50\ \Omega$，$N_1 = 5$，$N_3 = 10$，则 $\dfrac{R_{\mathrm{L}}}{50} = \left(\dfrac{15}{5}\right)^2 = 9$；若 $N_1 = 6$，$N_3 = 18$，则 $\dfrac{R_{\mathrm{L}}}{50} = \left(\dfrac{24}{6}\right)^2 = 16$。

图 3.6 是把自耦变压器与 1：4 升阻传输线变压器级联构成的高阻抗变换比变压器。图中，自耦变压器初级绕组的长度为 L，次级绕组的长度为 $L_1 + L(L_1 < L)$。自耦变压器的源电阻 R_{g}、负载阻抗 R_{L} 与 L 和 L_1 有如下关系：

$$L_1 = L\left[\left(\frac{R_{\mathrm{L}}}{R_{\mathrm{g}}}\right)^{0.5} - 1\right] \tag{3.5}$$

如果 $R_{\mathrm{L}}/R_{\mathrm{g}} = 3$，则 $L_1 = 0.73L$，即为 1：3 自耦变压器，把它再与 1：4 传输线变压器级联，就能构成 1：12 变压器。如果 $R_{\mathrm{L}}/R_{\mathrm{g}} = 2$，即 $L_1 = 0.414L$，则可构成 1：8 变压器。

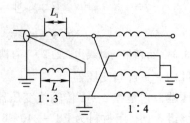

图 3.6　由自耦变压器与 1：4 传输线变压器构成的高阻抗变换比变压器

（3）普通变压器。

把初级和次级绕组分开绕在共用磁环上构成的变压器叫普通变压器，如图 3.7 所示。

　　图 3.7(a)是把初次级分开绕在磁环上,其好处是隔直流;图 3.7(b)是次级中心带有抽头的变压器,用这种变压器作为平衡信号分配器有相当好的幅度和相位平衡。在图 3.7(b)变压器的初级附加 1∶1 巴伦型传输线变压器就能变成如图 3.7(c)所示那样,输入端为不平衡端,输出端为平衡端,更利于高频特性的变压器,不仅具有宽的带宽、好的幅度相位平衡,而且有低的 VSWR。

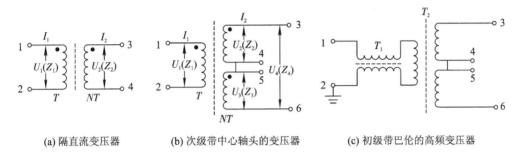

(a) 隔直流变压器　　　　(b) 次级带中心轴头的变压器　　　　(c) 初级带巴伦的高频变压器

图 3.7　三种常用变压器

　　相对于初级绕组,次级绕组的方向会影响感应在次级上电压的极性,把变压器初次级的极性也叫相位,初次级的相位由绕组绕线的方向决定。如果初次级绕组同方向绕,则输入/输出同相,如图 3.8(a)所示;如果初次级绕组反方向绕,则输入/输出反相,如图 3.8(b)所示。

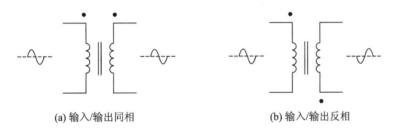

(a) 输入/输出同相　　　　　　　　　(b) 输入/输出反相

图 3.8　变压器的相位

　　图 3.9(a)是次级带中心抽头的升压变压器。次级中心抽头把在次级两端感应的电压等分给上绕组和下绕组。如果次级中心抽头接地,则相对于地,次级的一端为正,另一端为负,如图 3.9(b)所示。可见,这种变压器特别适合用于对称天线的阻抗匹配。

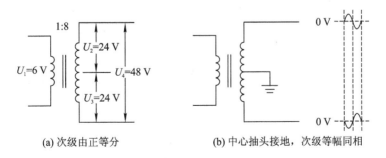

(a) 次级由正等分　　　　　　　　(b) 中心抽头接地,次级等幅同相

图 3.9　中心抽头变压器

　　对图 3.9 所示的次级中心带抽头的变压器,假定 N 是次级的总匝数,则有:

$$U_4 = NU_1, \quad U_2 = U_3 = \frac{U_4}{2} = \frac{NU_1}{2}$$

把等分的两个次级与相等的端阻抗 Z_2、Z_3 相连时，有 $I_2 = I_3 = I_1/N$，$Z_4 = N^2 Z_1$，$Z_2 = Z_3 = Z_4/2 = N^2 Z_1/2$。图 3.10 是用多绞扭线构成的多阻抗变换比变压器。

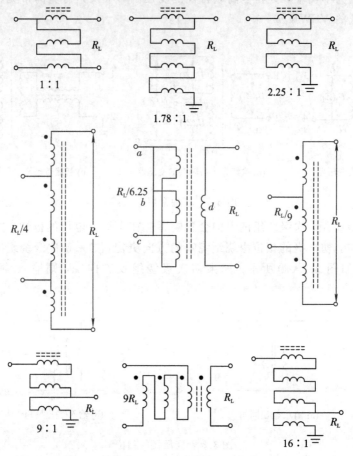

图 3.10　由多股扭线构成的多阻抗变换比变压器

（4）高整数阻抗变换比变压器。

在阻抗变换比为 1∶4 的传输线变压器的基础上，如果增加一组匝数与前边线圈相同的线圈，就构成了阻抗变换比为 1∶9 的变压器，再增加一组就变成了阻抗变换比为 1∶16 的变压器，见图 3.11(a)、(b)。

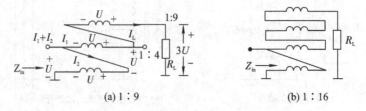

图 3.11　高整数阻抗变换比变压器

在图 3.11(a)中，假定输入端的电流为 $I_1 + I_2$，输入端的电压为 U，则由于线圈上的电压与匝数成正比，故每个线圈上的电压为 U。由于电流与匝数成反比，故

$$I_2 = 2I_1$$

$$Z_{in} = \frac{U}{I_1 + I_2} = \frac{U}{3I_1}$$

$$R_L = \frac{3U}{I_1}$$

$$\frac{Z_{in}}{R_L} = \frac{U}{3I_1} \times \frac{I_1}{3U} = \frac{1}{9}$$

显然，阻抗变换比为 1：9。

图 3.12 是多阻抗变换比和多可变阻抗变换比不平衡-不平衡变压器。除提供 1：16、1：9 和 1：4 整数阻抗变换比外，利用抽头 A、B 和 C，还可以提供任意阻抗变换比。

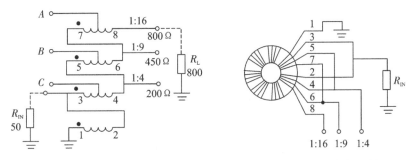

图 3.12　多阻抗变换比和多可变阻抗变换比不平衡-不平衡变压器

虽然用多绕组及抽头的方法可以构成高阻抗比变压器，但带宽会变窄，因为变压器的带宽由阻抗变换比决定，阻抗变换比愈高，带宽就愈窄，如 1：9 变压器，带宽可以高到 50～60 MHz，但高阻抗变换比，由于漏感增加，使带宽迅速变窄，如 25：1 变压器的性能在 30 MHz 已变得相当差，36：1 变压器只能在 15～20 MHz 的频段内使用。

（5）任意阻抗变换比变压器。

在实际应用中，往往需要用任意阻抗变换比变压器来满足工程需要。图 3.13 是阻抗变换比大于 4 的可变阻抗变换比巴伦型变压器。设线圈 1～2、3～4 为 N 匝，抽头为 KN 匝（显然 $K<1$），输入电流为 I_1+I_2，输入端的电压为 U。变压器的初级线圈为 KN 匝，次级线圈为 $N+(N-KN)$ 匝。按照变压器的特性得

$$I_1 = \frac{2-K}{K} I_2$$

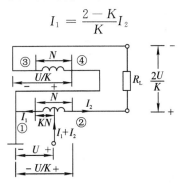

图 3.13　可变阻抗变换比巴伦型变压器

线圈 1～2 和 3～4 上的电压为 U/K。不难求得，负载电阻 R_L 两端的电压为 $2\dfrac{U}{K}$（具体参看图 3.13）。显然有

$$\frac{Z_{in}}{R_L} = \frac{U/(I_1 + I_2)}{2\frac{U}{K}/I_2} = \frac{K^2}{4} \tag{3.6}$$

当 $K=1$(无抽头)时，就变成了 $Z_{in} : R_L = 1 : 4$。

可见，控制抽头(改变 K)就能实现任意阻抗变换比。例如，当 $K=0.857(N=7,$ $KN=6)$ 时，$R_{in} : R_L = 1 : 5.45$；当 $K=0.777(N=9, KN=7)$ 时，$R_{in} : R_L = 1 : 6.6$。由图 3.13 可以看出，负载两端到地的电压等值反号，故这种变压器具有不平衡-平衡的变换作用。

图 3.14(a)是阻抗变换比介于 4～9 之间的变压器，它是在 1∶4 传输线变压器的基础上，如图 3.14(b)所示那样在长度为 L 的双线 1、2 和 3、4 上，再附加起始点与双线 2、4 相同的第三根线 5、6，把三根线绞扭后，绕在同一个磁环上，再按图 3.14(a)所示连接电源内阻 R_g 和负载阻抗 R_L，第三根线的长度 L_3 与双线长度 L 有如下关系：

$$L_3 = L\left[\left(\frac{R_L}{R_g}\right)^{0.5} - 2\right] \tag{3.7}$$

当 $L_3=0$ 时，$R_L=4R_g$，即 $R_L : R_g = 1 : 4$；当 $L_3=L$ 时，$R_L=9R_g$，即 $R_L : R_g = 1 : 9$；
当 $L_3=0.5L$ 时，$R_L=6.25R_g$，即 $R_L : R_g = 1 : 6.25$；
当 $L_3=0.2L$ 时，$R_L=4.84R_g$，即 $R_L : R_g = 1 : 4.84$。

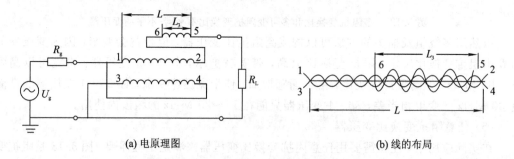

(a) 电原理图   (b) 线的布局

图 3.14   阻抗变换比介于 4～9 的变压器

图 3.15 所示的变压器可以给出小于 4 的任意阻抗变换比。

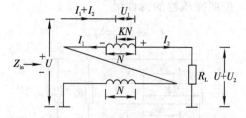

图 3.15   任意阻抗变换比变压器

由图 3.15 可看出，变压器的初级线圈由 $N+(N-KN)$ 匝组成，次级为 KN 匝，输入电流为 I_1+I_2，输入电压为 U。设在 KN 匝上的电压为 U_2。利用变压器的特征，电压与匝数成正比，电流与匝数成反比,因此得

$$\frac{U_2}{U} = \frac{KN}{(2-K)N} = \frac{K}{2-K}$$

$$\frac{I_1}{I_2} = \frac{K}{2-K}$$

显然,在负载电阻两端的电压为 $U+U_2$。由以上不难得出阻抗变换比为

$$Z_{in} : R_L = \left(\frac{2-K}{2}\right)^2 \tag{3.8}$$

当 $K=1$ 时,$Z_{in} : R_L = 1 : 4$。

若要求 $Z_{in} : R_L = 1 : 2$,则 $K=0.585\left(\approx\frac{4}{7}\right)$。

由于这类变压器结构不对称,因而高频特性稍差。

实例 3.2　变压器在晶体管放大器中的应用

利用普通变压器可在宽频带范围内完成阻抗变换。例如,在设计 $1.5\sim30$ MHz 射频晶体管放大器的过程中,就利用 5:1 宽带变压器把 50 Ω 输入阻抗变换成 10 Ω 负载阻抗,与 10 Ω 负载阻抗相连,绕组 L_2 呈现的感抗 X_{L2} 应为负载阻抗的 4 倍,即 $X_{L2}=40$ Ω。为了确保在最低工作频率绕组 L_2 的感抗,绕组的电感必须为 $4.2\ \mu H$,如图 3.16 所示。

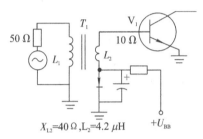

图 3.16　变压器在晶体管放大器中的应用

2. 传输线

当传输线的电长度小于 $0.1\lambda_{min}$(λ_{min} 是最高工作频率的波长)时,近似具有以下两个特征:

(1) 两线上对应点电流大小相等,流向相反。

(2) 线间的电压处处相等。

传输线以电磁能交替变换的方式(即以电磁波的方式)传输能量。

无耗传输线的特性阻抗 Z_c 可表示为

$$Z_c = \sqrt{\frac{L}{C}}$$

式中:L 为单位长度上的分布电感;C 为单位长度上的分布电容。

可见,分布电容和分布电感成为传输线传输能量的重要途径。或者说,传输线正是利用了变压器的缺点——分布电容和漏感来传输能量的。

在阻抗匹配的条件下,传输线具有宽频带传输特性。

3. 传输线变压器概述

1) 传输线变压器的特点及组成

1944 年 Guanella 第一次提出了传输线变压器。传输线变压器就是用相互连接的传输线代替普通变压器初次级绕组构成的变压器,把传输线绕成线圈,是为了扼制不希望的电流模,出现了磁环后,就把传输线绕在磁环上,既减小了传输线变压器的体积,又展宽了传输线变压器的带宽。

传输线变压器主要具有以下特点:

(1) 有极宽的频带特性，频率可以为 $n+\text{kHz}$ 到 1000 MHz，带宽比达 20 000∶1。

(2) 体积小。

(3) 功率容量大（可以承受几十 kW 的功率），效率高（一般可以达到 98% 以上）。

(4) 结构简单。

(5) 易倒相。

(6) 易完成不平衡-平衡的变换作用及阻抗匹配。

传输线变压器由于具有以上优点，因而得到了广泛应用。在电路和 CATV 系统中，经常用它作级与级间的变压器、宽频带阻抗匹配器、功率分配器或功率合成器；在对称天线的馈电和宽频带示波器中用它作为不平衡-平衡变换器；在脉冲反射计和平衡混频器中还把它作为混合电路使用。

把一对以上互相绝缘的双导线均匀地并绕（或绞绕）在一个铁氧体磁环上，把线的两端适当连接，就能构成所需要的传输线变压器。其中，两根导线组成一对均匀的传输线，两根导线同时又是变压器的两个线圈。

传输线变压器在高频段合理地利用了两个线圈间的漏感和分布电容，以电磁波的形式把能量由信号源传给负载。我们称这种传输能量的方式为传输线模式。由于传输线的两根导线紧紧靠在一起，磁环位于两线的外侧，两线上对应点电流的大小相等，方向相反，使电磁场集中在两线之间，或者说，电流产生的磁通量在两线间是加强的，在两线的外侧是相互抵消的，因而使磁芯产生的损耗最小。这就是用体积很小的磁环绕制的传输线变压器能承受大功率的主要原因。磁环虽然不影响传输线的特性阻抗，不改变电磁场的基本结构，但是在传输线变压器的工作频段内能增大绕在它上面线圈的电感，扼制了不需要的电流分量，因而展宽了频带，提高了效率。图 3.17 是圈数一样多的三种变压器有和没有磁芯的性能比较。由图 3.17 可看出，带有磁环的传输线变压器的频率响应曲线最宽，不带磁环的传输线变压器的低频特性差，带磁环传输线变压器的低频特性与自耦变压器一样。

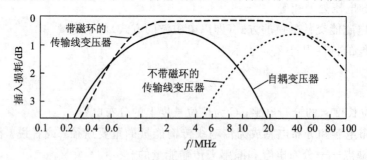

图 3.17　三种变压器插损频率特性的比较

在低频段，传输线变压器除靠传输线模式传输能量外，主要靠线圈间的磁耦合传输能量，我们把这种传输能量的方式叫变压器模式。

根据传输线理论，终端匹配的无耗传输线上对应点电流大小相等，方向相反，两线间电压幅度相等。由于传输线变压器又具有变压器的结构特点，所以按照变压器的工作原理，信号源必须对初级线圈提供一个激磁电流。激磁电流的存在破坏了传输线上电流分布的对称性。把线圈绕在高 μ 磁芯上，能大大增加初级线圈的电感量，使激磁电流大大减小，从而保证了传输线两根导线上电流分布的对称性。

　　另外，激磁电流在磁环中会产生磁通，它在初级线圈中产生感应电势的同时，也在次级线圈中产生感应电动势，这就使传输线两端的电位差除像传输线那样变化外，还要附加上感应电动势。但是由于变压器的初次级线圈是双线并绕的，所以两个线圈中的感应电动势大小相等。加之传输线的输入端又是变压器的同名端，故两根导线对应点之间的电位差不会因感应电动势的存在而有所变化。这就是说在感应电动势存在的情况下仍可近似保证传输线具有两线电压幅度不变的特点。

　　2）构成传输线变压器的基本原则

　　要构成传输线变压器，在连接电路时必须保证：

　　(1) 电源不能被短路。

　　(2) 传输线的分布参数应均匀。

　　(3) 传输线的长度 $L \leqslant (0.08 \sim 0.1) \lambda_{\min}$（$\lambda_{\min}$ 为最高工作频率的波长）。

　　(4) 传输线的特性阻抗 Z_0 为电源的内阻 R_g 和负载电阻 R_L 的几何平均值，即 $Z_0 = (R_g \times R_L)^{0.5}$。

　　由于阻抗变换比为 1：1 的反相传输线变压器是构成传输线变压器的基本单元，所以先以它为例来说明传输线变压器的构成。

　　图 3.18(a)、(b)分别为 1：1 反相传输线变压器的传输线形式和变压器形式。

　　要使输入端与输出端倒相，必须使 2 端和 3 端接地。由于线圈 1～2 间存在大的感抗，所以电源不会被短路；由于线圈 3～4 间的感抗，使负载 R_L 不接地的一端对地是隔离的。在图 3.18(a) 中，能量以电磁波的形式由 1、3 端传到负载阻抗 R_L 的两端(2、4 端)。在图 3.18(b)中，电流加在初级线圈 1、2 的两端，由于线圈间的磁耦合，在次级线圈 3、4 的两端必然会感应出电压。

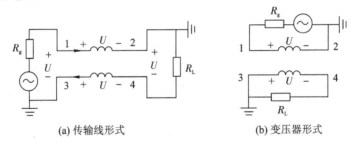

(a) 传输线形式　　　　　　　　　　(b) 变压器形式

图 3.18　1：1 反相传输变压器

　　如果传输线变压器输出端负载电阻的两端对地的电位是等值反号的，则我们就称这种变压器为巴伦型传输线变压器。

　　3）传输线变压器的分类

　　(1) 1：1 传输线变压器。

　　如果把图 3.18 中的 3、4 端接地，则 1：1 反相传输线变压器就变成了 1：1 同相传输线变压器，由于 3、4 端均接地，所以 3、4 点同电位，线圈 3～4、1～2 上的电压均为零，电源通过负载构成回路，如图 3.19(a)所示。如果把负载电阻 R_L 的中点接地，就变成了 1：1巴伦型传输线变压器，电压关系如图 3.19(b)所示。这种情况正是对称天线所需要的。

　　图 3.20 是 1：1 平衡-不平衡传输线变压器。图中，黑点表示相位，即绕组的绕向。在最低工作频率，绕组的电抗 $X_L \geqslant 5R_g = 250 \ \Omega$。

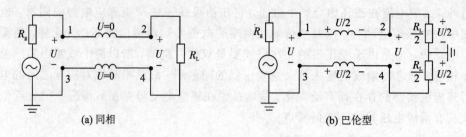

图 3.19　1:1 同相和巴伦型传输线变压器

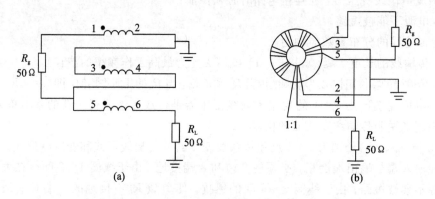

图 3.20　1:1 平衡-不平衡传输线变压器

图 3.21 是用三线构成的最常用的 1:1 巴伦型传输线变压器及电压分布。

用绕在磁环上的三线,可以构成 1:1 巴伦型传输线变压器,也可以用不绕在磁环上的三线构成空气芯 1:1 巴伦型传输线变压器。

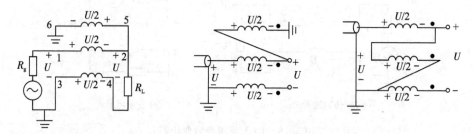

图 3.21　由三线构成的 1:1 巴伦型传输线变压器及电压分布

图 3.22(a) 是按图 3.21 所示的三线 1:1 巴伦型传输线变压器的原理,在外直径为 38 mm、长为 177 mm 的高密度聚苯乙烯管上各绕 6 圈(巴伦线圈长 127 mm)制成的 3.5~30 MHz 空气芯 1:1 巴伦型传输线变压器的照片。图 3.22(b) 是用三根美国 RG-58 型同轴线的外导体作为绕组,在直径为 63 mm 的绝缘管上密绕 11 圈制成的长度为 203 mm 的 1.5 kW 空气芯 1:1 巴伦型传输线变压器的照片。相对于绕在磁环上的传输线变压器,空气芯传输线变压器具有价格低但体积大的特点。

空气芯巴伦型变压器的工作带宽一般为 5:1。例如,6~30 MHz 频段的空气芯 1:1 巴伦型变压器用三绕组在直径为 27 mm 的 PVC 管上各密绕 10 圈;2.5~15 MHz 频段的空气芯 1:1 巴伦型变压器用三线绕组在直径为 60 mm 的 PVC 管上各密绕 7 圈;0.54~2.5 MHz 频段的空气芯 1:1 巴伦型变压器用三线绕组在直径为 90 mm 的 PVC 管上各密绕 18 圈。图 3.22(c)为实物照片。

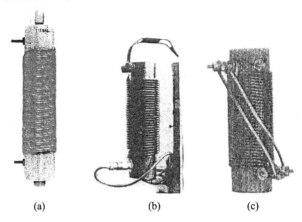

图 3.22   空气芯 1：1 传输线变压器

（2）由双线构成的 1：4 传输线变压器。

图 3.23 是用特性阻抗为 100 Ω 的双绞扭线构成的 1：4 或 4：1 传输线变压器。其中，图(a)为 1：4 不平衡-不平衡；图(b)为 4：1 平衡-不平衡；图(c)为 1：4 不平衡-平衡。

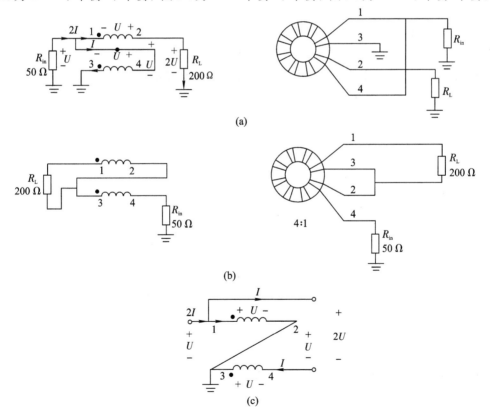

图 3.23   由双绞扭线构成的 1：4 或 4：1 传输线变压器

（3）用多线传输线构成的高阻抗变换比传输线变压器。

① 串并联法。

通常把组成传输线变压器的传输线数目定义为传输线变压器的阶数。把 m 对（m 阶）传输线按照一定的规律连接，就能得到所需要的阻抗变换比。一阶传输线变压器就是由一对传输线组成的。

a. 用两对传输线构成的传输线变压器。

如果把两个一阶变压器在输入端并联，在输出端串联（亦可以在输入端串联，在输出端并联），就能组成二阶传输线变压器。图 3.24 为阻抗变换比（输入/输出）为 1∶4 的二阶传输线变压器的几种接法。由图 3.24 可看出，两对传输线在输入端并联，在输出端串联。假定输入端的电流和电压分别是 $2I$ 和 U，根据传输线模式和变压器模式，都可以求得输出端的电流和电压。由于传输线变压器是传输线和变压器的统一体，故用两种模式得出了相同的结果，即电流为 I，电压为 $2U$。显然：

$$Z_{\text{in}} = \frac{U}{2I}$$

$$R_{\text{L}} = \frac{2U}{I}$$

$$\frac{Z_{\text{in}}}{R_{\text{L}}} = 1 \colon 4$$

对于传输线模式，分析时不管输出端的接地点如何变，其线上的电流和线间电压的关系固定不变；对于变压器模式，在何处接地是很重要的，接地点位置不同，线圈上的电压不同，传输线变压器的极性也就不同。图 3.24 中，传输线变压器阻抗变换比虽然都是 1∶4，但由于接地点不同，结果使图(b)与图(d)极化正好相反，一个为同相，另一个则为反相。由于图 3.24(c) 所示负载到地的电位正好大小相等、相位反相，因而为巴伦型 1∶4 传输线变压器。

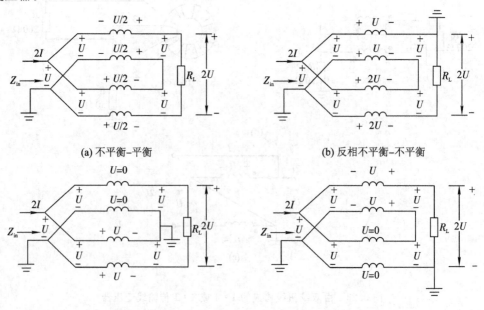

(a) 不平衡–平衡　　　　　　　　　　(b) 反相不平衡–不平衡

(c) 巴伦型不平衡–平衡　　　　　　　　(d) 同相不平衡–不平衡

图 3.24　由两对双绞扭线构成的 1∶4 传输线变压器及电流、电压分布

实例 3.3　1～30 MHz 1∶4 平衡-不平衡传输线变压器

图 3.25(a)是用两根特性阻抗为 25 Ω 的细同轴线分别在美国 Amidon、$\mu=950$ 的 43♯ 磁环上各绕 14 圈构成的 1～30 MHz 1∶4 平衡-不平衡传输线变压器的实际结构示意图。把两根 50 Ω 细同轴线并联,可以实现特性阻抗为 25 Ω 的同轴线。图 3.25(b)为电原理图。为了补偿漏感造成的影响,在传输线变压器的输入端与输出端分别并联了微调电容来改善传输线变压器的高频特性。使用微调电容是为了便于实验,一旦调好,就可以用固定电容来代替。用电缆作绕组有利于承受大功率。

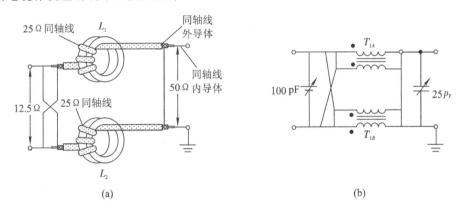

(a)　　　　　　　　　　　　　　　　　(b)

图 3.25　1～30 MHz 1∶4 平衡-不平衡传输线变压器

用两对完全相同的双线传输线变压器也可以构成如图 3.26 所示的 9∶1 不平衡-不平衡传输线变压器。图 3.26 还给出了电流、电压分布。虽然图 3.26(a)和图 3.26(b)的电流、电压分布表示的数值不同,但由输入、输出端的电流和电压都能得出 9∶1 的阻抗变换比。

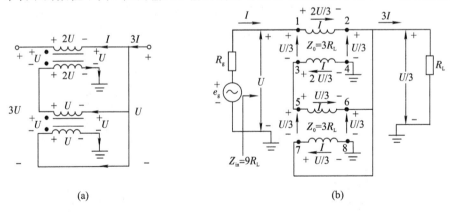

(a)　　　　　　　　　　　　　　　　　(b)

图 3.26　由两对传输线构成的 9∶1 不平衡-不平衡传输线变压器及电流、电压分布

图 3.27 是用两对特性阻抗为 30 Ω 的双绞扭线在低阻抗端把它们串联、在高阻抗端把它们并联构成的 1∶9 传输线变压器。其中,图 3.27(a)为平衡-平衡传输线变压器,图 3.27(b)为不平衡-不平衡传输线变压器。

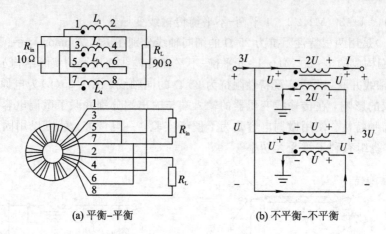

(a) 平衡–平衡   (b) 不平衡–不平衡

图 3.27   1∶9 传输线变压器

b. 由三对传输线构成的传输线变压器。

把三对传输线在输入端串联,在输出端并联,就能构成如图 3.28 所示的 1∶9 传输线变压器。

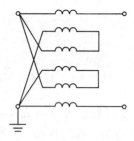

图 3.28   由三对传输线构成的 1∶9 传输线变压器

图 3.29 是由三对传输线构成的 1∶16 不平衡–不平衡传输线变压器及电流、电压分布。图 3.30 是由三对传输线构成的 16∶1 不平衡–不平衡传输线变压器及电流、电压分布。

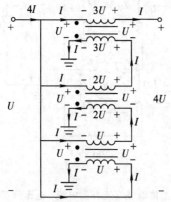

图 3.29   由三对传输线构成的 1∶16 不平衡–不平衡传输线变压器及电流、电压分布

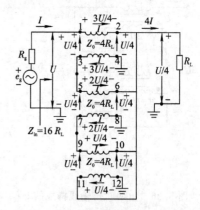

图 3.30   由三对传输线构成的 16∶1 不平衡–不平衡传输线变压器及电流、电压分布

用三对传输线还可以构成如图 3.31 所示的 2.25∶1 平衡–平衡传输线变压器,其中图 (a) 为电原理图,图 (b) 为电流分布。

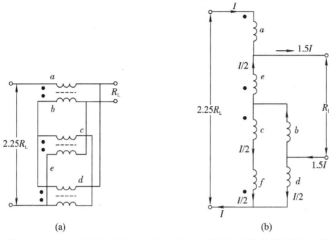

图 3.31　由三对传输线构成的 2.25∶1 平衡-平衡传输线变压器

② 级联法。

a. 把 1∶1 和 1∶4 或 1∶9 级联。

图 3.32 是 1∶4 平衡-不平衡传输线变压器。它是用两对双绞扭线构成的 1∶4 平衡-不平衡传输线变压器，传输线的特性阻抗应该为 25 Ω，再用 1∶4 平衡-不平衡传输线变压器级联。绕组 L_1、L_2，L_3、L_4 和 L_5、L_6 每一对可以是特性阻抗为 50 Ω 的双导线或同轴线。

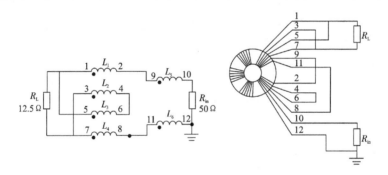

图 3.32　通过级联构成的 1∶4 平衡-不平衡传输线变压器

图 3.33 是 9∶1 不平衡-平衡传输线变压器。它把 1∶1 不平衡-平衡传输线变压器与由两对特性阻抗为 16.6 Ω 的双绞扭线组成的 9∶1 平衡-平衡传输线变压器级联。为了展宽传输线变压器的频率响应，在 9∶1 不平衡-平衡传输线的输入、输出端，附加电容 C_c，作为电抗补偿。图 3.33 中，L_1、L_2 是特性阻抗为 50 Ω 的双线绕组，L_3、L_4 和 L_5、L_6 均是特性阻抗为 16.6 Ω（$(50 \times 5.55)^{0.5} = 16.6$ Ω）的双线绕组。

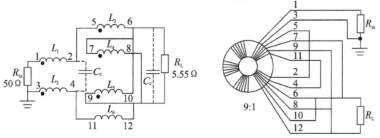

图 3.33　通过级联构成的 9∶1 不平衡-平衡传输线变压器

b. 把两个完全相同的传输线变压器级联。

把两个完全相同的传输线变压器级联也可以构成高阻抗变换比传输线变压器，如把两个 4：1 不平衡-不平衡传输线变压器级联可以构成 16：1 不平衡-不平衡传输线变压器，如图 3.34 所示。把两个完全相同的 1：4 不平衡-平衡变压器级联，可以构成如图 3.35 所示的 1：16 不平衡-平衡传输线变压器。

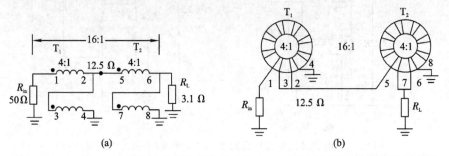

图 3.34　由两个 4：1 传输线变压器级联构成的 16：1 不平衡-不平衡传输线变压器

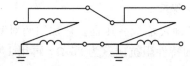

图 3.35　由两个 1：4 不平衡-平衡传输线变压器联构成的 1：16 不平衡-平衡传输线变压器

③ 把两个任意阻抗变换比传输线变压器级联。

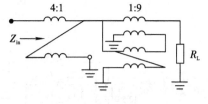

把两个任意阻抗变换比传输线变压器级联，可以构成所需要的阻抗变换比传输线变压器。例如，把阻抗变换比为 4：1 和 1：9 的不平衡-不平衡传输线变压器级联，可以构成如图 3.36 所示的 4：9 不平衡-不平衡传输线变压器。级联传

图 3.36　4：9 不平衡-不平衡传输线变压器

输线的特性阻抗 Z_0 不同，最佳值均由负载阻抗 R_L 和输入阻抗 Z_{in} 的几何平均值决定，即 $Z_0 = (Z_{in} R_L)^{0.5}$。

（4）由双孔磁环构成的传输线变压器。

图 3.37 和图 3.38 分别是双孔磁环构成的 1：4 和 1：9 平衡-不平衡传输线变压器。图 3.39 是由双孔磁环构成的 1：16 平衡-不平衡传输线变压器。

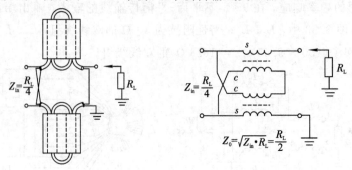

图 3.37　由双孔磁环构成的 1：4 平衡-不平衡传输线变压器

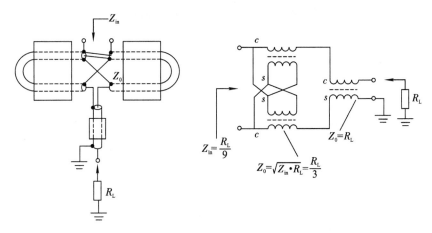

图 3.38　由双孔磁环构成的 1∶9 平衡-不平衡传输线变压器

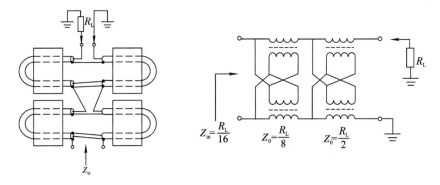

图 3.39　由双孔磁环构成的 1∶16 平衡-不平衡传输线变压器

4) 传输线变压器的选用

在选用传输线变压器时，应考虑以下几点：

(1) 传输线变压器的工作频率范围应满足使用要求。

(2) 其功率容量必须大于发射机的输出。

(3) 输入、输出阻抗及平衡与否应与使用要求相符。

(4) 工作频段内，传输线变压器本身的驻波比应尽可能地小(趋近于 1)。

(5) 要有较高的传输效率。

(6) 使用环境温度应满足工作环境温度的要求。

(7) 室外应用时，要配有防雨防尘的防护装置。

此外，还要从成本、价格、便于维修等方面综合考虑。对于收信所用的传输线变压器，其原理与发信的传输线变压器相同，选用时可以不考虑耐大功率，主要考虑低损耗、高效率。

传输线变压器在使用中易发生的主要故障是传输线的绝缘介质层被击穿或烧毁。由于传输线变压器是依靠带介质护套的传输线来传输能量的，所以在修复时，被击穿损坏绝缘介质的传输线必须按原来的材料、结构尺寸及工艺要求进行更换，否则不能恢复原有的性能指标。重新安装时，必须先查出引发故障的原因，以免再次造成损失。

5) 变压器和传输线变压器的比较

图 3.40 把 1∶1 变压器和 1∶1 传输线变压器作了比较。由图 3.40 可看出，1∶1 变压

器的初级绕组和次级绕组分别是把 BB' 和 AA' 线分开绕在磁环上；1：1 传输线变压器则把两根传输线绞扭在一起绕在磁环上，把两根线的起点 AB 作为输入端，把两根线的末端 $A'B'$ 作为负载端。

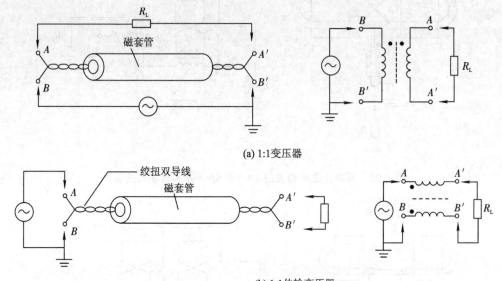

(a) 1:1变压器

(b) 1:1传输变压器

图 3.40　1：1 变压器和 1：1 传输线变压器的比较

变压器和传输线变压器的主要不同点如下：

（1）普通宽带变压器通过磁环耦合把信号由初级转换到次级，传输线变压器则利用具有分布电容、电感特性的传输线把信号由输入端传到负载端。

（2）普通变压器能提供任意阻抗变换比，而传输线变压器只能提供整数阻抗变换比。

（3）漏感和分布电容制约了变压器的高频特性，传输线变压器则利用了漏感和分布电容扩展了高频特性。激磁电感制约了变压器的低频特性，而传输线变压器则利用传输线提供了相当好的电磁场耦合，在有用的频段内使漏感最小。

（4）传输线变压器相对于变压器，不仅承受功率容量的能力强，损耗小，而且带宽宽。

3.1.2　同轴线变压器

1. 概述

$\lambda_0/4$ 长同轴线阻抗变压器是最简单的同轴线变压器，如图 3.41 所示。由于要求线的长度为 $\lambda_0/4$ 的奇数倍，所以该变压器为窄带同轴线变压器。

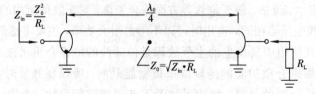

图 3.41　最简单的同轴线变压器

如果在同轴线的外导体上套上磁环或磁管，则由于磁环扼制了共模电流（在传输线上同相位同方向流动的电流叫共模电流），因而同轴线的长度也变短，仅为 $\lambda_{min}/8$，输出端也可以端接平衡负载,带宽也更宽,通常把具有这种特性的变压器叫巴伦型 1∶1 同轴线变压器,如图 3.42 所示。

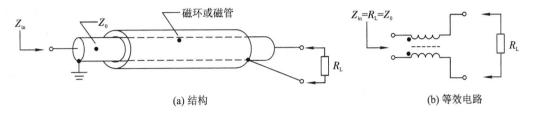

(a) 结构　　　　　　　　　　　　　　　　(b) 等效电路

图 3.42　巴伦型 1∶1 同轴线变压器

图 3.43 是同轴线变压器的图示方法,其中图(a)为组成图,图(b)为等效电路,也就是通常所说的传输线变压器。它把集中参数和分布参数结合起来,因此它的低频等效电路就是如图 3.43(c)所示的普通低频变压器的等效电路,图(d)所示的高频等效电路就是特性阻抗为 Z_0 的传输线。当 $R_S = R_L = Z_0$ 时,同轴线变压器就是阻抗变换比为 1∶1 的变压器。

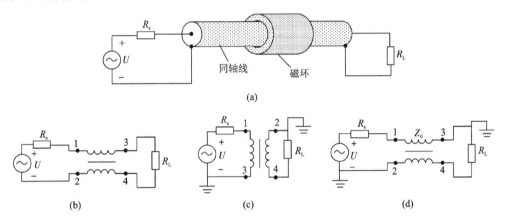

(a)

(b)　　　　　　　　　(c)　　　　　　　　　(d)

图 3.43　同轴线变压器的图示方法

2. 用等长度特性阻抗同轴线构成的宽带同轴线变压器

用多根等长度特性阻抗(Z_0)同轴线既可以构成阻抗变换比为 $1∶K^2$ 的传输线变压器,也可以构成其他整数比或分数比阻抗变换比同轴线变压器。

把同轴线传输线输入端的阻抗用 Z_1 表示,把输出端的阻抗用 Z_2 表示,它们与电压比 K 有如下关系:

$$Z_1 = KZ_0 \tag{3.9}$$

$$Z_2 = \frac{Z_0}{K} \tag{3.10}$$

显然

$$\frac{Z_1}{Z_2} = K^2 \tag{3.11}$$

$$\begin{cases} Z_1 Z_2 = Z_0^2 \\ Z_0 = (Z_1 Z_2)^{0.5} \end{cases} \tag{3.12}$$

可见,同轴线的特性阻抗 Z_0 是输入阻抗(Z_1)和负载阻抗(Z_2)的几何平均值。电压比 K 为两个整数之比,其大小由传输线的连接方式(串联、并联、串并联)决定。

1) 阻抗变换比为 $1:K^2$ 的同轴线变压器

把两根、三根或四根(即 $K=2$、3、4)等特性阻抗等长同轴线在低阻抗端(输入端)并联,在高阻抗端(输出端)串联,就能构成 $1:K^2$ 同轴线变压器。$K=2$、3、4 时分别构成 $1:4$、$1:9$ 和 $1:16$ 阻抗变换比同轴传输线变压器。

如果把输入端串联,输出端并联,就能构成 $K^2:1(4:1$、$9:1$ 和 $16:1)$ 同轴线变压器。图 3.44(a)、(b)、(c)分别是 $K=2$、$K=3$ 和 $K=4$,即由两根、三根和四根同轴线构成的 $4:1$、$9:1$ 和 $16:1$ 不平衡-不平衡同轴线变压器及电流、电压分布。

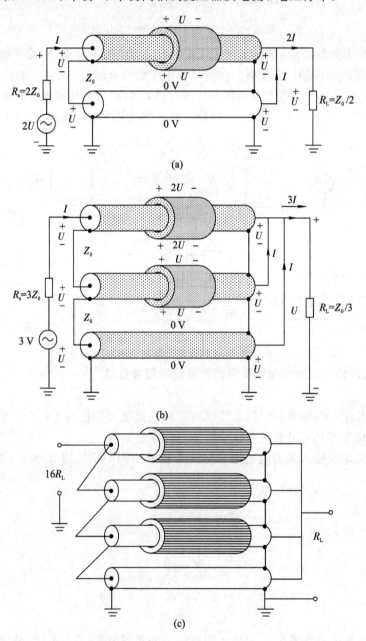

图 3.44　由两根、三根和四根同轴线构成的不平衡-不平衡同轴线变压器

　　图 3.45 是用两根等长同轴线构成的 1 MHz～5 GHz 频段使用的阻抗变换比为 4∶1 的变压器的结构及电原理图。由于要把 50 Ω 阻抗在 1 MHz～5 GHz 频段内变成 12.5 Ω，所以同轴线的最佳特性阻抗为 25 Ω（$(50 \times 12.5)^{0.5} = 25$）。由于同轴线变压器的尺寸只有 9 mm 长、12 mm 宽，因此为了安装固定，如图 3.45(a) 所示，把同轴线变压器固定在中间已腐蚀掉 9 mm 长、12 mm 宽的金属层印刷电路板上，输入、输出端与微带线相连，印刷电路背面的金属层作为微带线的地。图 3.45(b) 为电原理图。

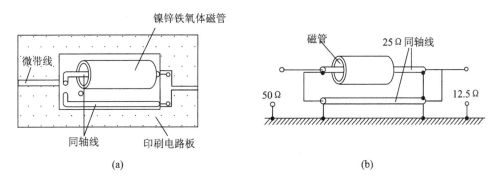

图 3.45　1 MHz～5 GHz 频段使用的 4∶1 同轴线变压器

　　图 3.46 是由三根同轴线在低阻抗端并联，在高阻抗端串联构成的 1∶9 同轴线变压器。由图 3.46 可看出，$Z_1 = Z_0/3$，$Z_2 = 3Z_0$，$Z_1/Z_2 = 1/9$。显然，为 1∶9 同轴线变压器，不管是升阻还是降阻，高阻抗端一定是把同轴线串联，低阻抗端则必须并联。

图 3.46　由三根同轴线构成的 1∶9 同轴线变压器

2) 非整数阻抗变换比同轴线变压器

　　非整数阻抗变换比同轴线变压器可以把升阻同轴线变压器与降阻同轴线变压器级联构成。例如，要构成 1∶2.25 阻抗变换比的同轴线变压器，可以将 1∶9 同轴线变压器与 4∶1 同轴线变压器级联，如图 3.47(a) 所示，实际电路及电流、电压分布如图 3.47(b) 所示。

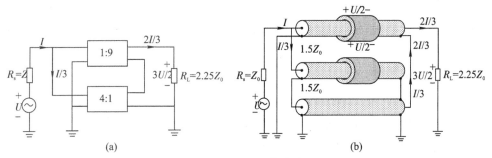

图 3.47　1∶2.25 同轴线变压器

为了实现阻抗变换比为其他整数比（如 2、3、5、7 等）或分数比，通常把构成同轴线变压器的同轴线分成两组或三组，在输入端把一组串联，把二组并联，再把一组和二组串联或并联，在输出端，连接方式与输入端正好相反，即把一组并联，把二组串联，再把一组和二组并联或串联。

为了说明构成方法，下面以图3.48为例来说明如何用四根等长等特性阻抗同轴线构成 $50 \sim 8 \ \Omega$ 的降阻变换比为 6.25：1 的同轴传输线变压器。由图 3.48 可看出，把四根同轴线分成两组，每组两根，在输入端把一组串联，把二组并联，再把一组和二组串联，显然有

$$Z_1 = 2Z_0 + \frac{Z_0}{2} = \frac{5Z_0}{2} = KZ_0$$

由式(3.9)可得 $K = \dfrac{5}{2}$。

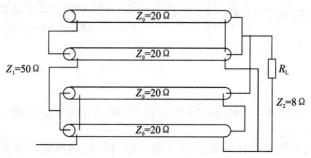

图 3.48　用四根同轴线构成的 6.25：1 传输线变压器

输出端与输入端正好相反，即把一组并联，把二组串联，再把一组和二组并联，显然有

$$\frac{1}{Z_2} = \frac{1}{Z_0/2} + \frac{1}{2Z_0} = \frac{2Z_0 + Z_0/2}{Z_0/2 \times 2Z_0}$$

化简 $Z_2 = Z_0 / \dfrac{5}{2} = Z_0/K$，可得 $K = \dfrac{5}{2}$，显然，降阻阻抗变换比为

$$\frac{Z_1}{Z_2} = K^2 = \left(\frac{5}{2}\right)^2 = 6.25$$

为了更简单地表示有多种阻抗变换比的同轴传输线变压器输入和输出端多根同轴线的连接关系，用同数字表示同一组同轴线的根数，用 S 表示串联，用 P 表示并联，用 K 表示电压比，用 K^2 表示阻抗变换比。

对图 3.48 所示的 $K = \dfrac{5}{2}$ 同轴传输线变压器，显然输入端同轴线的连接关系为 $\genfrac{}{}{0pt}{}{2S}{2P} > S$，输出端与输入端正好相反，应该为 $\genfrac{}{}{0pt}{}{2P}{2S} > P$。

为了说明如何用表 3.1 构成分数比阻抗变换比同轴传输线变压器，下面以如图 3.49 所示的 $50 \sim 98 \ \Omega$ 的阻抗变换比近似为 1：2 同轴传输线变压器和如图 3.50 所示的 $44.4 \sim 100 \ \Omega$ 的阻抗变换比为 1：2.25 的同轴传输线变压器来说明。

表 3.1　同轴传输线变压器的阻抗变换比与低阻抗端线的连接关系及所需同轴线的根数

电压比 K	低阻抗端线的连接关系	同轴线的根数	电压比 K	低阻抗端线的连接关系	同轴线的根数
$\frac{1}{2}$	2P	2	$\frac{5}{7}$	(2S,2P)>S,1>P	5
$\frac{1}{3}$	3P	3	$\frac{6}{7}$	(2P,1)>S,(2S)>P	5
$\frac{2}{3}$	(2S,1)>P	3	$\frac{1}{8}$	8P	8
$\frac{1}{4}$	4P	4	$\frac{3}{8}$	(2P,1)>S,(2P)>P	5
$\frac{3}{4}$	(3S,1)>P	4	$\frac{5}{8}$	(2S,1)>P,1>S,1>P	5
$\frac{1}{5}$	5P	5	$\frac{7}{8}$	(2P,1)>S,(2P,2P)>P,>S	7
$\frac{2}{5}$	(2P,2S)>P	4	$\frac{1}{9}$	9P	9
$\frac{3}{5}$	(2P,1)>S,1>P	4	$\frac{2}{9}$	(3P,2S)>P,1>P	6
$\frac{4}{5}$	(4S,1)>P	5	$\frac{4}{9}$	(2P,4S)>P	6
$\frac{1}{6}$	6P	6	$\frac{5}{9}$	(4P,1)>S,1>P	6
$\frac{5}{6}$	(3P,2P)>S	5	$\frac{7}{9}$	(3S,2P)>S,1>P	6
$\frac{1}{7}$	7P	7	$\frac{8}{9}$	(2P,1)>S,1>P,1>S,(2S)>P	7
$\frac{2}{7}$	(2S,3P)>P	5			
$\frac{3}{7}$	(2P,3S)>P	5			
$\frac{4}{7}$	(3P,1)>S,1>P	5			

　　由图 3.49 可以求得 $Z_0 = (Z_1 Z_2)^{0.5} = (50 \times 98)^{0.5} = 70\ \Omega$，由于 $Z_1 = 50 = KZ_0 = 70K$，所以 $K = 5/7$，查表 3.1，就可以得出输入端和输出端的连接关系如图 3.49 所示，可见输入端和输出端的连接关系正好相反。参看图 3.50，由输入端和负载端的阻抗可以求出 $Z_0 = (Z_{in} Z_L)^{0.5} = (44.4 \times 100)^{0.5} = 66.6\ \Omega$，由于 $Z_{in} = 44.4 = KZ_0 = 66.6K$，所以

$K = \dfrac{44.4}{66.6} = \dfrac{2}{3}$，由表 3.1 就可以查出如图 3.50 所示的输入端和输出端同轴线的连接关系。

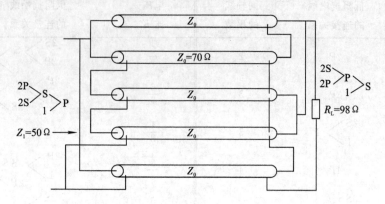

图 3.49　由五根同轴线构成的 $K = 5/7$ 的近似阻抗变换比为 1∶2 的同轴传输线变压器

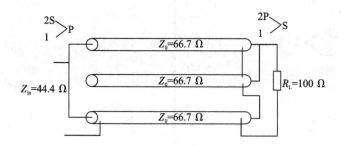

图 3.50　由三根同轴线构成的 $K = 3/2$ 的阻抗变换比为 1∶2.25 的同轴传输线变压器

下面用图 3.51 所示的 6.25∶1 降阻变换比同轴传输线变压器来说明如何使用表 3.1。

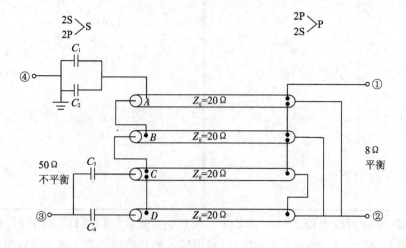

图 3.51　300 W、2～30 MHz 推换放大器使用的 6.25∶1 不平衡-平衡同轴传输线变压器

由于表 3.1 只给出了低阻端同轴线的连接关系，因此必须找出低阻端的电压比 K。

与图 3.51 不同，图 3.49 的低阻端位于输出端，因此必须把输出端作为输入端，即

$$Z_1 = 8 = KZ_0 = 20K, \quad K = \frac{8}{20} = \frac{2}{5}$$

查表 3.1，就能得出图 3.51 所示的输出端、输入端同轴线的连接关系。

实例 3.4　6.25：1 不平衡-平衡同轴线变压器在 2～30 MHz 放大器中的应用

图 3.51 所示的 300 W、2～30 MHz 推挽固态放大器就使用 6.25：1 不平衡-平衡同轴线变压器，它用四根特性阻抗为 20 Ω 的同轴线，分别在四个磁导率为 125、外径为 25.4 mm 的磁环上绕 10 圈构成。

在高阻抗(50 Ω)端附加了 $C_1 \sim C_4$ 隔直流电容。

巴伦型传输线变压器和同轴线变压器的比较

巴伦型传输线变压器把传输线绕在磁环上，也可以把磁环套在同轴线上构成。有学者把传输线变压器叫电压变压器。由于磁环扼制了在同轴线外表面的电流，因而把同轴线变压器也叫电流变压器。巴伦型电压变压器就是把传输线绕在磁环上构成的巴伦型变压器，输出端接在产生大小相等、相位相反的两个电阻上。把绞扭双线绕在磁环上构成的标准环形变压器，就是我们常说的巴伦型电压变压器。

巴伦型电流变压器就是把铁氧体磁环套在同轴线外导体上构成的巴伦型变压器，平衡输出端在两个电阻上，等幅反相电流流过每个电阻。

图 3.52 是用美国 Amidon 公司的 50 个 73 号磁环(FB – 73 – 2401)套在长 305 mm 的聚四氟乙烯电缆上构成的 1.8～30 MHz 1：1 巴伦型电流变压器。由图 3.52 可看出，由于磁环扼制了同轴线外导体外表面上的电流 I_3，因而使同轴线内导体上的电流 I_1 与同轴线外导体上的电流 I_2 大小相等，方向相反。为了更好地扼制同轴线外导体外表面上的电流，最好把同轴线的护套剥掉，让磁环紧贴同轴线的外导体。

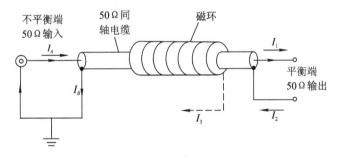

图 3.52　1：1 巴伦型电流变压器

图 3.53 是把 50 Ω 输入阻抗变成 200 Ω 平衡负载的 1：4 巴伦型电流变压器，它是用外表面套有磁环特性的阻抗为 $(50 \times 200)^{0.5} = 100$ Ω 的两根电缆，在输入端把它们并联，在输出端把它们串联构成的，由于市场上没有 100 Ω 同轴线，只有 93 Ω 同轴线，因此图中使用了 93 Ω 同轴线。

图 3.54 是 1：9 巴伦型电流变压器，其构成方法与 1：4 电流巴伦型变压器相似，但要用三根特性阻抗为 150 Ω$((50 \times 450)^{0.5} = 150)$ 的同轴电缆。

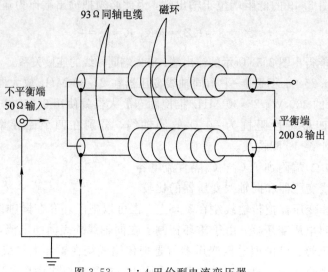

图 3.53　1∶4 巴伦型电流变压器

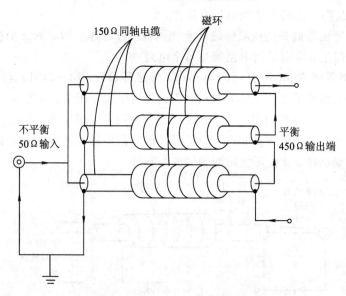

图 3.54　1∶9 巴伦型电流变压器

图 3.55 把 1∶1 巴伦型电流和电压变压器输入阻抗及插损的频率特性作了比较。由图 3.55 可看出，巴伦型电流变压器的输入阻抗在频段变化很小，插损在 0～30 MHz 频段小于 0.25 dB，但电压巴伦型变压器则变化很大，插损也随频率增大而升高。可见，巴伦型电流变压器的输入阻抗和插损的频率特性明显比巴伦型电压变压器好得多。

在功率容量方面，巴伦型电流变压器中，当电流流过套有磁环的同轴线时，产生的磁通量并不会使磁环饱和，只要选择能承受大功率且有合适特性阻抗的同轴线和有合适尺寸及合适工作频率的磁环，就能承受大功率。但对巴伦型电压环形变压器，当大电流通过传输线时产生的磁通量使磁环饱和，产生的热会破坏变压器的性能，甚至使磁环破裂而损坏。

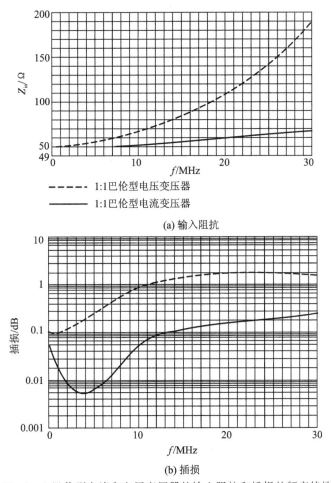

(a) 输入阻抗

(b) 插损

图 3.55　1∶1 巴伦型电流和电压变压器的输入阻抗和插损的频率特性曲线

3. 等延迟同轴线变压器

1) 定义

把图 3.56 中同轴传输线 B 点的地取掉，连接一根导线到 A 点，则沿同轴线外导体流动的电流 I_1 由 B 点流到 A 点，使输出电流 $I_2 = 2I_1$，如图 3.57 所示。假定二端口网络无耗，即 $P_1 = U_1 I_1 = P_2 = I_2 U_2$，则由于 $I_2 = 2I_1$，U_2 必然等于 $U_1/2$，因此 $Z_1 = U_1/I_1$，$Z_2 = U_2/I_2 = \dfrac{1}{4} U_1/I_1 = Z_1/4$，即 $Z_1 = 4Z_2$。可见，图 3.57 变为 4∶1 同轴线变压器。由于从同轴线内导体流过的电流相对于导线 BA 虽然大小相等，但相位延迟，因而限制了该 4∶1 变压器的高频特性。但用一根与主传输线等长等阻抗的同轴线替代从 B 到 A 的导线，则由于

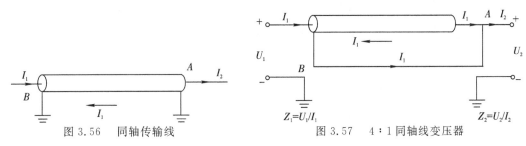

图 3.56　同轴传输线　　　　　　　　图 3.57　4∶1 同轴线变压器

消除了两个线上的相位差，因而展宽了 4∶1 同轴线变压器的带宽。通常我们把图 3.58 所示的 4∶1 同轴线变压器叫作等延迟同轴线变压器。

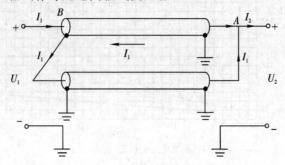

图 3.58　　4∶1 等延迟同轴线变压器

2）任意阻抗变换比等延迟同轴线变压器

如果阻抗变换比不是 4∶1，则可以用综合的方法。对整数比变压器，可以用图 3.59 所示的 A 组和 B 组多根同轴线构成，A 组是在输入端（高阻抗端）把同轴线串联，在输出端（低阻抗端）并联，B 组与 A 组的连接方法类似，但把 B 组并联的低阻抗端与 A 组串联的高阻抗端串联，把 B 组串联的高阻抗端与 A 组并联的低阻抗端并联，如图 3.59 所示。用 I_1 和 I_2 表示经 P_1 和 P_2 流入和流出 B 组的电流，它们与 B 组同轴线的根数 N_B 有如下关系：

$$I_2 = \frac{I_1}{N_B}$$

如果用 $K^2 A$、$K^2 B$ 表示 A 组、B 组变压器的阻抗变换比，它们与 A、B 组变压器同轴线的根数 N_A、N_B 分别有如下关系：

$$K_A = N_A \ , \ K_B = \frac{1}{N_B}$$

如果要构成整数平方比阻抗变压器，如 3^2、4^2、5^2 阻抗变压器，则只需要用 A 组，把 N_A 根同轴线在输入端串联，在输出端并联就能构成。例如，$K_A^2 = 9$，把 $50 \ \Omega$ 变换成 $5.55 \ \Omega$，只需要把三根（$N_A = 3$）特性阻抗为 $\sqrt{50 \times 5.55} = 16.67 \ \Omega$ 的同轴线在输入端串联，在输出端并联就能构成。

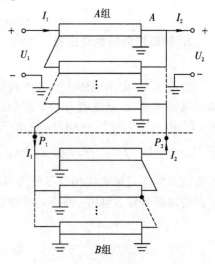

图 3.59　整数阻抗变换比等延迟同轴线变压器

如果阻抗变换比不是整数的平方，就需要用图 3.59 所示的 A 组和 B 组，则合成的阻抗变换比 K^2 可以用下式计算：

$$K^2 = \left(N_A + \frac{1}{N_B} \right)^2 \qquad (3.13)$$

由于 N_A 要取整，即 $N_A = K$，则 B 组同轴线的根数 N_B 为

$$N_B = \frac{1}{K - N_A} \qquad (3.14)$$

例如，$K^2 = 6$，则 $N_A = 6^{\frac{1}{2}} = 2.45$，取整 $N_A = 2$，则 $N_B = \dfrac{1}{6^{1/2} - 2} = 2.22$，取整 $N_B = 2$，因

此合成的阻抗变换比 K^2 为

$$K^2 = \left(N_A + \frac{1}{N_B}\right)^2 = \left(2 + \frac{1}{2}\right)^2 = 6.25$$

如果阻抗变换比不是整数，则需要把 A 组网络和 C 组结合。C 组与 B 组不同，既有并联，又有串联，如图 3.60 所示。

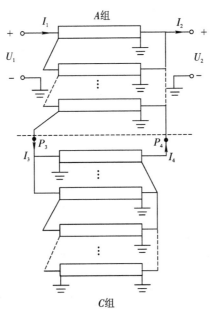

图 3.60　非整数阻抗变换比等延迟同轴线变压器

设 C 组同轴线的根数 N_C 为

$$N_C = \frac{1}{1 + N_A - K} \tag{3.15}$$

把 N_C 取整，则合成的阻抗变换比 K^2 为

$$K^2 = \left(N_A + 1 - \frac{1}{N_C}\right)^2 \tag{3.16}$$

假定 $K^2 = 8$，取整 $N_A = 2(8^{\frac{1}{2}} = 2.83)$，则 $N_C = \dfrac{1}{1 + 2 - 8^{1/2}} = 5.8$，取整 $N_C = 6$，因此合成的阻抗变换比 K^2 为

$$K^2 = \left(2 + 1 - \frac{1}{6}\right)^2 = 8.028$$

假定 $K^2 = 2.25$，$N_A = 2.25^{\frac{1}{2}} = 1.5$，取整 $N_A = 1$，则 $N_C = 1/(1 + N_K - K) = 1/(1 + 1 - 2.25^{1/2}) = 2$，因此合成的阻抗变换比 K^2 为

$$K^2 = \left(1 + 1 - \frac{1}{2}\right)^2 = 2.25$$

如果输入阻抗为 50 Ω，输出阻抗为 22.2 Ω，则需要用三根特性阻抗为 $(50 \times 22.2)^{1/2} = 33.3$ Ω 的同轴线构成如图 3.61 所示的 2.25∶1 等延迟同轴线变压器。用同样的分析方法，可以用五根特性阻抗为 28.75 Ω 的同轴电缆构成如图 3.62 所示的 3∶1 等延迟同轴线变压器。

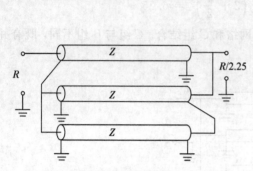

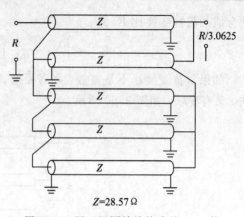

图 3.61　用三根同轴线构成的 2.25∶1 等
延迟同轴线变压器

图 3.62　用五根同轴线构成的 3∶1 等
延迟同轴线变压器

在网络的输出端并联电容进行补偿，可以进一步改善延迟同轴线变压器的 $S_{11} \sim f$ 特性曲线。图 3.63 是不同阻抗变换比 K^2 等延迟同轴线变压器在 3～300 MHz 频段有和无补偿的 $S_{11} \sim f$ 特性曲线。

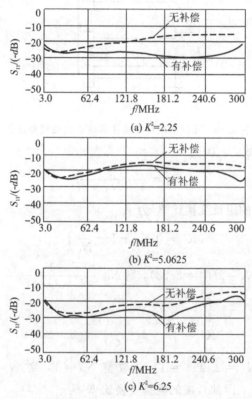

图 3.63　不同阻抗变换 K^2 等延迟同轴线变压器在 3～300 MHz 频段有和无补偿的 $S_{11} \sim f$ 特性曲线

图 3.64 把有和无补偿 1∶4 传输线变压器与有和无补偿等延迟同轴线变压器插损的频率特性作了比较。由图 3.64 可看出，在 $f>20$ MHz，无电容补偿传输线变压器的插损随频率升高迅速增大，而且带宽变窄，但无补偿等延迟同轴线变压器的插损在相同频段比传输线变压器的小。有电容补偿之后，无论是传输线变压器还是等延迟同轴线变压器，其插

损在40~200 MHz的频段内变化平坦，最大插损≤0.25 dB，均比无补偿的小。

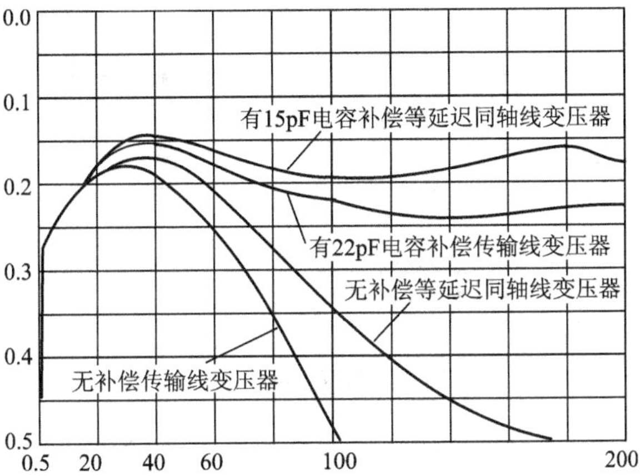

图 3.64　有和无补偿 1∶4 传输线变压器与有和无补偿等延迟同轴线
变压器插损的频率特性曲线比较

3）宽带等延迟同轴线变压器

为了使等延迟同轴线变压器具有更宽的带宽，应在构成等延迟线变压器使用的同轴线外导体上套上符合等延迟线变压器工作频段的磁环。对于 $f > 100$ MHz 的阻抗变压器，由于磁环的尺寸很小，外直径只有 6 mm，很难用绞绕双线绕在磁环上构成阻抗变压器，因此把磁环套在同轴线外导体上构成等延迟阻抗变压器这是极为有用的最简单的方法。图 3.65 是 200~1000 MHz 加载单极子天线使用的 1∶4 不平衡-不平衡阻抗变压器。由于要把50 Ω同轴线阻抗变成 200 Ω，即提高 4 倍，所以应该用特性阻抗为 100 Ω（$\sqrt{50 \times 200} = 100$）的同轴线，但市场上没有这种规格，只有 93 Ω 的同轴线，同轴线的长度约 75 mm，在一根同轴线上共套了美国 Amidon 公司的 9 个镍锌型号为 FT-37-61 或 FT-37-43 的磁环（$\mu = 61$ 或 43）。

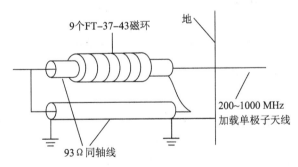

图 3.65　200~1000 MHz 加载天线使用的 1∶4 等延迟同轴线变压器

图 3.66 是整数阻抗变换比等延迟同轴线变压器，其中图（a）、（b）、（c）分别为 4∶1、9∶1 和 16∶1。图 3.67 是非整数阻抗变换比等延迟同轴线变压器，其中图（a）为 2.25∶1，图（b）为 6.25∶1。

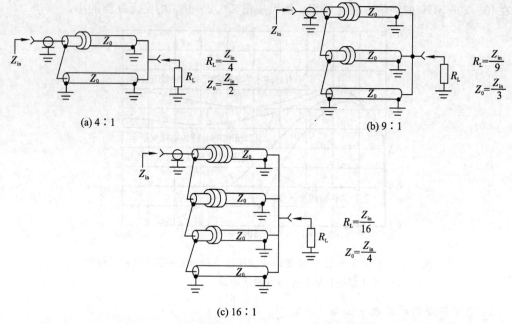

(a) 4 : 1　　　　　　　　　　　　　　(b) 9 : 1

(c) 16 : 1

图 3.66　整数阻抗变换比等延迟同轴线变压器

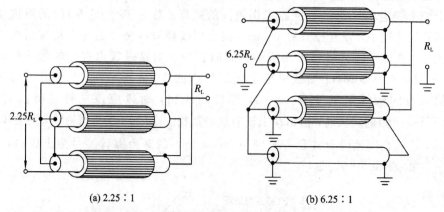

(a) 2.25 : 1　　　　　　　　　(b) 6.25 : 1

图 3.67　非整数阻抗变换比等延迟同轴线变压器

3.1.3　大功率变压器

1. 大功率的实现

　　某些通信系统,如军用 HF、VHF 和 UHF 通信系统,既希望宽频带,以适应调频、扩频抗干扰的需要,又希望大功率以满足远距离通信及抗干扰的需要。大功率宽带通信系统必须使用大功率宽带天线,但许多天线在宽带范围内与大功率发射机并不匹配,为此必须附加大功率宽带阻抗匹配网络。最常用的宽带阻抗匹配网络有传输线变压器、同轴线变压器,特别是巴伦型传输线变压器和同轴线变压器。

　　为了使变压器、传输线变压器能承受大功率,必须让变压器的绕组使用的传输线、同轴线变压器使用的同轴线承受大功率,如用带聚四氟乙烯护套的耐高温双导线、耐高温的聚四氟乙烯同轴线作为绕组。对同轴线变压器,除用耐高温的聚四氟乙烯同轴线外,还可以使用空气芯同轴线。除此之外,变压器和传输线变压器还必须使用外直径为 80～130 mm

的大磁环。因为绕组通过高电压和大电流会使磁环饱和，还会产生以下危害：

（1）升温。

（2）改变磁环的相对磁导率。

（3）产生谐波。

（4）严重时使磁环破裂损坏。

为防止磁环饱和，必须使用大磁环，以增加磁环的有效横截面积，其好处是，既可以减小绕组的匝数，又利于承受大功率。如果没有大磁环，可以用环氧树脂胶把许多小磁环以层叠的方式黏接在一起，如图 3.68(a)、(b)所示。如果需要大尺寸双孔磁环，也可以用环氧树脂胶把许多单孔小磁环黏结成双孔，再把它们层叠在一起，如图 3.68(c)所示。

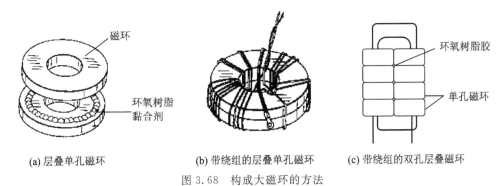

(a) 层叠单孔磁环　　　　(b) 带绕组的层叠单孔磁环　　　　(c) 带绕组的双孔层叠磁环

图 3.68　构成大磁环的方法

2. 大功率变压器及实例

对大功率低阻抗变换比变压器，由于大电流要通过匝数少的绕组，因此为了能承受大功率绕组必须用带耐高温绝缘层的粗金属线，还必须使用尺寸比较大的磁环。如果没有大的磁环，可以把许多磁环层叠在一起，如图 3.69(a)所示。图中把一端焊接在一起的铜管作为匝数只有一圈的次级，初级用带聚四氟乙烯绝缘层的粗金属线绕 3 圈。也可以用电缆作绕组，初级匝数为 1 圈，用铜管构成，次级绕组为 2 和 3 圈，如图 3.69(b)、(c)所示，就能构成 1:4 和 1:9 传输线变压器，次级绕组同轴线的长度要小于 $0.1\lambda_{gmin}$。这些变压器的工作频率可以到 300 MHz，受到限制的主要原因是线的长度小于 $0.1\lambda_{gmin}$。例如，工作到 200 MHz，1:4 和 1:9 传输线变压器 U 形段的长度分别只有 35 mm 和 25 mm。如果使用磁环，工作频率低到 3~10 MHz，变压器的长度只有 30 mm。

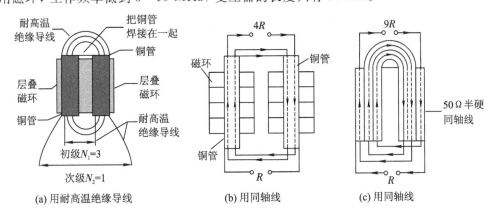

(a) 用耐高温绝缘导线　　　　(b) 用同轴线　　　　(c) 用同轴线

图 3.69　大功率变压器

实例 3.5　2～30 MHz 大功率传输线变压器

图 3.70 是适合 2～30 MHz 频段使用的大功率传输线变压器。用该传输线变压器要把 15 kW 100％调制功率由 70 Ω 不平衡输入变换到 600 Ω 平衡输出，阻抗变换比近似为 1：9。由图 3.70 可看出，该传输线变压器由两部分组成：第一部分是把能承受大功率、其内导体有一定粗度的聚四氟乙烯电缆在磁环上绕 3 圈，另外还需要把一根带绝缘护套的高温导线也在磁环上绕 3 圈，构成 1：1 不平衡-平衡变压器。在输入端，必须承受 4.9 kV 到地的峰值电压和高达 32 A 的电流；第二部分是把 70 Ω 变换到 600 Ω，用了三对特性阻抗为 200 Ω 的耐高温护套双导线，其中两对分别在磁环上绕 3 圈，另外一对线圈为补偿线圈，不绕在磁环上，而是绕了 6 圈的空芯线圈，在输入端把它们并联，在输出端把它们串联构成近似 1：9 平衡-平衡传输线变压器。

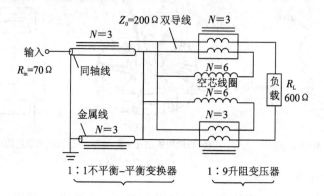

图 3.70　1：9 不平衡-平衡传输线变压器

为了承受大功率，所用磁环的主要成分为氯化铁、锌和镍，在 2～30 MHz 频段不仅具有高磁导率，而且具有低损耗。由于没有大磁环，把许多长方形磁性材料黏接成如图 3.71(a) 所示的长方形环，再把整个传输线变压器装在带有冷却液的尺寸为 762 mm×457 mm×457 mm 的金属盒子中。为了散热，周围都带有散热片。不平衡输入端为大的同轴插座，两个平衡输出端都带有陶瓷绝缘材料，把火花放电器接地来防超电压。为了防止太阳暴晒，金属盒外面应刷白色油漆。图 3.71(b) 为大功率传输线变压器的照片。

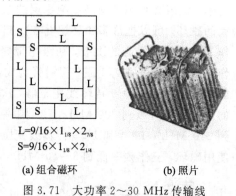

图 3.71　大功率 2～30 MHz 传输线
变压器的组合磁环和照片

实例 3.6　2～30 MHz 1：8 巴伦型传输线变压器

2～30 MHz 50 Ω 短波宽带天线往往需要 1：8 不平衡-平衡传输线变压器，把 50 Ω 变换到 400 Ω。与图 3.70 类似，该传输线变压器也由 1：1 不平衡-平衡传输线变压器与 1：9 平衡-平衡传输线变压器级联构成，如图 3.72 所示。1：1 不平衡-平衡传输线变压器用三根直径比较粗的带聚四氟乙烯护套的金属线在层叠大尺寸(内径为 50 mm，外径为 100 mm)磁环上绕 3 圈。由于升阻变压器为 1：9，因此负载阻抗应为 450 Ω，但实际负载只有 400，为此采用了一组空芯补偿线圈，把阻抗变换比由 1：9 降为 1：8。

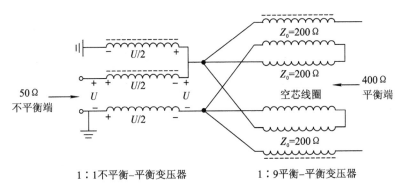

图 3.72　1∶8 不平衡-平衡传输线变压器

实例 3.7　1.8~30 MHz 变压器

图 3.73 是用多个小直径、$\mu_r = 950$ 的磁环套在铜管上构成的 1.8~30 MHz 普通降阻变压器。该变压器用两块绝缘板固定变压器，用 1 圈铜管作为低阻抗绕组，用穿过铜管的多圈漆包线作为高阻抗绕组。假定从 50 Ω 降为 10 Ω，即阻抗变换比为 5，之所以使用高 μ 磁环，是为了保证 50 Ω 高阻抗端绕组的感抗 X_{L1} 在最低工作频率 1.8 MHz 时必须为 $X_{L1} \geqslant 5 \times 50 = 250$ Ω，低阻抗端绕组的感抗 X_{L2} 在最低工作频率 1.8 MHz 时为 $X_{L2} \geqslant 5 \times 10 = 50$ Ω。

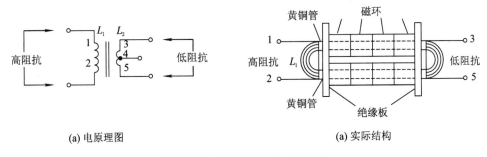

(a) 电原理图　　　　　　　　　　　　　　(a) 实际结构

图 3.73　1.8~30 MHz 变压器

3. 大功率宽带巴伦型同轴线变压器

图 3.74(a)是由一对特性阻抗为 100 Ω 的同轴线构成的把 50 Ω 不平衡阻抗变换到 200 Ω平衡阻抗的 1∶4 巴伦型变压器。在同轴线外径相同的情况下，特性阻抗越高，则内导体越细。为了承受大功率，当然希望使用内导体粗的低特性阻抗同轴线。

把图 3.4(a)中 1♯、2♯同轴线的外导体用 3♯、4♯同轴线来代替，如图 3.74(b)所示，此时就相当于用两对双线传输线构成的巴伦型传输线变压器，虽然使用了四根特性阻抗为 50 Ω 的同轴线，但相当于双线传输线的间距扩大了一倍，仍然维持了 100 Ω 的特性阻抗。在 50~200 Ω 的 1∶4 巴伦型传输线变压器中使用 50 Ω 同轴线有如下好处：

(1) 50 Ω 同轴线是标准同轴线，市场上很容易买到。

(2) 对同一型号同轴线，由于 50 Ω 比 100 Ω 同轴线的内导体粗，因而可承受的功率更大。

例如，对某型号聚四氟乙烯同轴电缆（$\varepsilon_r = 2.1$），特性阻抗为 100 Ω，同轴线内外导体的直径分别为 0.48 mm 和 5.3 mm，特性阻抗为 50 Ω，同轴线内外导体的直径分别为 1.5 mm 和 5.3 mm。两者相比，50 Ω 同轴线内导体的直径加粗了三倍。

为了缩短同轴线变压器的长度，并使电源不被短路，应在同轴线外导体上套上磁环，如图 3.75(c)所示。

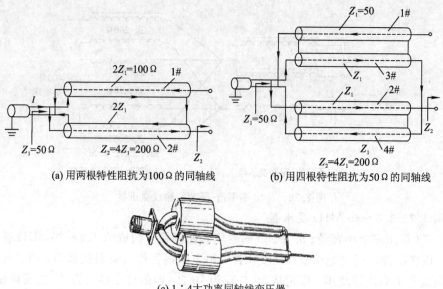

(a) 用两根特性阻抗为100Ω的同轴线　　　(b) 用四根特性阻抗为50Ω的同轴线

(c) 1∶4大功率同轴线变压器

图 3.74　1∶4 巴伦型同轴线变压器

　　利用与 1∶4 大功率同轴线变压器相同的办法,可把图 3.75(a)所示的用三根特性阻抗为 150 Ω 的同轴线构成的 50～450 Ω 1∶9 巴伦型同轴线变压器变成用六根特性阻抗为 75 Ω 的同轴线构成的能相对承受大功率的 1∶9 巴伦型同轴线变压器,如图 3.75(b)所示。

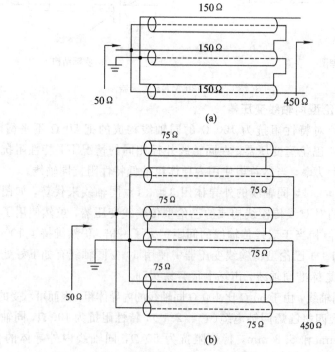

图 3.75　50～450 Ω 1∶9 巴伦型同轴线变压器和能承受大功率的 1∶9 巴伦型同轴线变压器

3.1.4　变压器、传输线变压器和同轴线变压器的设计及制作

1. 传输线变压器的设计要点

传输线变压器是传输线与变压器的统一体。按照传输线模式或变压器模式分析，负载上信号的大小与极性是一致的，不会矛盾。究竟用哪一种模式分析，要视电路方便而定。分析传输线变压器的要点是：对传输线，线上对应点电流大小相等、方向相反，线间电压处处相等。对变压器，初次级双线并绕的始端或末端是同名端，初级线圈上的电流由同名端流入，次级线圈上的电流由同名端流出。

欲使传输线变压器的工作频带往高端扩展，线要短，以减小传输线始端与终端信号的相位差；欲使传输线变压器的工作频带往低端扩展，要求导线长一些，以增大激磁电感。可见，导线长短对高低频率特性是相互矛盾的，选用高磁导率磁芯是解决这个矛盾的最有效的途径。

2. 变压器对磁性材料的要求

磁性材料，特别是铁氧体磁环，是绕制变压器、传输线和同轴线变压器使用的关键器件，在射频电感和变压器中使用磁环与不用磁环的电感和各种变压器相比，能明显减小电路的体积，展宽器件的带宽，与普通电感相比，绕在磁环上的电感具有自屏蔽功能，避免了在电感和变压器周围用金属屏蔽。但必须首先了解磁性材料的性能，才能做到正确选用。

磁性材料常用电磁符号及释义如下：

H－磁场强度；　　　　　　　　　　　　　H_c－矫顽力；

B－磁通密度（$1\ T=10^3\ mT=10^4\ Gs$）；　　B_s－饱和磁通密度；

B_r－剩余磁通密度；　　　　　　　　　　B_{pk}－磁通密度峰值；

A_e－有效磁路面积；　　　　　　　　　　L_e－有效磁路长度；

V_e－有效磁路体积；　　　　　　　　　　I－电流；

μ－磁导率；　　　　　　　　　　　　　μ_i－初始磁导率；

μ_e－有效磁导率；　　　　　　　　　　　μ_a－振幅磁导率；

L－电感量（$1H=10^3\ mH=10^6\ MH=10^9\ nH$）；　A_L－电感系数；

$\alpha_u=$温度系数；　　　　　　　　　　　d－减落系数；

P_o－功率损耗密度；　　　　　　　　　　p－电阻率；

N－圈数；　　　　　　　　　　　　　　R_e－串联等效电阻；

f－频率　　　　　　　　　　　　　　　Q－品质因数（$Q=2\pi f_1/R_0$）；

$\tan\delta/\mu_i$－比损耗系数（$\tan\delta=1/Q$）；　　T_c－居里温度；

E_{rms}－感应电动势有效值；　　　　　　　μ_0－磁介质常数。

铁磁芯材料在低的音频直到几百 MHz 都非常有用，它不仅有大的磁导率范围，而且能承受高达 50 kW 的功率。铁磁芯材料由于对温度很敏感而受到限制，不仅膨胀和收缩随温度变化，而且绕组的分布电容随温度迅速变化。另外，磁芯的磁导率也随温度变化，为防止电感变化，必须使用温度变化最小的磁性材料。

铁磁材料有两大类：一类是铁粉磁芯，主要成分有碳基铁粉和还原氢铁粉两种，碳基铁粉磁芯温度稳定，磁导率为 3～35，适合在 50 kHz～200 MHz 频段内使用。还原氢铁粉

磁芯的磁导率为 30～90,低 Q,主要用于低频;第二大类是铁氧体粉磁芯,磁导率为 20～
10 000,适合各种 RF 电路使用。

铁氧体磁芯又分为镍锌(NiZn)、锰锌(MnZn)和钴镍锌(CoNiZn)。镍锌铁氧体材料有
高的体积电阻率,在 0.5～100 MHz 频段有高 Q,温度稳定度中等,相对磁导率 $\mu_r=125～$
850,在整个 HF 频段和 VHF 的低频段适合作为宽带传输线变压器。

锰锌铁氧体材料,相对磁导率 μ_r 比镍锌铁氧体高得多,通常为 850～5000,在 1 kHz～
1 MHz 频段内,高 Q,低体积电阻率和中等饱和通量密度。钴镍锌铁氧体材料有高的谐振
频率(为 60～100 MHz)和高的通量密度。

美国 Amidon 铁氧体材料的主要性能如表 3.2 所示。美国 Amidon 铁氧体磁环的型号
及参数如表 3.3 所示。铁粉芯磁环的 A_L 如表 3.4 所示。

表 3.2　美国 Amidon 铁氧体材料的有关性能

材料的型号	μ_r	主　要　特　点
33	850	M－Z 铁氧体,在 1 kHz～1 MHz 作为磁棒环天线,具有低的体积电阻率
43	850	N－Z 铁氧体,作中波电感,直到 50 MHz 宽带变压器,在 30～400 MHz 有大的衰减、高的体积电阻率
61	125	N－Z 铁氧体,在 0.2～15 MHz 高 Q,中等温度稳定度,用于直到 200 MHz 的宽带变压器
63	40	在 15～25 MHz,高 Q,具有低的温度稳定度和高的体积电阻率
67	40	N－Z 铁氧体,高 Q,适合 10～80 MHz 频段工作,具有相对高的通量密度,好的温度稳定度,低的体积电阻率,用于直到 200 MHz 的宽带变压器
68	20	N－Z 铁氧体,具有特别好的温度稳定度,在 80～180 MHz 频段高 Q,具有高的体积电阻率
72	2000	到 0.5 MHz 高 Q,但可以用于 0.5～50 MHz 的 EM1 滤波器,具有低的体积电阻率
J/75	5000	用于 1 kHz～1 MHz 的脉冲和宽带变压器,也可用于 0.5～20 MHz 的 EM1 滤波器,具有低的体积电阻率和低的磁芯损耗
77	2000	用于 0.001～1 MHz 的宽带变压器和功率变换器,也可用于 0.5～50 MHz 的 EM1 和噪声滤波器
F	3000	与 77 号类似,但有更高的体积电阻率,更高的初始磁导率,更高的通量饱和密度,用于 0.5～60 MHz 功率变换、EM1 和噪声滤波器

表 3.3　美国 Amidon 铁氧体磁环的型号及参数

铁氧体磁环的型号	#68	#67	#61	#64	#33	#43	#77	#73	#75
μ_r	20	40	125	250	800	850	1800	2500	5000
工作频段/MHz	80~180	10~80	0.2~15	0.2~4	0.001~1.0	1.0~50	0.001~1	5~50	0.001~1

#63 磁环 参数	OD	ID	Hgt	A_e	L_e	V_e	A_s	A_w	$\mu_r=40$ A_L
FT – 23 – 63	0.230	0.120	0.060	0.0213	1.34	0.0287	0.81	0.073	7.9
FT – 37 – 63	0.375	0.187	0.125	0.0761	2.15	0.1630	2.49	0.177	17.7
FT – 50 – 63	0.500	0.281	0.188	0.1330	3.02	0.4010	4.71	0.400	22.0
FT – 50A – 63	0.500	0.312	0.250	0.1516	3.68	0.5589	6.02	0.522	24.0
FT – 50B – 63	0.500	0.312	0.500	0.3030	3.18	0.9640	9.74	0.493	48.0
FT – 82 – 63	0.825	0.516	0.250	0.2458	5.25	1.2900	10.97	1.368	22.4
FT – 114 – 63	1.142	0.750	0.295	0.3750	7.42	2.7900	18.84	2.830	25.4

#61 磁环 参数	OD	ID	Hgt	A_e	L_e	V_e	A_s	A_w	$\mu_r=125$ A_L
FT – 23 – 61	0.230	0.120	0.060	0.0213	1.34	0.0287	0.81	0.073	24.8
FT – 37 – 61	0.375	0.187	0.125	0.0761	2.75	0.1630	2.49	0.177	55.3
FT – 50 – 61	0.500	0.281	0.188	0.1330	3.02	0.4010	4.71	0.400	68.0
FT – 50A – 61	0.500	0.312	0.250	0.1516	3.68	0.5589	6.02	0.522	75.0
FT – 50B – 61	0.500	0.312	0.500	0.3030	3.18	0.9640	9.74	0.493	150.0
FT – 82 – 61	0.825	0.516	0.250	0.2458	5.25	1.2900	10.97	1.368	73.3
FT – 114 – 61	1.142	0.750	0.295	0.3750	7.42	2.7900	18.84	2.830	79.3
FT – 114A – 61	1.142	0.610	0.320	0.4026	6.27	2.527	16.78	1.880	101.0

#43 磁环 参数	OD	ID	Hgt	A_e	L_e	V_e	A_s	A_w	$\mu_r=850$ A_L
FT – 23 – 43	0.230	0.120	0.060	0.0213	1.34	0.0287	0.81	0.073	188.0
FT – 37 – 43	0.375	0.187	0.125	0.0761	2.15	0.1630	2.49	0.177	420.0
FT – 50 – 43	0.500	0.281	0.188	0.1330	3.02	0.4010	4.71	0.400	523.0
FT – 50A – 43	0.500	0.312	0.250	0.1516	3.68	0.5589	6.02	0.522	570.0
FT – 50B – 43	0.500	0.312	0.500	0.3030	3.18	0.9640	9.74	0.493	1140.0
FT – 82 – 43	0.825	0.516	0.250	0.2458	5.25	1.2900	10.97	1.368	557.0
FT – 114 – 43	1.142	0.750	0.295	0.3750	7.42	2.7900	18.84	2.830	603.0

#72 磁环 参数	OD	ID	Hgt	A_e	L_e	V_e	A_s	A_w	$\mu_r=2000$ A_L
FT – 23 – 72	0.230	0.120	0.060	0.0213	1.34	0.0287	0.81	0.073	396.0
FT – 37 – 72	0.375	0.187	0.125	0.0761	2.75	0.1630	2.49	0.177	884.0
FT – 50 – 72	0.500	0.281	0.188	0.1330	3.02	0.4010	4.71	0.400	110.0
FT – 50A – 72	0.500	0.312	0.250	0.1516	3.68	0.5589	6.02	0.522	1200.0
FT – 50B – 72	0.500	0.312	0.500	0.3030	3.18	0.9640	9.74	0.493	2400.0
FT – 82 – 72	0.825	0.516	0.250	0.2458	5.25	1.2900	10.97	1.368	1172.0
FT – 114 – 72	1.142	0.750	0.295	0.3750	7.42	2.7900	18.84	2.830	1268.0
FT – 114A – 72	1.142	0.610	0.320	0.4026	6.27	2.5270	16.78	1.880	1610.0

#75 磁环 参数	OD	ID	Hgt	A_e	L_e	V_e	A_s	A_w	$\mu_r=5000$ A_L
FT – 23 – 75	0.230	0.120	0.060	0.0213	1.34	0.0287	0.81	0.073	990.0
FT – 37 – 75	0.375	0.187	0.125	0.0761	2.15	0.1630	2.49	0.177	2210.0
FT – 50 – 75	0.500	0.281	0.188	0.1330	3.02	0.4010	4.71	0.400	2750.0
FT – 50A – 75	0.500	0.312	0.250	0.1516	3.68	0.5589	6.02	0.522	2990.0
FT – 50B – 75	0.500	0.312	0.500	0.3030	3.18	0.9640	9.74	0.493	5990.0
FT – 82 – 75	0.825	0.516	0.250	0.2458	5.25	1.2900	10.97	1.368	2930.0
FT – 114 – 75	1.142	0.750	0.295	0.3750	7.42	2.7900	18.84	2.830	3170.0

注：① OD＝Outer Diameter(inches)；　　　ID＝Inner Diameter(inches)；

Hgt＝Height(inches)；　　　　　　　　A_e＝Effective cross sectional area(cm²)；

L_e＝Effective magnetic path length(cm)；　　V_e＝Effective magnetic volume(cm³)；

A_s＝Surface area for cooling (cm²)；　　　A_w＝Total window area(cm²)；

A_L＝Inductance (mH per 1000 turns)。

② FT 表示 Ferrite Toroid；50 表示 Outer diameter；61 表示 Material。

表 3.4　美国(Amidon)铁粉芯磁环的 A_L 值

磁环尺寸	磁环的类型								
	26	3	15	1	2	6	10	12	0
12	—	60	50	48	20	17	12	7	3
16		61	55	44	22	19	13	8	3
20	—	90	65	52	27	22	16	10	3.5
37	275	120	90	80	40	30	25	15	4.9
50	320	175	135	100	49	40	31	18	6.4
68	420	195	180	115	57	47	32	18	6.4
94	590	248	200	160	84	70	58	18	6.4
130	785	350	250	200	110	96	—	—	15
200	895	425	—	250	120	100	—	—	—

表 3.4 中磁环的尺寸为用英寸表示的磁环的外直径，如 37 表示磁环的外直径为 0.375″，用 mm 表示则为 9.53(0.375×25.4＝9.5)，50 表示磁环的外直径为 0.50″，用 mm 表示则为 12.7。

表 3.5 为北京七星飞行电子有限公司 NiZn 铁氧体的材料性能。表 3.6 为北京七星飞行电子有限公司 MnZn 铁氧体的材料性能。表 3.7 为北京七星飞行电子有限公司环形磁芯的性能参数。

表 3.5　北京七星飞行电子有限公司 NiZn 铁氧体的材料性能

材料	初始磁导率 μ_i	比损耗系数 $\tan\delta/\mu_i(×10^{-6})$	温度系数 $a_\mu(10^{-6}/℃)$	电阻率 $\rho/(\Omega \cdot cm)$	饱和磁通密度 B_s/MT	剩余磁通密度 B_r/mT	矫顽力 H_c/(A/m)	居里温度 T_c/(℃)	工作频率/MHz
NG0－5	5±1	6700(300 MHz)	±700(−20℃～+125℃)	/	60	32	3180	350	300
GT0－6	6±1.2	17 000(7000 MHz)	3000(−25℃～+65℃)	/	170	80	1270	200	700
R8C	8×(1±25%)	690(7.95 MHz)	/	/	200	94	1750	280	100
NQ－10	10±2	2000(200 MHz)	700(−55℃～+125℃)	15×10⁶	180	93	2390	400	300
GT0－16	16±3.2	3 2000(700 MHz)	3000(+25℃～+85℃)	10×10⁶	200	110	500	200	700
NQ－20	20±4	500(50 MHz)	700(−55℃～+125℃)		260	150	1110	400	300
R40C	40×(1±20%)	125(2.52 MHz)	/	/	340	210	720	300	40
R40C1	40×(1±20%)	80(2.52 MHz)	2500(−40℃～+85℃)		400	300	300	400	50
R50A	50×(1±20%)	100(7.95 MHz)	250(−55℃～+85℃)		350	150	700	300	40
R60C	60×(1±20%)	80(2.52 MHz)	500(−40℃～+85℃)		360	240	700	300	25
RHC	100×(1±20%)	50(2.52 MHz)	2500(−25℃～+85℃)	/	350	200	240	400	15
R2H	200×(1±20%)	140(1.5 MHz)	2000(−20℃～+60℃)		200	115	160	250	7
R2H5	250×(1±20%)	140(1.5 MHz)	4000(+20℃～+60℃)	/	250	130	160	250	7

续表

材料	初始磁导率 μ_i	比损耗系数 $\tan\delta/\mu_i(\times10^{-6})$	温度系数 $\alpha_\mu(10^{-6}/℃)$	电阻率 $\rho/(\Omega\cdot cm)$	饱和磁通密度 B_s/MT	剩余磁通密度 B_r/mT	矫顽力 $H_c/(A/m)$	居里温度 $P_c/(℃)$	工作频率/MHz
R3H5	$350\times(1\pm20\%)$	80(2.52 MHz)	/	/	250	130	180	150	15
R7H	$700\times(1\pm20\%)$	100(795 kHz)	/	/	230	158	40	120	1
NX0-10	$10\pm\frac{3}{2}$	1200(100 MHz)	200(+20℃~+60℃)	10×10^6	300	100	590	400	150
NX0-20	$20\pm\frac{8}{9}$	420(4 MHz) 630(30MHz)	400(+20℃~+60℃)	10×10^6	200	120	790	400	50
NX0-40	40 ± 8	92(8 MHz)	1200(+20℃~+60℃)	10×10^6	290	90	320	300	40
NX0-60	60 ± 15	84(2 MHz) 330(25MHz)	250(+20℃~+60℃)	10×10^6	390	270	560	340	25
NX0-80	80 ± 16	76(4 MHz)	1400(+20℃~+60℃)	/	300	120	300	350	30
NX0-100	100 ± 20	63(1 MHz) 200(15MHz)	400(+20℃~+60℃)	10×10^6	330	220	320	350	15
NX0-200	200 ± 50	150(100 kHz)	1500(+20℃~+60℃)	10×10^6	240	145	140	270	3
NX0-400	400 ± 100	50(100 kHz)	2500(+20℃~+60℃)	/	320	170	80	120	3
R6h	$600\times(1\pm20\%)$	80(795 kHz)	/	/	380	290	50	150	2
NX0-600	$600\times(1\pm20\%)$	/	/	/	310	150	50	125	2
NX0-1000	1000 ± 200	75(100 kHz)	/	/	300	130	40	100	1.5
R1K3	1300 ± 250	80(400 kHz)	/	1×10^6	280	120	40	100	1.5
NX0-2000	$2000\times(1\pm25\%)$	30(100 kHz)	/	/	280	170	30	150	1.5
NT4	$100\times(1\pm20\%)$	/	2000(+20℃~+60℃)	1×10^6	400	270	65	240	10
NT8	$800\times(1\pm20\%)$	/	1500(+20℃~+60℃)	1×10^6	340	170	30	150	10
NT15	$1500\times(1\pm20\%)$	/	4000(+20℃~+60℃)	1×10^6	280	120	6	130	3

表 3.6　北京七星飞行电子有限公司 MnZn 铁氧体的材料性能

MnZn 材料

材料	初始磁导率 μ_i	比损耗系数 $\tan\delta/\mu_i(\times10^{-6})$	温度系数 $\alpha_\mu(10^{-6}/℃)$	饱和磁通密度 B_s/MT	剩余磁通密度 B_r/mT	矫顽力 $H_c/(A/m)$	居里温度 $T_c/(℃)$	工作频率/MHz
MX0-400	$400\pm25\%$	100(1 MHz)	2500(+25℃~+65℃)	320	170	80	180	1.5
MX0-800	$800\pm25\%$	100(0.8 MHz)	5000(+25℃~+65℃)	300	150	50	150	1
MX0-2000	$2000\pm25\%$	30(100 kHz)	3500(+25℃~+65℃)	400	140	20	120	0.5
MX-4000	$4000\pm25\%$	35(1000 kHz)	5000(+25℃~+65℃)	400	150	22	120	0.3

MnZn 高稳定性材料

材料	初始磁导率 μ_i	比损耗系数 $\tan\delta/\mu_i(\times10^{-6})$	温度系数 $\alpha_\mu(10^{-6}/℃)$	饱和磁通密度 B_s/MT	剩余磁通密度 B_r/mT	矫顽力 $H_c/(A/m)$	居里温度 $T_c/(℃)$	工作频率/MHz
MXD-2000	$2000\pm25\%$	15(100 kHz)	2500(-20℃~+65℃)	380	150	20	160	0.5
R2KG	$2000\pm25\%$	10(100 kHz)	2500(-55℃~+85℃)	380	150	25	150	0.3
R2KBD	$2000\pm25\%$	10(100 kHz)	3125(+25℃~+65℃)	400	100	20	180	0.15

MnZn 高磁导率材料

材料	初始磁导率 μ_i	比损耗系数 $\tan\delta/\mu_i (\times 10^{-6})$	饱和磁通密度 B_s/mT	剩余磁通密度 B_r/mT	矫顽力 H_c/(A/m)	居里温度 T_c/(℃)	工作频率/MHz
R4KB	4000±25%	20(100 kHz)	400	100	16	180	0.15
R5K	5000±25%	15(10 kHz)	410	150	16	140	0.1
R7K	7000±25%	15(10 kHz)	400	130	15	120	0.1
R10K	10 000±25%	15(10 kHz)	380	90	12	120	0.1

MnZn 功率材料

材料	初始磁导率 μ_i	功率损耗密度 P_o/(mW/cm)						电阻率 ρ/(Ω·m)	饱和磁通密度 B_s/mT	剩余磁通密度 B_r/mT	矫顽力 H_c/(A/m)	居里温度 T_c/(℃)	工作频率/MHz
		25 kHz 200 mT		100 kHz 200 mT		500 kHz 50 mT							
		25℃	100℃	25℃	100℃	25℃	100℃						
R2KB	2500±25%	130	100	700	600	/	/	3	500	120	16	220	0.15
R2KB1	2300±25%	120	70	600	410	/	/	6	500	100	14	215	0.3
R1K4B	1400±25%	/	/	/	/	130	80	20	450	140	30	240	0.5

表 3.7　北京七星飞行电子有限公司环形磁芯的性能参数

型号	D/mm	d/mm	H/mm	L_e/mm	A_e/mm²	V_E/mm³	W/g	A_1*/(nH/N²)	适用材料
H14×8×4.1	14.0±0.5	8.0±0.5	4.1±0.3	32.8	12.0	390	2.0	458	高稳定性材料
H14×8×4.5	14.0±0.5	8.0±0.5	4.5±0.5	32.8	13.2	432	2.2	503	高稳定性材料
H15×8×10	15.0±0.5	8.0±0.5	10.0±0.5	40.0	36.80	1470.0	6.6	1255	RHC
H18.5×11.5×5.5	18.5±0.5	11.5±0.5	5.5±0.5	45.4	18.9	857.0	4.4	522	NX0-1000、MX0-800
H19×9×4.5	19.0±0.5	9.0±0.5	4.5±0.4	40.10	21.5	862.0	4.8	672	MXD-2000
H20×10×10	20.0±0.6	10.0±0.5	10.0±0.5	43.6	48.1	2100	11.3	1385	MXD-2000、R2KB
H22×11×10	22.0±0.8	11.0±0.5	10.0±0.5	56.50	57.40	3240	14.51	1385	NiZn 材料
H22×14×8	22.0±0.8	14.0±0.5	8.0±0.5	54.7	31.5	1720	8.7	722	MXD-2000
H25×15×10	25.0±0.8	15.0±0.5	10.0±0.5	60.2	48.90	2940	15.1	1020	MXD-2000、R2KB、R2KB1
H31×18×12	31.0±1.0	18.0±0.5	12.0±0.5	86.5	82.7	7150	32.0	1303	NiZn 材料
H37×23×14	37.0±1.1	23.0±0.8	14.0±0.6	107.0	104	11 200	50.0	1329	NiZn 材料
H45×28×24	45.0±1.2	28.0±0.6	24.0±1.0	110	200.0	2210	112	2275	高稳定性材料
H38×24×7	38.0±1.3	26.0±1.2	7.0±0.5	98.2	41.50	4070	20.3	643	高稳定性材料
H45×26×15	45.0±1.2	26.0±0.8	15.0±0.6	125	151	18 900	85.0	1643	NiZn 材料
H48×28×16	48.0±1.2	28.0±0.8	16.0±0.8	134	170	22 200	100	1723	NX0-80
H50×32×20	50.0±1.5	32.0±1.0	20.0±1.0	125	177	22 100	111	1783	功率材料
H60×38×20	60.0±2.2	38.0±1.5	20.0±1.0	149	216	32 200	162	1825	MnZn、NiZn 材料
H61×39×20	61.0±2.3	39.0±1.5	20.0±1.0	152	2160	32 800	166	1787	高稳定性材料
H63×38×25	63.0±2.3	38.0±1.5	25.0±1.2	152	333	59 600	290	2525	功率、高磁导率材料
H66×38×16	66.0±2.2	38.0±1.5	16.0±0.6	183	237	43 500	196	1765	NiZn 材料
H68×38×12	68.0±2.2	38.0±1.5	12.0±1.0	157	176	27 585	140	1395	NX0-400
H68×38×16	68.0±2.2	38.0±1.5	16.0±1.0	157	233	36 700	192	1860	NX0-80
H68×38×20	68.0±2.2	38.0±1.5	20.0±1.0	157	292	45 900	240	2325	NX0-80
H73.6×38.8×12.7	73.6±1.5	38.8±1.6	12.7±0.6	165	213	35 266	200	1624	R850

传输线变压器的低频特性取决于频率降低时初级电感的降低程度。当频率等于低频截止频率时，变压器的激磁电感 L_P 等于传输线的特性阻抗 Z_C。L_P 不仅与线圈的匝数有关，而且与磁环的尺寸和相对磁导率 μ 有关。

对环形磁芯，可以按照下式计算它的激磁电感：

$$L_P = 4\pi\mu N^2 \frac{A_e}{d_e} \times 10^{-9} \tag{3.22}$$

式中，N 为变压器初级线圈的匝数；

$$d_e = \pi \frac{\phi_1 + \phi_2}{2} \tag{3.23}$$

为磁路长度的平均值（单位为 cm）。

ϕ_1、ϕ_2、H 的含义参看图 3.76。

由式(3.22)可以看出，电感量与磁环的横截面积 A_e 和相对磁导率 μ 成正比。增加 A_e 虽能使 L_P 增加，但面积增大却使损耗增大，故提高磁环的 μ 值才是提高 L_P 的根本方法。提高磁环的长宽比结构系数也是很重要的，假定变压器的结构很短，绕组之间的耦合就比较小，漏感就会增加；相反，假定变压器很长，绕组之间的容抗就会增加，多圈绕组的几何长度在希望的频段就会产生谐振。

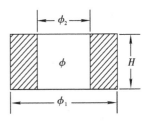

图 3.76　环形磁芯

磁环性能的好坏对传输线变压器性能的影响很大，在使用中，除了起始磁导率要高以外，还对它提出了以下要求：

(1) 传输线变压器在低频主要是通过磁环的耦合把能量从输入端传到输出端。因而要注意铁氧体材料的饱和问题。把激磁电流 I_0 通过线圈产生的磁感应强度 B 定义为

$$B = \frac{\Phi}{A_e} = \frac{L_P I_0}{N A_e} \tag{3.24}$$

饱和磁感应强度 B_m 可以用下式表示：

$$B_m = \frac{U_m}{\omega_L A_e N} \tag{3.25}$$

式中：Φ 为磁通量（单位为韦伯）；U_m 为 N 匝传输线上的最大电压（单位为伏）；ω_L 为最低角频率。

通常要求 $B \ll B_m$。对 μ 值为 $60 \sim 400$ 的镍锌氧铁氧体，B_m 取值如下：

NX0 - 400：$B_m = 3600$（高斯）；

NX0 - 200：$B_m = 2400$（高斯）；

NX0 - 100：$B_m = 3300$（高斯）；

NX0 - 60：$B_m = 3900$（高斯）。

(2) 低损耗。磁环是铁氧体材料，铁氧体处在交变磁场中，磁场的变化必然引起磁通量的变化，磁通量的变化又引起感应电动势，有感应电动势就必须产生感应电流，常常把由这种电流产生热量造成的损耗叫涡流损耗。材料的损耗与电阻率成反比，因此要降低损耗，必须设法提高材料的电阻率。

(3) 要把传输线变压器的频率特性向高频段扩展，应使磁环的高频损耗小，同时尺寸尽可能小。

用磁环绕制变压器或传输线变压器的绕组前，最好在磁环上缠上聚四氟乙烯带，特别是层叠磁环，这样可以使磁环成为一个整体，还可以把绕组与磁环绝缘开，既能防止磁环与绕组打火，又能防止绕组磨损磁环。

4. 变压器对绕组电抗的要求

变压器绕组的感抗 X_L 在变压器的最低工作频率必须为与绕组相连阻抗的 4 倍，即 $X_L = 4R_{in}$ 或 $4R_L$。知道了 X_L，就能由下式求出电感 $L_{\mu H}$：

$$L_{\mu H} = X_L \times \frac{10^6}{2\pi f_L} \tag{3.26}$$

其中，f_L 为最低工作频率，单位为 Hz。

例如，对 3～30 MHz 频段的 50～200 Ω 变压器，50 Ω 输入端的感抗 $X_L = 4 \times 50 = 200$ Ω，在最低工作频率 $f_L = 3$ MHz 的电感则为

$$L_{\mu H} = 200 \times \frac{10^6}{2\pi f} = 200 \times \frac{10^6}{2\pi \times 3 \times 10^6} = 10.6 \ \mu H$$

知道了电感 L 和磁环的 $A_L = 49$，就能计算出绕组的匝数为

$$N_1 = 100 \sqrt{\frac{L}{A_L}} = 100 \times \sqrt{\frac{10.6}{49}} = 47$$

例如：对 530～1700 kHz 的 AM 广播，假定天线阻抗为 600 Ω，接收机的输入阻抗为 50 Ω，为了匹配，宜用 1：12 变压器。根据匝数与阻抗的平方成正比，可以求得：

$$\frac{N_2}{N_1} = \sqrt{\frac{600}{50}} = 3.46$$

次级感抗：

$$X_L = 4 \times 600 = 2400 \ \Omega$$

最低工作频率 530 kHz 的电感为

$$L = \frac{2400 \times 10^6}{2\pi \times 530 \times 10^3} = 721 \ \mu H$$

5. 变压器对传输线特性阻抗和长度的要求

1）对传输线特性阻抗 Z_0 的要求

为了使传输线变压器和同轴线变压器的性能最佳，传输线的最佳特性阻抗 Z_{op} 应该等于输入阻抗 Z_{in} 与负载阻抗 R_L 的几何平均值，即

$$Z_{0P} = (Z_{in} \times R_L)^{0.5} \tag{3.27}$$

绕制传输线变压器的传输线可以是以下几种：

（1）同轴线。同轴线的特性阻抗决定了绕组之间的耦合系数，如果同轴线的特性阻抗太高，带宽会变窄，太低虽然宽带宽，却使容抗减小，输出匹配效率降低。

（2）带线。

（3）带绝缘护套的双导线。

带绝缘护套的双导线，如带聚四氟乙烯护套的双导线、高强度漆包线，特别是绞扭的双导线最常用，绞扭不仅使尺寸最小，特别使双线的特性阻抗均匀，紧绞扭可以用手电钻或车床。用松绞扭的双导线绕制变压器或传输线变压器，容易造成线的间距不均匀，使特性阻抗变化，降低器件高频性能。绞绕双线传输线的特性阻抗由线的直径、间距、绝缘层

的相对介电常数、单位长度上线绞绕松紧的程度决定。

实践表明，用 $\phi=0.27\sim0.77$ mm 的高强度漆包线绞绕时，Z_0 约 $30\sim40$ Ω；并绕时，Z_0 约 $60\sim80$ Ω。用 $\phi=0.19$ mm 的 5 股绞合线绕制，$Z_0=18\sim20$ Ω，采用油基性漆包线 Z_0 较高，用带状线绕制的 Z_0 均小于用双导线和同轴线绕制的 Z_0。

绕组用同轴线构成 U 形，由于漏感比其他形式的变压器都小，因而可以用于制作 $200\sim300$ MHz 频段的传输线变压器。

如果绕制传输线变压器 Z_0 和同轴线变压器的特性阻抗 Z_{0P} 不相等，则不仅使插损增大，还使输入阻抗增大或减小。下面以在 LF 到 VHF 频段几个倍频程带宽内，晶体管放大器输入、输出阻抗匹配中广泛使用的 1∶4 传输线变压器的插损和输入阻抗为例来说明。

1∶4 传输线变压器的插损为

$$P_{out}/P_{in}=\frac{4R_L R_g(1+\cos\beta L)^2}{[2R_g(1+\cos\beta L)+R_L\cos\beta L]^2+[(R_g R_L+Z_0^2)/Z_0]^2\sin\beta L}$$

式中：P_{out} 为输出功率；P_{in} 为从内阻 R_g 电源得到的最大可利用功率；R_L 为传输线变压器输出端的负载电阻；β 为传输线的相位常数；L 为传输线的长度。

在理想情况下，对 1∶4 升阻传输线变压器，传输线的最佳特性阻抗 $Z_{0P}=2R_L$；对 4∶1 降阻传输线变压器，传输线的最佳特征阻抗 $Z_{0P}=R_L/2$。图 3.77 把 1∶4 或 4∶1 传输线变压器在不同特性阻抗 Z_0 情况下的插损以传输线的电长度 L/λ_0 为函数作了比较。由图 3.77 可看出，传输线的特性阻抗 Z_0 等于最佳特征阻抗 Z_{0P}，在传输线的电长度 L/λ_0 最长为 0.14 时，插损几乎为零，Z_0 与 Z_{0P} 差别越大，插损越大。例如，$L/\lambda_0=0.9$，$Z_0=0.2Z_{0P}$，或 $Z_0=5Z_{0P}$，插损为 -1.65 dB，但 $Z_0=0.5Z_{0P}$，或 $Z_0=2Z_{0P}$，$L/\lambda_0\leqslant0.9$，插损小于 0.2 dB。

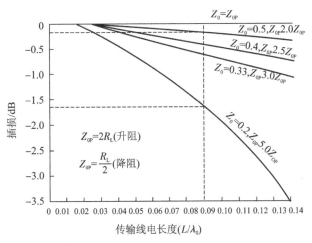

图 3.77　1∶4 或 4∶1 传输线变压器在传输线特性阻抗 Z_0 为不同值时，
插损与传输线电长度 L/λ_0 的关系曲线

传输线的特性阻抗 $Z_0\neq Z_{0P}$，也影响传输线变压器的输入阻抗 Z_{in}，对 1∶4 或 4∶1 传输线变压器，在低阻抗端，即 $R_{in}=R_L/4$，输入阻抗为

$$Z_{in}=Z_0\left[\frac{Z_L\cos\beta L+jZ_0\sin\beta L}{2Z_0(1+\cos\beta L)+jZ_L\sin\beta L}\right]$$

在高阻抗端，即 $R_{in}=4R_L$，输入阻抗为

$$Z_{in} = Z_0 \left[\frac{2Z_L(1+\cos\beta L) + jZ_0\sin\beta L}{Z_0\cos\beta L + jZ_L\sin\beta L} \right]$$

式中，Z_L 为负载阻抗，对大多数应用而言，Z_L 为纯电阻 R_L。

图 3.78 是低阻抗端 4：1 传输线变压器，在 Z_0 为不同值的情况下，以传输线电长度 (L/λ_0) 为函数，仿真和实测归一到 1 Ω 的 $|Z_{in}|$ 曲线。

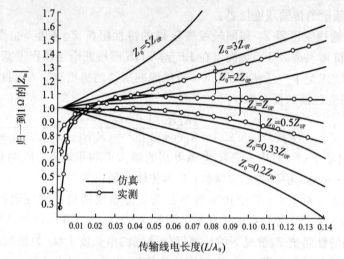

图 3.78　4：1 传输线变压器低阻抗端，在 Z_0 为不同以传输线电长度 (L/λ_0)

为函数，仿真和实测的归一到 1 Ω 的 $|Z_{in}|$ 曲线

由图 3.78 可看出，传输线的电长度 L/λ_0 由 0.01 变到 0.14，$Z_0 = Z_{0P}$，$|Z_{in}|$ 基本为一条直径，Z_0 比 Z_{0P} 大或比 Z_{0P} 小，$|Z_{in}|$ 均变化较大。

2）对传输线长度的要求

由于传输线变压器、同轴线变压器的上限工作频率受到传输线的电长度、传输线的特性阻抗与负载阻抗之比的限制，为此要求传输线的电长度为 $L \leqslant \lambda_{min}/8 \sim \lambda_{min}/10$（$\lambda_{min}$ 为最高工作频率对应的波长）。

在 200 MHz，1：4 传输线变压器的长度为 35 mm，1：9 传输线变压器的长度只有 25 mm。

连接绕组与电路的引线应尽可能地短，因为引线电感会使变压器的高频特性变差，特别是在低阻抗应用时。

6. 环形电感、自耦变压器及变压器的制作

1）绕制和固定环形电感、螺线管电感的方法

图 3.79 是绕制环形电感的方法。其中，图 3.79(a) 是把线圈密绕在环上，这种绕法的缺点是相邻线圈几乎相互接触，不利于承受大功率，而且绕组之间的杂散电容增大，影响谐振频率，图 (b) 是把绕组均匀分布在圆周约 330° 的环面上，好处是绕组之间的寄生电容小。窄带可以用密绕，宽带则要均匀绕制。图 3.80 是固定环形电感的方法。

图 3.81 是固定螺线管电感绕组的方法，其中图 (a) 是用胶黏结，图 3.81(b) 是压挤法。图 3.82(a)、(b) 是固定螺线管电感的方法，图 (c) 是用尼龙螺钉固定螺线管电感或变压器的方法。

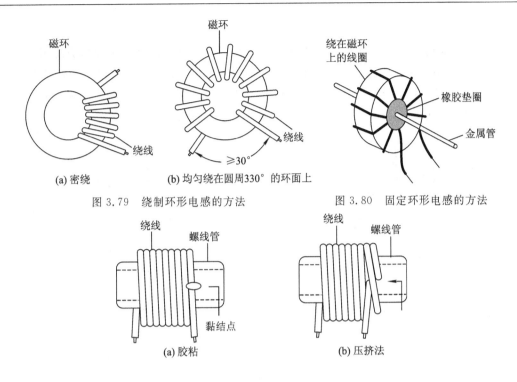

(a) 密绕　　　　　　(b) 均匀绕在圆周330°的环面上

图 3.79　绕制环形电感的方法　　　　图 3.80　固定环形电感的方法

(a) 胶粘　　　　　　　　　(b) 压挤法

图 3.81　固定螺线管电感绕组的方法

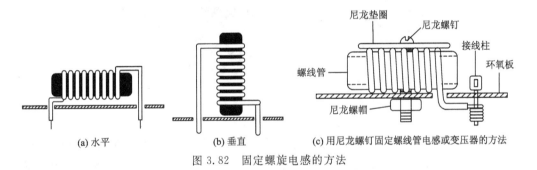

(a) 水平　　　　(b) 垂直　　(c) 用尼龙螺钉固定螺线管电感或变压器的方法

图 3.82　固定螺旋电感的方法

2) 绕制自耦变压器的方法

绕制自耦变压器绕组的方法与绕制普通变压器不同。由于自耦变压器只有一个连续的绕组，用抽头的办法来提供所需的阻抗比，因此两个绕组必须同方向。图 3.83 为绕制自耦变压器的方法。由图 3.83 可看出，B 为抽头，AC 实际上为一个连续的绕组。也就是说，AB 绕组和 BC 绕组必须同方向绕在磁环上。

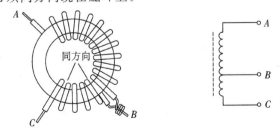

图 3.83　绕制自耦变压器的方法

3）绕制变压器的方法

图 3.84 是制作变压器初级和次级绕组的方法，其中图（a）是把次级和初级绕组分开绕在磁环上，图（b）是把高阻抗绕组均匀绕在约 330°的环面上，把低阻抗绕组与高阻抗绕组交织在一起，但把初次级绕组交织在一起绕在磁环上的带宽比分开绕要宽。把初次级交织在一起最好是把初次级绕组绞扭在一起绕在磁环上，双线绞扭绕完后，再把高阻抗绕组绕完为止。

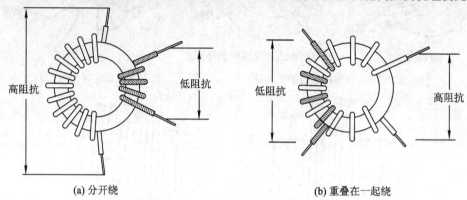

(a) 分开绕　　　　　　　　　　　　　　(b) 重叠在一起绕

图 3.84　绕制变压器的方法

图 3.85（a）、（b）分别是用双绞扭线和同轴线绕制的传输线变压器的照片。

(a) 用双绞扭线　　　　　　　　　　　　(b) 用同轴线

图 3.85　传输线变压器的照片

用双孔磁环制作固定电感或传输线变压器，绕线的方法有两种：一种是沿双孔的中心，如图 3.86（a）所示；一种是沿孔的边缘，如图 3.86（b）所示。在磁环材料、尺寸和绕组相同的情况下，沿双孔中心绕成的电感量要比沿双孔边缘绕制的电感量大，其绕组可以是单圈，如图 3.86（c）所示，也可以为双圈或多圈，如图 3.86（d）所示。如果把绕制电感的导线换成绞绕的双线，就构成普通宽带变压器或巴伦型传输线变压器。

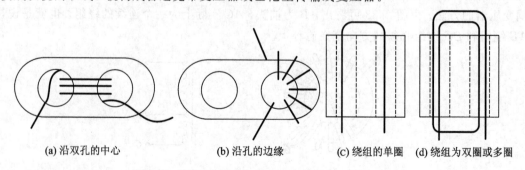

(a) 沿双孔的中心　　　(b) 沿孔的边缘　　　(c) 绕组的单圈　　(d) 绕组为双圈或多圈

图 3.86　用双孔磁环绕制固定电感或变压器的方法

3.2　混合变压器

3.2.1　概述

把由一个变压器、传输线变压器、同轴线变压器或两个相互连接的变压器、同轴线变压器构成的四端口器件叫混合变压器。用混合变压器可以构成宽带合成器、功分器和定向耦合器。图 3.87 所示就是最典型的作为功分器使用的一种混合变压器。

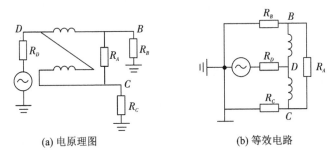

(a) 电原理图　　　　　　　　(b) 等效电路

图 3.87　混合变压器

混合变压器在四个端口阻抗都匹配的条件下,具有以下几个特性:

(1) 双共轭性。

A 端输入的信号,由 B、C 端输出,D 端无输出,即 A、D 端是共轭端,或者说 A、D 端隔离。若信号由 B 端输入,信号只由 A、D 端输出,C 端无输出,即 B、C 端共轭。

(2) 假定线圈的圈数相同,由 D 端输入的功率均分到 B、C 端。如果线圈的匝数不一样,由 D 端输入的功率等于传到 B、C 端的功率,但到达 B、C 端的功率却不等。

(3) 如果功率由 D 端传到 B、C 端,D、B、C 三端是零相位,A 端的相位为 $180°$,则不管怎样连接,混合变压器的四个端口中的三个端口同相,与输入端隔离的端口必与其他三个端口反相。

混合变压器可以由单环构成,也可以由双环构成。混合变压器由于具有体积小、结构简单、宽频带、低成本等特点,因而在电路设计、宽带阵列天线、CATV 系统中得到了广泛应用。

3.2.2　功分器

1. 不等功分器

1) 单环不等功率分配器

常用图 3.88 所示的把三个线圈绕在一个磁环上构成的混合变压器作为不等功率分配器。

由混合变压器的特性知道,A、D 端为隔离端。如果从 A 端输入,只能从 B、C 端出。D 端无输出,其上电流为零,R_D 两端的电压也必然为零。根据自耦变压器的特

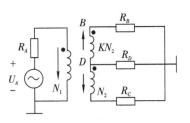

图 3.88　单环不等功率分配器

性，在 R_B 上的压降 U_B 必然是 R_C 上压降 U_C 的 K 倍，即

$$U_B = K U_C \tag{3.28}$$

因为通过 R_D 的电流为零，所以通过 R_B 和 R_C 的电流一样大，这就要求：

$$R_B = K R_C \tag{3.29}$$

由理想变压器的特性 R_A 与 R_B、R_C 有如下关系：

$$R_A = \left(\frac{N_1}{N_2}\right)^2 \frac{R_C}{K+1} = \left(\frac{N_1}{N_2}\right)^2 \frac{R_B}{K(K+1)} \tag{3.30}$$

如果从 D 输入，A 端无输出，在 R_A 上的电压降必为零，无疑在 N_1 上的压降也为零。初级电压为零，在次级线圈 N_2、$K N_2$ 上的压降也必为零，相当于 B、C、D 三点短路，R_B 与 R_C 并联，在满足阻抗匹配的条件下得

$$R_D = \frac{K}{K+1} R_C \tag{3.31}$$

各端口的功率比如表 3.8 所示。

表 3.8　各端口的功率比

发射端	功率比	隔离端
A	$P_B/P_C = K$	D
B	$P_A/P_D = K$	C
C	$P_A/P_D = 1/K$	A
D	$P_B/P_C = 1/K$	B

2）双环不等功率分配器

图 3.89 为双环不等功率分配器。在保证 A 和 D 端、B 和 C 端隔离以及各端口阻抗匹配的条件下可以求得各电阻有如下关系：

$$R_A = \frac{a R_B}{K(1+aK)} \left(\frac{N_3}{N_1}\right)^2 = \frac{R_C}{1+aK} \left(\frac{N_3}{N_1}\right)^2 = \frac{a}{K} R_D \left(\frac{N_2 N_3}{N_1 N_4}\right)^2 \tag{3.32}$$

功率比

$$t = ak$$

假定 $R_B = R_C$，$a = k$，$t = K^2$，变压器 T_1 和 T_2 完全相同。

值得注意的是，双环不等功率分配器的功率比是随 ak 或 K^2 变化的，不像单环不等功率分配器的功率比只随 K 变化。可见，用双环不等功率分配器可以得到大功率比。

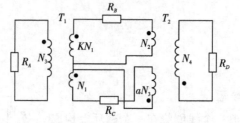

图 3.89　双环不等功分器

2. 等功分器

等功分器中最常用的为二、三、四和六功分器，在 MF、HF 和 VHF 频段均用变压器、传输线变压器或同轴线变压器构成。就变压器、传输线变压器而言，可以用双绕组、三绕组、四绕组或六绕组。

（1）由一对传输线变压器构成的两路等功分器。

在 MF～HF 频段，广泛采用由传输线变压器构成的功分器。图 3.90 为用一对传输线变压器构成的二路等功分器，信号由端口 D 输入，由端口 B、C 等幅同相输出，端口 A 为隔离端。两个线圈可以按照传输线变压器的原理，绕在一个磁环上，以实现宽频带。该功分器在倍频程带宽隔离度大于 20 dB。

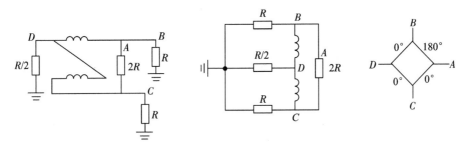

图 3.90　由一对传输线变压器构成的两路等功分器

由图 3.90 所示的两路等功分器可看出，端口 D 的阻抗不为 R，而为 $R/2$。为使输入阻抗与输出阻抗均相同，可以使用如图 3.91 所示的两路输入、输出阻抗相等的功分器。

图 3.91 中，T_1 是阻抗变换器，T_2 是匝数相同的分配变压器。图 3.91 中还并联了几只电容，与 T_1、T_2 变压器的漏感构成谐振回路，以改善功分器的高频特性。

在 CATV 系统中，由于输入、输出均用特性阻抗为 75 Ω 的同轴电缆，即图 3.92 中的 $R=75$ Ω，因此要用阻抗匹配变压器 T_1 把 75/2 Ω 变为 75 Ω，相当于阻抗变换比为 1∶2。

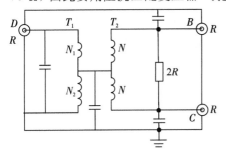
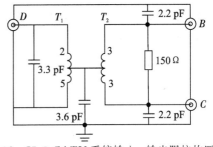

图 3.91　由传输线变压器构成的输入、输出阻　　图 3.92　75 Ω CATV 系统输入、输出阻抗均匹配的
　　　　　抗相等的两路等功分器　　　　　　　　　　　两路等功分器的实际电原理图

按照理想变压器阻抗与匝数平方成正比的特性，初次级绕组的匝数比 $(N_1+N_2)/N_2=\sqrt{2}$，由于 $7/5=1.4\approx\sqrt{2}$，所以把图 3.91 中的 N_1、N_2 变为 2 和 5。图 3.92 是 75 Ω CATV 系统实际两路等功分器的电原理图，图中还并联了几只电容，用来补偿功分器的高频特性。

（2）由三绕组变压器构成的两路等功分器。

如果要把图 3.89 所示的单环三绕组不等功分器变为两路等功分器，显然 $K=1$，并使 $N_2=N_1/\sqrt{2}$。

由式（3.30）求得

$$R_A=\frac{N_1}{N_2/\sqrt{2}}\frac{R_C}{2}=R_C$$

由式（3.29）求得

$$R_B=R_C$$

由式(3.31)求得

$$R_D = \frac{R_C}{2}$$

令 $R_C = R$，则 $R_A = R$，$R_B = R$，$R_D = R/2$，就构成了如图 3.93(a)所示的由三绕组构成的两路等功分器。假定信号由 A 输入，则由 B、C 等幅反相输出；若由 D 输入，则由 B、C 等幅同相输出。图 3.93(b)是 50 Ω 系统由三绕组构成的两路等功分器。

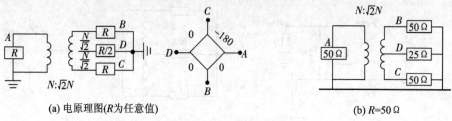

(a) 电原理图(R为任意值)　　　　　　　　　　　(b) $R=50\,Ω$

图 3.93　单环三绕组两路等功分器

（3）由两对传输线变压器构成的两路同相等功分器。

图 3.94 是由两对绞扭传输线变压器构成的宽带同相功分器。功率由端口 D 输入，由端口 B、C 输出。使用一对绞扭传输线变压器，是为了使输出端隔离度最大。为了使源阻抗与网络匹配，负载电阻、平衡电阻均为 R，电源内阻必须为 $R/2$。

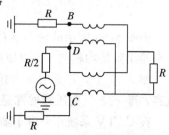

图 3.94　由两对传输线变压器构成的宽带同相功分器

（4）由六绕组变压器构成的两路等功分器。

图 3.95(a)是由六绕组变压器构成的输入阻抗、输出阻抗、隔离电阻均为 R 的二等功分器。为保证输入、输出阻抗匹配，变压器初次级绕组的匝数比为 $N:(N/\sqrt{2})$。图 3.95(b)是四端口阻抗均为 50 Ω 的两路等功分器。

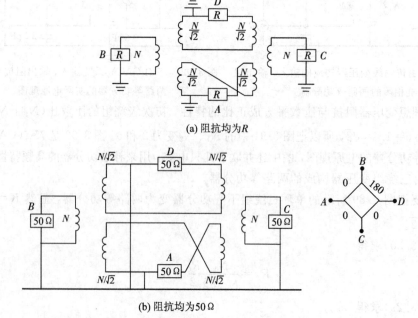

(a) 阻抗均为R

(b) 阻抗均为50 Ω

图 3.95　由六绕组变压器构成四个端口阻抗相同的两路等功分器

（5）由带有巴伦型传输线变压器的混合变压器构成的两路等功分器。

把巴伦型传输线变压器与混合变压器级联，也可以构成两路等功分器。混合变压器可以是如图 3.96(a)所示的双绕组，也可以是如图(b)所示的三绕组。为了阻抗匹配，在图 3.96(b)中还使用了阻抗匹配变压器。

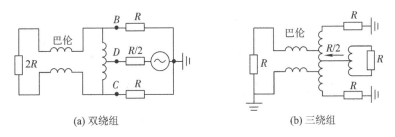

(a) 双绕组　　　　　　　　　　　　　(b) 三绕组

图 3.96　由带有巴伦型传输线变压器的混合变压器构成的两路等功分器

3. 三路、四路和六路等功分器

1）三路等功分器

三路等功分配器由变压器 T_1、T_2、T_3 和 T_4 组成。输入/输出阻抗均用 R 表示，如图 3.97 所示。假定信号由变压器 T_1 的输入端输入，由于变压器 T_2 的匝数相同，故输入信号变压器经 T_2 等分成两路，因为变压器 T_3、T_4 为不等功分器，为了使输入、输出阻抗匹配，且由 2、3 和 4 端口输出的功率相等，所以变压器 T_1、T_2 和 T_4 的匝数比必须满足如下关系：

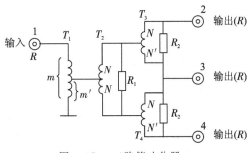

图 3.97　三路等功分器

$$m/m' = 3 : 1$$
$$N/n' = 2 : 1$$
$$R_1 = 4R/3$$
$$R_2 = 3R$$

2）四路等功分器

图 3.98 是由传输线变压器构成的输入、输出阻抗均为 R 的四路等功分器。四路等功分器的原理与两路等功分器相同。图 3.98 中用阻抗变换变压器 T_1 完成阻抗匹配，用三个分配变压器 T_2 把功率等分。

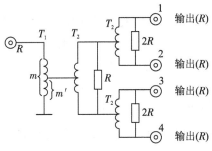

图 3.98　四路等功分器

3）六路等功分器

图 3.99 是由两个三路等功分器构成的六路等功分器。为了确保输入、输出阻抗匹配及六个输出端等功率，图中的不等分变压器 T_1、T_3 的匝数比必须为

$$m/m' = 3：1$$
$$N/N' = 2：1$$

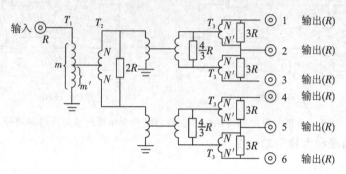

图 3.99　六路等功分器

3.2.3　宽带合成器

1. 概述

在 HF 和 VHF 频段的无线电路的设计中，为了提高输出功率，往往需要把两个或更多放大器合成，以给出所需的输出功率。在天线的设计中，例如要把等间距位于圆周上的四个定向天线合成一个全向天线，也需要合成器。在 CATV 系统中，经常把合成器作混合器使用。

把两个以上功率合成一个功率的装置叫合成器。把功分器反过来用，功分器就能变成合成器。这就是说，由分配器的输出端输入信号，由于混合变压器的特性所致，结果两个信号合成一个且由分配器的输入端输出。

宽带功率合成器必须完成以下基本功能：

（1）在所要求的带宽内提供低插损；

（2）输入端口之间必须有足够大的隔离度（最小耦合）；

（3）在所要求的带宽内，输入端必须提供低的 VSWR。

用传输线技术可以使合成器的损耗最小，带宽最宽。合成器的主要功能是维持端口之间有足够高的隔离度，在这种情况下，即使一路输入信号不接，或一路器件损坏，也不会影响合成器正常工作。

合成器有 0°（同相）（两个以上输入端）、180°（反相）（两个输入端）和 90°（两个输入端）三种。

宽带合成器可以用传输线变压器构成，也可以用同轴线变压器构成。

2. 0°（同相）合成器

1）用一对传输线变压器

0°（同相）合成器可以把两路以上等幅同相输入信号合成一路输出信号。由传输线变压器构成的 0°（同相）合成器可以用一对传输线变压器构成，也可以用两对传输线变压器构成。

图 3.100（a）是由一对传输线变压器构成的同相合成器，其中图（b）还给出了电流、电

压分布。下面利用这些来分析合成器的基本特性。

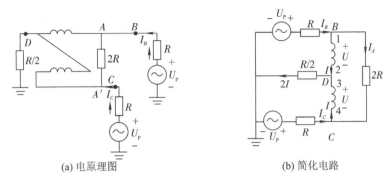

(a) 电原理图　　　　　　　　　(b) 简化电路

图 3.100　同相两路合成器

如果 B、C 端相对于地加等幅同相电压 U_P，A 端无输出，则 D 端输出是 B、C 端输入之和。

由图 3.100(b)简化电路可以列出以下回路方程：

$$U_P = I_B R + U_{12} + 2I \frac{R}{2} \tag{3.33}$$

$$U_P = I_C R + U_{43} + 2I \frac{R}{2} \tag{3.34}$$

$$U_{12} = U_{34} = -U_{43} = U \tag{3.35}$$

$$I_B = I + I_A$$

$$I_C = I - I_A$$

则

$$I = \frac{1}{2}(I_B + I_C)$$

$$I_A = \frac{1}{2}(I_B - I_C) \tag{3.36}$$

由式(3.33)～式(3.35)得：

$$U = \frac{R}{2}(I_C - I_B) \tag{3.37}$$

$$I_A = \frac{2U}{2B} = \frac{U}{R} \tag{3.38}$$

即 $U = I_A R$。

由式(3.36)～式(3.38)得

$$U = I_A R = \frac{1}{2}R(I_B - I_C) = \frac{1}{2}R(I_C - I_B)$$

可得：

$$I_B = I_C = I$$

$$U = 0$$

$$I_A = 0$$

$$P_A = I_A^2(2R) = 0$$

$$P_B = I_B^2 R = I_C^2 R = P_C = I^2 R$$

$$P_D = (2I)^2 \frac{R}{2} = 2I^2 R = P_B + P_C$$

以上说明在阻抗匹配的情况下，A 端无功率输出，D 端输出的功率为 B、C 端输入的功率之和。

图 3.101 为用双孔磁环或单孔磁环构成的同相合成器的结构示意图、电原理图及等效电路图。

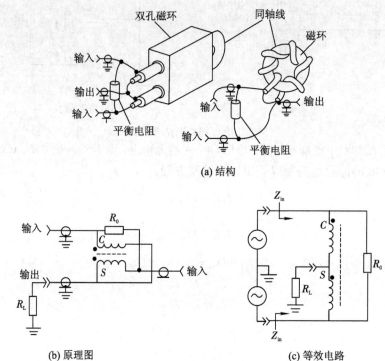

(a) 结构

(b) 原理图　　　　　　　　　　　　(c) 等效电路

图 3.101　由一对传输线变压器构成的同相合成器

图 3.102 是由一对传输线变压器构成的带有电容补偿的两路同相合成器，它可以使两个隔离的信号合成一路。如果两个信号的频率不同，则功率平分到负载电阻 R_L 和平衡电阻 R_0 上，当输入电压同频时，所有功率损耗在负载电阻 R_L 上。绕组的电感 L 为

$$L=\left[\frac{R}{2\pi f(\min)}\right]\sqrt{K^2-1} \tag{3.39}$$

式中，K^2 为功分比。

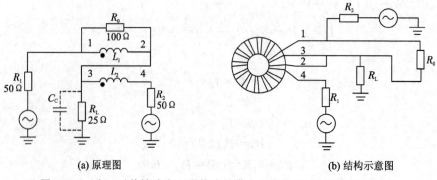

(a) 原理图　　　　　　　　　　　　(b) 结构示意图

图 3.102　由一对传输线变压器构成的带有电容补偿的两路同相合成器

2）用两对传输线变压器

图 3.103 是由两对传输线变压器构成的同相合成器，输入阻抗 Z_{in}、传输线的特性阻抗 Z_0、负载电阻 R_L 和平衡电阻 R_0 之间有如下关系：

$$R_L = \frac{Z_{in}}{2} = \frac{Z_0}{2}$$

$$R_0 = 2Z_{in} = 2Z_0 = 4R_L$$

$$Z_0 = Z_{in}$$

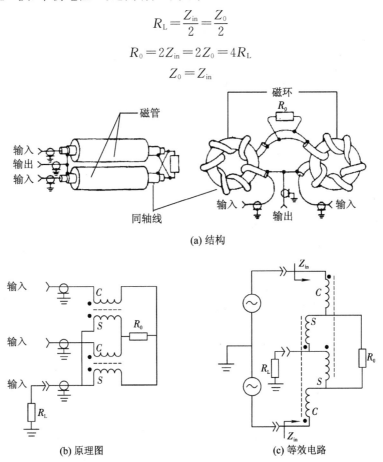

(a) 结构

(b) 原理图　　　　　　　　　(c) 等效电路

图 3.103　由两对传输线变压器构成的同相合成器

图 3.104 是由四个传输线变压器构成的输入、输出阻抗均为 50 Ω 的四路合成器，图中 R_1 和 R_2 为平衡电阻。

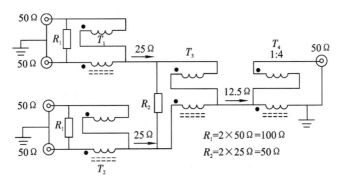

图 3.104　输入、输出阻抗均相同的四路合成器

图 3.105 把用 50 Ω 同轴线在磁环上绕一圈制成的如图 3.101 和图 3.103 所示的两种

同相合成器端口之间隔离度的频率特性曲线作了比较。由图 3.105 可看出，用两对传输线变压器构成的同相合成器其隔离度的频率特性曲线比用一对传输线变压器构成的同相合成器其隔离度的频率特性曲线好。

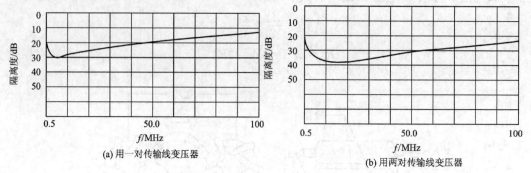

(a) 用一对传输线变压器　　　　　　　　　(b) 用两对传输线变压器

图 3.105　同相合成器端口隔离度频率特性曲线

3）用一个宽带同轴线变压器

用宽带同轴线变压器可以把两个或更多的信号合成。图 3.106 是由一个宽带同轴线变压器构成的合成器。当两个等幅同相信号由端口 1、2 输入时，合成信号由端口 3 输出，没有信号被端口 4 的平衡电阻 R_0 吸收。这种变压器的优点在于：对等输入功率，由于沿线为零纵向电压，因而磁环上不产生损耗。当一路输入信号不接时，纵向电压就等于另外一路输入电压的 1/2。

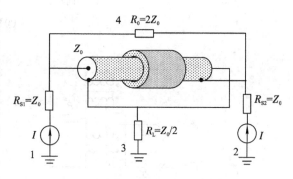

图 3.106　由一个宽带同轴线变压器构成的合成器

图 3.107 是适合推挽功率放大器使用的同轴线变压器合成器。在理想情况下，由两个有源器件反相输出的信号为纯半正弦波前，用傅里叶级数展开，只有基波和偶次谐波分量，这就意味着对基波有 180° 移相，对剩余偶次谐波为同相。在这种情况下，通常把同轴线变压器 T_1 叫混合变压器。由于在同轴线内外导体上的电流反方向流动，因而以偶次谐波滤波器的方式工作。但在同轴线内外导体上同方向流动的电流，却以 RF 扼流器方式工作。因为同轴线变压器 T_2 是 1：1 平衡-不平衡变压器，为了把最大功率传到负载 R_L，每个有源器件的输出电阻为 $Z_0/2$。

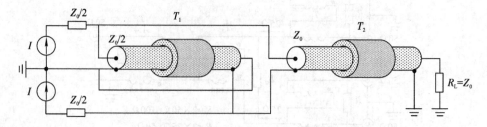

图 3.107　推挽功率放大器使用的同轴线变压器合成器

4）用两个宽带同轴线变压器

图 3.108 是由两个宽带同轴线变压器构成的合成器，两个独立的输入信号用同一个负

载电阻 R_L，平衡电阻 R 接地。把这些合成器反过来使用就可以作为功分器。

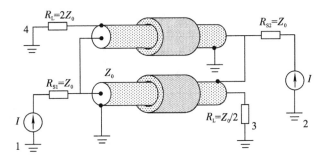

图 3.108　由两个宽带同轴线变压器构成的合成器

图 3.109(a)是由宽带同轴线变压器构成的隔离度更高的合成器。当所有线等长，且 $R_s = Z_0 = R_L/2 = R/2$ 时，端口 1、2 的等幅同相信号在更高的频率都匹配。在这种情况下，可以用下式计算输入端口之间的隔离度 C_{23}：

$$C_{23} = 10\lg\left[4(1+4\cot^2\theta)\right] \tag{3.40}$$

式中：θ 为每个传输线的电长度。

为了改进隔离度，应当通过两个完全相同的辅助线连接对称平衡电阻 R_0，如图 3.109 (b)所示，这样可使端口 3、4 的反射系数最小。

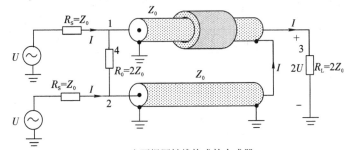

(a) 由两根同轴线构成的合成器

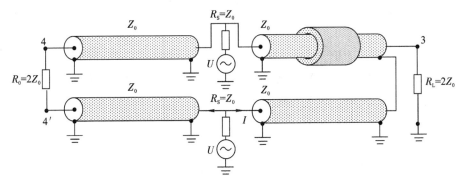

(b) 由四根同轴线构成的改进隔离度的合成器

图 3.109　由宽带同轴线变压器构成的合成器及改进隔离度的合成器

图 3.110 是由两对宽带同轴线变压器级联构成的全匹配和隔离合成器。该合成器已成功在大功率 VHF FM 广播发射机和 VHF – UHF TV 发射机中使用。放大器的输出阻抗

$R_{S1} = R_{S2} = Z_0/2$，平衡电阻 R_0 和负载电阻 R_L 必须等于等长度同轴电缆的特性阻抗 Z_0。

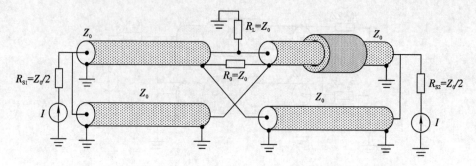

图 3.110　由宽带同轴线变压器构成的全匹配和隔离合成器

5) 用四根同轴线变压器

在理论上，可以把多路等幅同相信号合成一路输出信号，但当输出阻抗太低时，很难用宽带变压器把它们变换到所希望的阻抗值，一般为四路合成器。图 3.111 为由四根同轴线变压器构成的四路同相合成器。

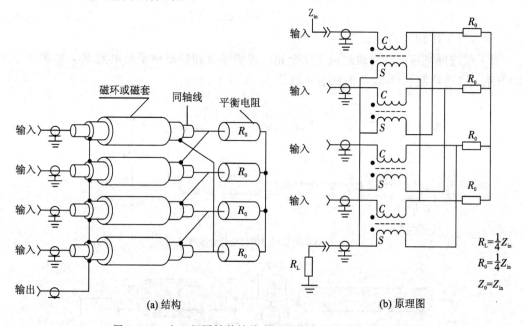

(a) 结构　　　　　　　　　　　　(b) 原理图

图 3.111　由四根同轴传输线变压器构成的四路同相合成器

R_L、R_0、R_{in} 和 Z_0 之间有如下关系：

$$R_L = \frac{Z_{in}}{4} = \frac{Z_0}{4}$$

$$R_0 = \frac{Z_{in}}{4} = R_L$$

$$Z_0 = Z_{in}$$

把两路同相合成器级联，也可以构成四路同相合成器。两路同相合成器既可以用外导体上套有磁环的同轴传输线变压器，也可以用把同轴线绕在磁环上构成的传输线变压器，分别如图 3.112(a)、(b)所示。

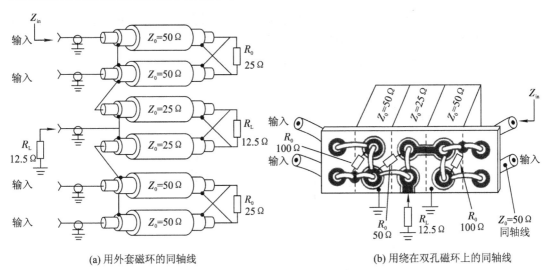

(a) 用外套磁环的同轴线   (b) 用绕在双孔磁环上的同轴线

图 3.112   用两路同相混合电路构成的四路同相合成器

所有同相合成器都使用了平衡电阻。在大功率同相合成器中，能承受大功率的平衡电阻很难实现。由于宽带巴伦型传输线变压器能够把平衡阻抗变换成 50 Ω 或 75 Ω，因而可以把标准同轴线假负载用同轴线与同相合成器相连作为平衡电阻。

3. 180°合成器

1）两对传输线变压器

图 3.113 是用传输线变压器构成的 180°(反相)合成器。图中，两个输入信号必须等幅反相(除非使用巴伦型传输线变压器)，输出电阻必须平衡到地。

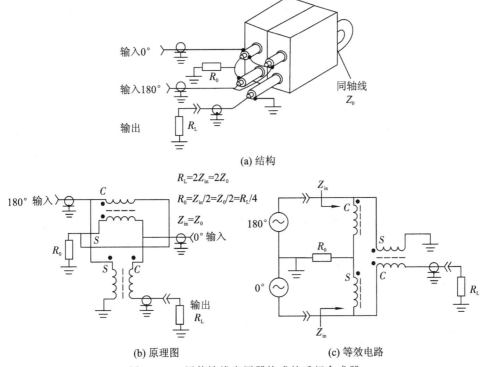

(a) 结构

$R_L = 2Z_{in} = 2Z_0$

$R_0 = Z_{in}/2 = Z_0/2 = R_L/4$

$Z_{in} = Z_0$

(b) 原理图   (c) 等效电路

图 3.113   用传输线变压器构成的反相合成器

　　图 3.114 是由两对传输线变压器构成的两路反相合成器。由于图中使用了传输线变压器，因而可以用变压器模式和传输线模式分析传输线变压器的电流、电压分布及阻抗关系。利用图中给出的电流、电压分布，不难求出 R_L、R_0、R_{in} 和 Z_0 之间有如下关系：

$$R_L = \frac{Z_{in}}{2} = \frac{Z_0}{2}, R_0 = \frac{Z_{in}}{2} = R_L$$

$$Z_0 = Z_{in}$$

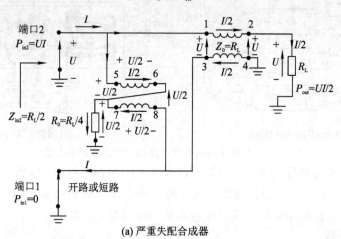

(a) 严重失配合成器

(b) 等幅反相合成器

图 3.114　由两对传输线变压器构成的有电流、电压关系的两路反相合成器

　　图 3.114(a)为一路开路或短路造成严重失配的合成器，从另外一个端口输入的功率，其中一半损耗在平衡电阻 R_0 上，另一半输出到负载电阻 R_L 上。图 3.114(b)为等幅反相合成器，如果端口 1 和端口 2 既不同相，也不反相，则存在相位差 θ 时到达负载的输出功率 P_L 与端口 1、2 的输入功率 P_1、P_2 有如下关系：

$$P_L = \frac{P_1 + P_2}{2} - (P_1 P_2)^{0.5} \cos\theta \tag{3.41}$$

损耗在平衡电阻 R_0 上的功率 P_b 为

$$P_b = P_1 + P_2 - P_L \tag{3.42}$$

2）用四根同轴线变压器

图 3.115 是用四根同轴线变压器构成的反相合成器。

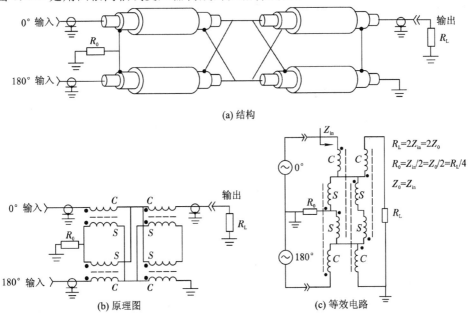

(a) 结构

(b) 原理图   (c) 等效电路

图 3.115   由同轴线变压器构成的反相合成器

3）把合成器与传输线变压器级联

把各种基本合成器与巴伦型传输线变压器组合就能构成性能相当好的多路合成器。例如，把由磁环Ⓐ、Ⓕ构成的两个同相合成器与由磁环Ⓓ、Ⓒ构成的两个反相合成器并联，再与由磁环Ⓑ、Ⓔ构成的 1：4 传输线变压器级联，就能构成负载阻抗为 50 Ω 的如图 3.116 所示的四路反相合成器。图中，把两个反相合成器并联，避免了使用 25 Ω 同轴线，给出了 12.5 Ω 的平衡负载阻抗，与 1：4 传输线变压器级联，正好把 12.5 Ω 变为 50 Ω 负载电阻。

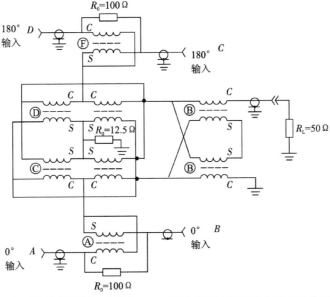

图 3.116   由两个并联同相合成器与 1：4 传输线变压器级联构成的四路反相合成器

4. 90°合成器

图 3.117 是由双电感、双电容构成的定向耦合器。如果四个端口的负载阻抗均为 R，而且电感 L、电容 C 及电阻 R 满足如下关系：

$$R^2 = \frac{L}{2C} \tag{3.43}$$

$$\omega_0 L = \frac{2}{\omega_0 C} = R \tag{3.44}$$

$$\omega_0 = 2\pi f_0 \tag{3.45}$$

则图 3.117 所示的由双电感、双电容构成的四端口网络就变成了定向耦合器。

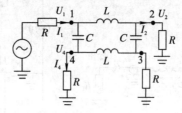

图 3.117　单级双电容电感型定向合成器

由于电路结构对称，因此可以从任意一端输入。例如，从端口 1 输入，则由端口 2 输出，由端口 4 耦合输出，端口 3 为隔离端。由电路理论和边界条件不难求得端口 2、4 与端口 1 电压之比为

$$\frac{U_4}{U_1} = A\exp\left[\mathrm{j}\left(\frac{\pi}{2} - \beta\right)\right] \tag{3.46}$$

$$\frac{U_2}{U_1} = B\exp(-\mathrm{j}\beta) \tag{3.47}$$

式中：

$$A = \sin\beta = \frac{\dfrac{\omega L}{R}}{\sqrt{1 + \left(\dfrac{\omega L}{R}\right)^2}} \tag{3.48}$$

$$B = \cos\beta = \frac{1}{\sqrt{1 + \left(\dfrac{\omega L}{R}\right)^2}} \tag{3.49}$$

$$\beta = \arctan\left(\frac{\omega L}{R}\right) \tag{3.50}$$

输入阻抗为

$$Z_{\mathrm{in}} = \frac{U_1}{I_1} = R$$

假定回路没有损耗，则

$$A^2 + B^2 = 1$$

按照定义，4 端口的耦合量（即耦合比）M 为

$$M = 10\lg\left(\frac{P_{\mathrm{in}(1)}}{P_{\mathrm{out}(4)}}\right) = 10\lg\frac{1}{A^2} = 20\lg(\sin\beta) \tag{3.51}$$

插入损耗 I_{n} 为

$$I_n = 10 \lg \left(\frac{P_{in(1)}}{P_{out(2)}} \right) = 10 \lg \frac{1}{B^2} = -20 \lg(\cos \beta) \tag{3.52}$$

设输入端的相位为 $\theta°$，则端口 2 与 1 之间的相位差 $\theta_2 = -\beta$，端口 4 与 1 端的相位差 $\theta_{41} = \frac{\pi}{2} - \beta$，端口 4、2 之间的相差为 $\theta_{42} = \frac{\pi}{2}$。由于耦合端与输出端的相位差总是 90°，所以把这种定向耦合器也叫作 90°定向耦合器。

对图 3.117 所示的理想定向耦合器，假定从 1 端输入，则 2、4 端相对于 1 端的幅度和相位如表 3.9 所示。

表 3.9　双电感电容型定向耦合器在 $\omega L/R$ 为不同值时端口间的 M、I_n 及相位

$\omega L/R$	0.2	0.4	0.6	0.8	1.0	1.25	1.50	1.75	2.0
M/dB	−14.15	−8.6	−5.77	−4.09	−3.01	−2.15	−1.6	−1.23	−0.969
θ_{41}	78.69	68.2	59	51.34	45	38.66	33.69	29.74	26.56
I_n/dB	−0.17	−0.64	−1.35	−2.15	−3.01	−4.09	−5.12	−6.09	−6.99
θ_{21}	−11.31	−21.8	−30.96	−38.66	−45	−51.34	−56.31	−60.26	−63.43

用 M_C 表示在设计频率 f_C 时的耦合比（通常给定 M_C），可以证明 M_C 与定向耦合器的元件值 L、C 有如下关系：

$$L = \frac{R}{2\pi f_C (M_C - 1)^{0.5}} \tag{3.53}$$

$$C = \frac{1}{4\pi R f_C (M_C - 1)^{0.5}} \tag{3.54}$$

由表 3.9 可看出，当 $\omega L/R = 1$ 时，耦合端口 4 和端口 2 的输出功率相等，它们相对于端口 1 的相位为 90°，因此把 $\omega L/R = 1$ 的双电感、双电容定向耦合器叫作 90°耦合器。

对于 3 dB 90°双电感、双电容定向耦合器，端口 4 和端口 1 的耦合比 M 在任意频率 f 与中心频率 f_0 有如下关系：

$$M = \frac{P_1}{P_4} = 1 + \left(\frac{f_0}{f} \right)^2 = 1 + \left(\frac{\omega_0}{\omega} \right)^2 \tag{3.55}$$

端口 2 与端口 1 之间的传输损耗（即插损 I_n）在任意频率 f 与中心频率 f_0 有如下关系：

$$I_n = \frac{P_1}{P_2} = 1 + \left(\frac{f}{f_0} \right)^2 = 1 + \left(\frac{\omega}{\omega_0} \right)^2 \tag{3.56}$$

图 3.118 是 3 dB 90°双电感、双电容耦合器耦合比 M、插损 I_n 和相位的频率特性曲线。

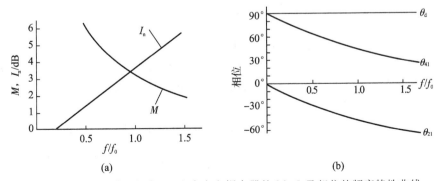

(a)　　　　　　　　　　　　(b)

图 3.118　3 dB 90°双电感、双电容定向耦合器的 M、I_n 及相位的频率特性曲线

对 3 dB 90°定向耦合器，只要让式(3.53)和式(3.54)中的 $M_C = 2$，就能求出电感 L 和电容 C。

例如，已知 $R = 50$ Ω，试求 $f_c = 7$ MHz 定向耦合器的电感、电容值。

当 $M_C = 2$ 时，由式(3.53)和式(3.54)得：

$$L = \frac{R}{2\pi f_c} = \frac{50}{6.28 \times 7 \times 10^6} = 1.137 \ \mu H$$

$$C = \frac{1}{4\pi R f_c} = \frac{1}{4 \times 3.14 \times 50 \times 7 \times 10^6} = 227.48 \ pF$$

图 3.119 是用微型电容器及双绞线绕在磁环上构成的 7 MHz 3 dB 90°定向耦合器的照片。该定向耦合器实测插损小于 0.1 dB，隔离度和反射损耗均超过 30 dB。

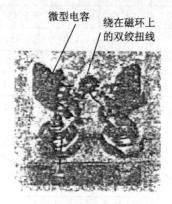

图 3.119　由微型电容和绕在磁环上双绞扭线构成的 7 MHz 3 dB 90°定向耦合器的照片

由图 3.118 可看出，等功率输出只发生在 $f = f_c$ 单一频率上。为了展宽带宽，把两个单级定向耦合器用电长度为 θ、特性阻抗为 R 的同轴线级联。图 3.120 是两个相同的单级定向耦合器在中心设计频率 f_0 级联 3 dB 定向耦合器的耦合比 M_O 和相位的频率特性曲线。

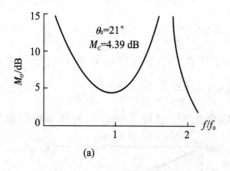
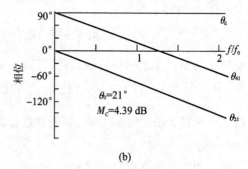

图 3.120　两个相同单级定向耦合器级联定向耦合器耦合比和相位的频率特性曲线

试设计 $f_c = 100$ MHz、耦合比 $M_O = (3 \pm 0.2)$ dB 的双电感、双电容耦合器，已知 $R = 50$ Ω。选取级联同轴线的电长度 $\theta_0 = 20.3°$，单级定向耦合器的耦合比 $M_C = 4.13$ dB，把 $M_C = 4.13$ dB 化成数值为 $M_C = 2.588$。

知道了 M_C，利用式(3.54)和式(3.55)就能求出单级定向耦合器的元件值 L、C：

$$L = \frac{R}{2\pi f_c (M_C - 1)^{0.5}} = \frac{50}{6.28 \times 10^6 \times (2.588 - 1)^{0.5}} = 6.3 \ nH$$

$$C=\frac{1}{4\pi R f_C (M_c-1)^{0.5}}=12.64\ \text{pF}$$

在 UHF(225～400 MHz)频段，在中心频率 $f_0=300$ MHz 处，把两个单级定向耦合器级联，连接电缆的电长度 $\theta_0=24.7°$ 构成的 3 dB 90°定向耦合器，在倍频程带宽内，耦合比误差小于 0.5 dB，插损小于 0.5 dB，隔离度和反射损耗超过 20 dB。

由上可以看出，用双绞扭线构成的宽带 3 dB 90°定向耦合器具有结构简单、紧凑和低成本的优点。

5．宽带大功率阻抗变换比为 1：2 的 VHF/UHF 合成器

VHF/UHF 合成器有非隔离(输入端口不隔离)和隔离(输入端口之间有一定的隔离度)两种。对非隔离合成器，若为偶模激励，则输入端无反射，直接传到输出端，若为奇模激励，则输出端的反射信号返回到输入端；对隔离合成器，由于奇模反射信号被隔离电阻吸收，因而被抑制。

VHF/UHF 合成器可以用传输线变压器、集总元件或 $\lambda_0/4$ 长度换段构成。由于传输线变压器在自谐振频率处有相对大的插损，因而限制了它的使用频率范围；集总元件只能承受有限的大功率容量；$\lambda_0/4$ 变换段在低频由于长度长且笨重，在工程上难实现，因而也限制了它的应用。

用铁氧体加载传输线制成合成器，则不受尺寸、带宽和功率容量的制约。

在设计 VHF/UHF 合成器时，经常采用巴伦型传输线变压器，但要实现宽带、小尺寸和低插损，仍然是设计 VHF/UHF 合成器的一大难题。

市场上可以买到的磁环有用锰锌和镍锌制成的单孔磁环、多孔磁环和磁棒。宽带巴伦型传输线变压器的特性通常要在铁氧体的相对磁导率 μ 的大小、损耗和线的欧姆损耗之间折中。使用相对低 μ_r 的磁环在相对低的频率则限制了材料屏蔽的有效性，磁环的形状也影响线性特性，因为过大的涡流会使铁氧体磁环饱和而造成大的非线性和大的磁芯损耗、热耗及非线性失真。为了减小磁饱和效应，最好采用多孔磁环。此外，多孔磁环一般还具有相对低的插损。在 30～450 MHz 频段，用 $\mu_r=250$ 的单孔磁环与用 $\mu_r=125$ 的双孔磁环能得到相同的性能。

1：2 阻抗变换比 VHF/UHF 合成器通常由 T 形结构和如图 3.121 所示的阻抗变换比

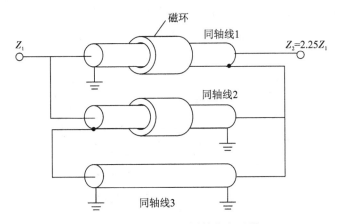

图 3.121　1：2：25 同轴线变压器

为 1∶2.25 的同轴线变压器组成。由图 3.121 可看出，1∶2.25 阻抗变压器由三个特性阻抗为 33.3 Ω 的同轴线组成。在低阻抗端，同轴线 1 与串联同轴线 2、3 并联；在高阻抗端，同轴线 1 与并联同轴线 2、3 串联。为了扼制在同轴线 1、2 外导体上的涡流，在同轴线 1、2 上均套上磁环。

　　为了便于制造，可以用四根特性阻抗为 35 Ω、外面套有磁环的同轴线构成如图 3.122 所示的阻抗变换比为 1∶2 的合成器。它的低频受到磁环 μ_r 的限制，高频则受到所用同轴线长度的限制。按照经验，同轴线的长度约 $\lambda_{min}/2$。由图 3.122 可看出，内导体交叉相连，外导体直接相连，在输入端同轴线外导体之间端接 50 Ω 隔离电阻，在输出端同轴线内导体之间也端接 50 Ω 隔离电阻，用套在同轴线外导体上的磁环来扼制同轴线上的共模涡流

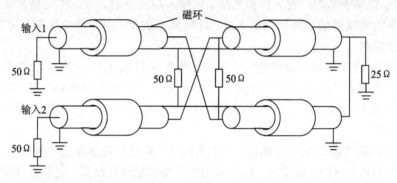

图 3.122　阻抗变换比为 1∶2 的合成器

（通常把传输线上同方向同相位电流叫作共模电流）。图 3.123 是阻抗变换比为 1∶2 的变型合成器。由图 3.123 可看出，同轴线 1 和 2、同轴线 3 和 4 均反方向穿过磁环，由于使磁环的磁通量相互抵消，因而使同相合成器能承受更大的功率而不会导致磁环饱和，但对反相信号，由于磁通量加倍，因而呈现很大的电感，在这种情况下，使用低 μ_r（=125）的磁环就能把工作频率扩展到低频，而且迫使反射电流流到吸收电阻，而不会返回到输入端。图 3.124 是用 35 Ω 同轴线制作的 30～450 MHz 阻抗变换比为 1∶2.25 的合成器的照片。为了减少电桥的不连续，减小合成器的幅度和相位的不平衡度，在合成器两个分支线之间附加了能承受功率的电容。但该电容在高频端会带来小的插损。图 3.125(a)、(b)、(c)、(d) 分别是该合成器的反射系数（S_{11}、S_{22}）、传输系数（S_{23}）、相位差和插损（S_{21}）。由图 3.125 可看出，在 30～450 MHz（带宽比为 15∶1）的频段内，S_{11}、S_{22} < −18 dB，隔离度 > −28 dB，相位不平衡 < 4°。

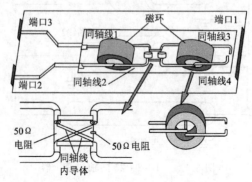

图 3.123　阻抗变换比为 1∶2 的变型合成器

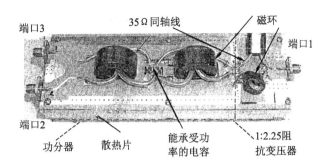

图 3.124　30~450 MHz 阻抗变换比为 1∶2.25 合成器的照片

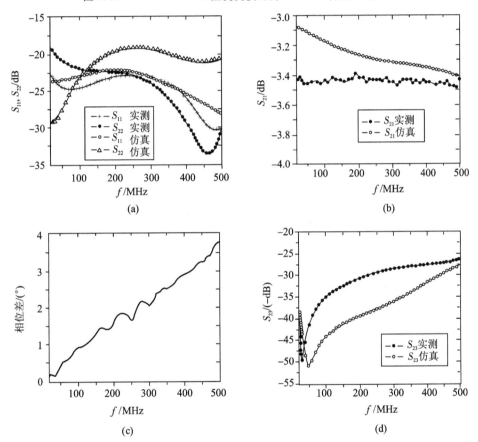

图 3.125　图 3.124 所示合成器实测 S 参数的频率特性曲线

6. 合成器在电路设计及天线中的应用

1）在 30 W 100 MHz 同相功率合成器中的应用

图 3.126 是用线型变压器构成的 30 W 100 MHz 晶体管同相功率合成器的实际电原理图。T_1 为 D 端激励的混合变压器，这里起功分器的作用。R_1 是平衡电阻。T_1 功分器把 D 端输入的频率平分后加到 T_2、T_3 混合变压器上。T_2、T_3 是阻抗变换比为 4∶1 的降阻特性阻抗为 100 Ω 的传输线变压器，用于把 b、b' 点的 100 Ω 阻抗降到 c、c' 点的 25 Ω。T_2 和 T_3 的输出信号分别通过电容 C_1、C_2、C_3 和 C_4 加到变压器 T_7 和 T_8 上，T_7 和 T_8 是 T_2 和 T_3 变压器输出阻抗与晶体管 BG_1、BG_2 输入阻抗匹配的匹配变压器。电阻 R_2、R_3 一方面稳定工作点，

防止自激，另一方面提高晶体管的输入阻抗。信号经晶体管放大后，通过 1∶4 升阻传输线变压器 T_4 和 T_5，再通过耦合电容 C_5 和 C_6 加到混合变压器 T_6 上，R_4 为平衡电阻。同相等幅信号合成后，通过可调电容 C_7 匹配电路到天线。图中，L_1、C_9 和 C_{10} 为电源去耦电路。

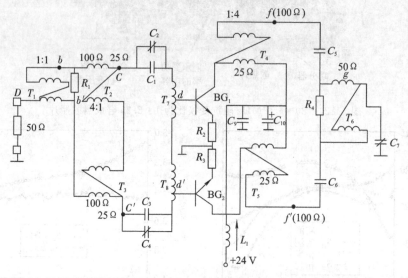

图 3.126　　300 W 100 MHz 同相功率合成器

2）在平衡混频器中的应用

图 3.127 是在四个二极管双平衡混频器或乘积检波器中使用的三线宽带变压器。图中 T_1 和 T_2 是完全相同的两个变压器，变压器中的三线绕组必须绕在高 μ 磁环上，以确保绕组

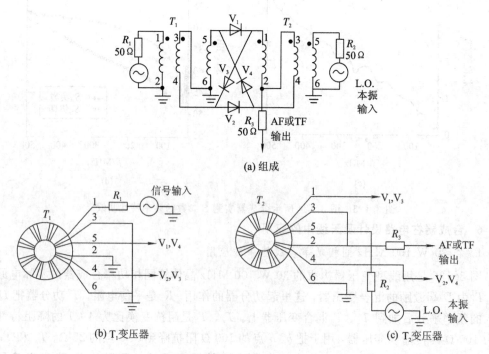

图 3.127　　三线宽带变压器在双平衡变压器中的应用

的电抗 X_L 在变压器的最低工作频率必须为与绕组相连接的阻抗 R_1 和 R_2 的 4～5 倍，即 $X_L = 250\ \Omega$。在此例中，R_1、R_2 和 R_3 并不是实际电阻，只表示外加信号在混频器三个端口的特性阻抗。如果信号和本振工作在 HF，则要用 $\mu = 125$ 的铁氧体磁环；如果在 MF 和 LF，则要用 $\mu = 950$ 或更大的磁环。

参 考 文 献

[1] 俱新德. 线型变压器和巴伦. 西安：西北电讯工程学院，1986.

[2] 王元坤，李玉权. 线天线的宽频带技术. 西安：西安电子科技大学出版社，1995.

[3] 张纪纲. 射频铁氧体宽带器件. 北京：科学出版社，1986.

[4] DeMaw D. Learning to Work with Toroids. QST，1984.

[5] DeMaw D. A Multipedance Broadband Transformer. QST，1982.

[6] DeMaw D. Toroids-Some practical Considerations. QST，1988.

[7] Ruthroff C L. Some Broadband Transformers. Proc. of the IRE，1959，47(8).

[8] Matick R E. Transmission Line Pulse Transformers：Theory and Application. Proceedings of the IEEE，1968，56(4).

[9] Pitzalis O，Couse TPM. Practical Design Information for Broadband Transmission Line Transformers. Proceedings of the IEEE，1968，56(4).

[10] Sevick J. Transmission Line Transformers. 4th. Noble Publishing，2001.

[11] Belrose S. Transforming the Bulnn. QST，1991.

[12] US Patent，5 977 842，1999.

[13] Manton RG. Hybrid Networks and Their Uses in Radio-Frequency Circuits. Radio&Electronic Engineer，1984，54(11).

[14] Myer D. Synthesis of Equal Delay Transmission Line Transformer Networks. Microwave Journal，1992,35(3).

[15] Myer D. Equal Delay Networks Match Impedances Over Wide Bandwidths. Microwave&RF，1990.

[16] Hollman J H，Trenkle F A. Design of High-Power Wide-Band Balun for the High Frequency Region. American Institute of Electrical Engineers，Part I：Communication&Electronics，Transactions of the Hathaway，1963,82(3)

[17] Carr J J. Bulding Your Own Toroid Core Inductors and RF Transformers. Elektor Electronics，1994,20(219).

[18] DeMaw D. How to Build and Use Balun Transformers. QST，1987.

[19] Walker J L B. Classic Works，in RF Engineering：Combiners，Couplers，Transformers，and Magnetic Malerials. Artech House，2006.

第 4 章　功分器和定向耦合器

4.1　功　分　器[1,2]

4.1.1　T 形功分器

1. 等功分 T 形功分器

图 4.1(a)为不匹配等功分 T 形功分器，端口 1 为输入端，端口 2、3 为输出端。如果输入、输出端口的负载阻抗均为 Z_0，为了使输入、输出端口均匹配，如图 4.1(b)所示，必须附加一段特性阻抗为 $Z_0/\sqrt{2}$、长度为 $\lambda_0/4$ 的阻抗变换段。也可以如图 4.1(c)所示，在分支臂附加长度为 $\lambda_0/4$、特性阻抗为 $\sqrt{2}Z_0$ 的阻抗变换段。

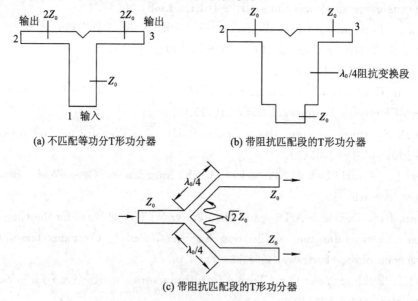

(a) 不匹配等功分T形功分器　　　　(b) 带阻抗匹配段的T形功分器

(c) 带阻抗匹配段的T形功分器

图 4.1　等功分 T 形功分器

T 形功分器由于结构简单，既可以用同轴线实现，也可以用微带线实现，因而在天线阵中大量用它作为馈电网络。T 形功分器的缺点是输出端口彼此不隔离，因此也把 T 形功分器叫无隔离功分器。

2. 不等功分 T 形功分器

在用微带天线制成的天线阵中，为了实现低副瓣和赋形波束，需要使用不等功分 T 形功分器。图 4.2(a)是不等功分 T 形功分器的基本结构。在 mm 波段，如果用 $\varepsilon_r = 2.2$、厚

0.254 mm 的基板制作不等功分 T 形功分器，则在 $f_0=32$ GHz，50 Ω $\lambda_0/4$ 长微带线只有
0.76 mm 宽，1.7 mm 长。为了确保 T 型功分器两个输出臂有相应的幅度，需要使用如图
4.2(b)所示的附加了两个 $\lambda_0/2$ 长微带线的改进型不等功分 T 形功分器。不等功分 T 形功
分器的功分比由 $\lambda_0/4$ 长微带线的特性阻抗 Z_1 和 Z_2 确定，用特性阻抗为 Z_E 的 $\lambda_0/4$ 阻抗变
换段使输入端阻抗匹配。

选择 Z_2，Z_1 和 Z_E 分别为

$$Z_1=\frac{Z_2}{K} \tag{4.1}$$

$$Z_E=\frac{Z_2}{\sqrt{1+K^2}} \tag{4.2}$$

式中，$K^2=P_3/P_2$。

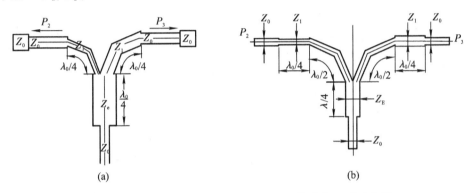

图 4.2　不等功分 T 形功分器和改进型不等功分 T 形功分器

4.1.2　等功分 Wilkinson 功分器[3]

1. 无补偿二路 Wilkinson 功分器

图 4.3 为无补偿二路 Wilkinson 功分器。信号由端口 1 输入，由端口 2、3 输出。所有
端口的负载阻抗均为 Z_0，当 $Z_1=Z_2=\sqrt{2}Z_0$、$R=2Z_0$ 时，由端口 1 输入的功率从端口 2、3
同相等功率输出。

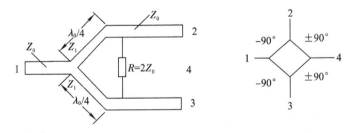

图 4.3　无补偿二路 Wilkinson 功分器

在中心工作频率，Wilkinson 功分器具有以下特性：

(1) 输入、输出端口完全匹配。

(2) 端口 2、3 彼此隔离，隔离度在 -20 dB 以上。

(3) 宽频带，VSWR≤1.22 的带宽比为 1.44∶1。

也可把 Wilkinson 功分器作为功率合成器使用。若端口 2、3 输入等幅同相信号，则合

成信号由端口1输出。假定只在端口2(或端口3)输入功率,那么只有一半功率由端口1输出,另一半输入功率损耗在隔离电阻 R 中。

为了展宽无补偿二路等功分 Wilkinson 功分器输入/输出端口 VSWR 的频率响应曲线,在无补偿二路等功分 Wilkinson 功分器输入端和功分比之间串联一段长 $\lambda_0/4$、特性阻抗为 $0.84Z_0$ 的阻抗变换段。把具有此阻抗变换段的二路等功分 Wilkinson 功分器叫作补偿二路等功分 Wilkinson 功分器。在输入/输出端口特性阻抗 Z_0 均为 50 Ω 的情况下,图 4.4(a)、(b)分别给出了无补偿和补偿二路等功分 Wilkinson 功分器各段微带线的特性阻抗。图 4.5 为无补偿(A)和补偿(B)二路等功分 Wilkinson 功分器输入/输出端口 VSWR 的频率响应曲线。由图 4.5 可看出,补偿二路等功分 Wilkinson 功分器输入/输出端口 VSWR 的频率响应曲线平坦,而且 VSWR 的带宽相对较宽,特别是改善了输入端的 VSWR。

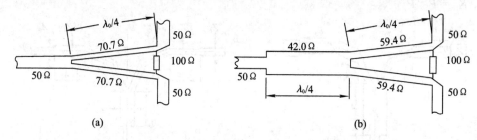

图 4.4　输入/输出端口特性阻抗 $Z_0 = 50$ Ω 的无补偿和补偿
二路等功分 Wilkinson 功分器各段微带线的特性阻抗

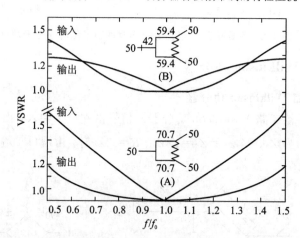

图 4.5　无补偿(A)和补偿(B)二路等功分 Wilkinson
功分器输入/输出端口 VSWR 的频率响应曲线

2. 级联无补偿 Wilkinson 功分器

把 Wilkinson 功分器级联,可以进一步展宽它的带宽。对图 4.6 所示的二级级联二路等功分器,在 $f_H/f_L = 2$ 的倍频程带宽内,端口 1 VSWR≤1.1,端口 2、3 VSWR≤1.01,端口 2、3 之间的最小隔离度为 -27.3 dB。对三级、四级和七级级联二功分器,带宽比分别为 4∶1、5.5∶1 和 10∶1。

图 4.7 是多级等功分 Wilkinson 功分器最大输入/输出 VSWR 与带宽 f_2/f_1 的关系曲线。由图 4.7 可看出,级联的级数愈多,VSWR 的带宽就愈宽。例如,三级级联功分器的

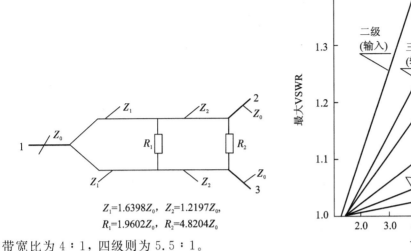

$Z_1 = 1.6398Z_0$, $Z_2 = 1.2197Z_0$,
$R_1 = 1.9602Z_0$, $R_2 = 4.8204Z_0$
带宽比为 4∶1，四级则为 5.5∶1。

图 4.6 二级级联二路功分器及阻抗

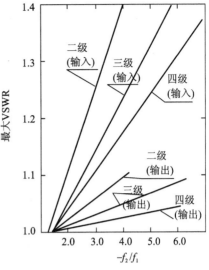

图 4.7 多级 Wilkinson 功分器最大输入/输出
VSWR 与带宽之间的关系曲线

3. 缩小尺寸的 3 dB Wilkinson 功分器

普通的 3 dB Wilkinson 功分器由两段 $\lambda_0/4$ 传输线组成，如图 4.8(a) 所示。在 RF 的低频段，为了减少普通二路 Wilkinson 功分器轨迹围成的面积，基于折叠传输线能减少传输线几何长度且能维持未折叠传输线在中心频率电性能的原理，用一个 C 段和两个 C 段级联制成的小型 3 dB Wilkinson 功分器分别如图 4.8(b)、(c) 所示。

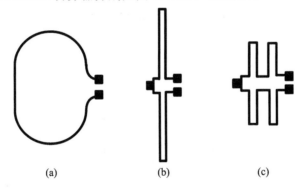

图 4.8 普通功分器和缩小尺寸的 3 dB Wilkinson 功分器

为了比较，图 4.8(a) 为同频常规 3 dB 功分器的形状和大小。相对于图 4.8(a) 所示的常规设计，图(b) 所示的 3 dB 功分器其等效矩形面积比图(a) 减少 40%，图(c) 则减少 37%。

为了减小功分器的尺寸，可以采用如图 4.9 所示的用电容加载技术构成的缩短尺寸的二路功分器。图中，功分臂的特性阻抗 Z_{01} 及加载电容 C_1、C_2 可由下式求出：

$$Z_{01} = \frac{\sqrt{2}Z_0}{\sin(\beta_0 L)} \tag{4.3}$$

$$C_1 = \cos \frac{\beta_0 L}{\omega_0 \sqrt{2}} \tag{4.4}$$

$$C_2 = 2C_1 \tag{4.5}$$

式中，β_0 为传播常数，ω_0 为角频率，其计算式为

$$\beta_0 = \frac{2\pi}{\lambda_0} \tag{4.6}$$

$$\omega_0 = 2\pi f_0 \tag{4.7}$$

L 为不同电长度时 Z_{01} 及 C_1 的大小，如表 4.1 所示。

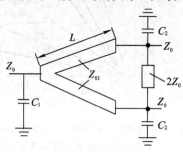

表 4.1　L 为不同电长度时 Z_{01} 及 C_1 的大小

L	$\lambda_0/4$	$\lambda_0/8$	$\lambda_0/12$
C_1/pF	0	0.16	0.195
Z_{01}/Ω	70.7	100	141.4

图 4.9　用电容加载构成的缩短尺寸的二路功分器

4. 大功率 RF 功分器

Wilkinson 功分器输出端所加隔离电阻为输出端提供了很高的隔离度。但在高频应用中，隔离电阻的寄生电抗将产生严重问题。因为隔离电阻的几何尺寸和波长相比拟，在大功率应用中，为了承受大的功率，电阻的几何尺寸也必然很大，但电阻的寄生电抗降低了功分器的性能，不仅使隔离度、电压驻波比变坏，而且增加了插损。

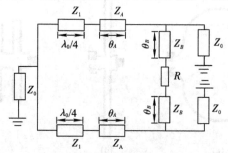

图4.10　带有补偿网络的 Wilkinson 功分器

有许多方法可以用来消除隔离电阻寄生电抗带来的不良影响，如采用由两对传输线组成的补偿网络来抵消掉隔离电阻所带来的寄生电抗。如图 4.10 所示，把两对传输线 A、B 插进普通 Wilkinson 功分器中，$\lambda_0/4$ 线作为输入端与包括补偿线在内的输出端间的阻抗变换器，在这个布局中，输入端、输出端均与 Z_0 匹配。

对图 4.11 所示的大功率 RF 功分器，假定 $Z_0 = 50~\Omega$，经理论计算，其他各段线的特性阻抗及电长度如表 4.2 所示。

表 4.2 其他各段线的特性阻抗及电长度

特性阻抗	电长度
$Z_1 = 70\ \Omega$	$\theta = 90°$
$Z_B = 63\ \Omega$	$\theta_B = 167°$
$Z_A = 50\ \Omega$	$\theta_A = 12°$

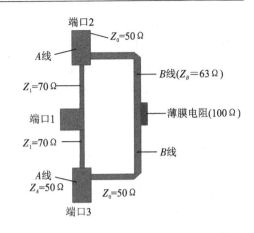

图 4.11 大功率 RF 功分器的结构及阻抗值

5. K 和 Ka 频段使用的变形 Wilkinson 功分器[1, 4, 18]

在天线阵和分布放大器系统中经常使用不等比功分器和合成器。在 X 频段以上频率，使用标准 Wilkinson 功分器。由于芯片式隔离电阻的谐振频率与工作频率相当，为了实现更高芯片电阻的谐振频率，芯片电阻的尺寸必须小到 1 mm×0.5 mm，这就意味着连接芯片电阻功分器的两个功分臂必须靠得很近，结果导致分支线之间产生极强的耦合，破坏了所需要的功分比。另外，在 mm 波段，很难把很宽的低阻抗线弯成半圆形，但可用 $3\lambda_0/4$ 长（270°）的分支线来代替常规长 $\lambda_0/4$ 的分支线，并通过长 $\lambda_0/2$（180°）、特性阻抗 $Z_0 = 50\ \Omega$ 的传输线，把隔离电阻接在分支线的末端，如图 4.12(a)、(b)所示，从而解决分支线极强的耦合问题。图 4.12(a)为变形等功分 Wilkinson 功分器的结构；图(b)为变形不等功分 Wilkinson 功分器。在用微带构成双馈圆极化天线时，往往需要用等幅但相位差为 90°的微带馈电网络。实现有 90°相差的馈电网络最简单的一种方法是把图 4.12(a)所示的二路等功分 Wilkinson 功分器的一个输出臂的路径长度相对于另外一个臂加长 $\lambda_0/4$，变成如图 4.12 (c)所示即可。

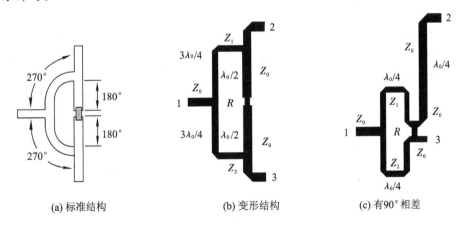

图 4.12 二路微带等功分 Wilkinson 功分器

图 4.13 是用厚 0.381 mm、$\varepsilon_r = 3.25$ 的基板制作的谐振频率 $f_0 = 30.5$ GHz 的变形 1：2 Wilkinson 功分器的结构及尺寸。为了与 50 Ω 输出线匹配，在输出臂上必须附加

$\lambda_0/4$ 阻抗变换段，利用不同宽度的分支线来实现所需要的功分比。实测结果为，在中心频率 $f_0 = 30.5$ GHz，输入、输出端 $S_{11} = -20$ dB（VSWR＝1.2），端口隔离度大于 -17 dB。1：2 功分比在理论上应当为 -1.76 dB 和 -4.77 dB，但实测为 -3 dB 和 -6 dB，实测值之所以比理论值高，除制造公差外，还因为实测值中包括了 0.3 dB 的欧姆损耗和辐射损耗。

在 $f_0 = 30.4$ GHz 用如图 4.12(b) 所示的变形二路 2：1 Wilkinson 功分器实现了以下性能：所有端口反射损耗均大于 -20 dB，所有端口隔离度大于 -17 dB，插损为 1.3 dB。图 4.14 是在 32 GHz 频段用 $\varepsilon_r = 2.2$、厚 0.254 mm 的基板制造的另外一种变形二路等功分 Wilkinson 功分器的结构及尺寸。在 12.5% 的相对带宽内，端口 VSWR≤2.2，端口隔离度大于 -13 dB。

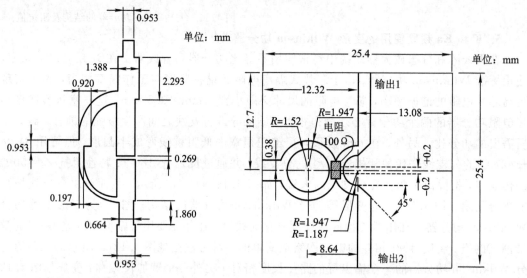

图 4.13　30.5 GHz 变形 1：2 Wilkinson　　　图 4.14　32 GHz 变形二路等功分 Wilkinson
　　　　功分器的结构及尺寸　　　　　　　　　　　功分器的结构及尺寸

6. 三频 Wilkinson 功分器[20]

可以将端接阻抗 Z_0 的 Wilkinson 功分器用 $\lambda_0/4$ 阻抗变换段表示成如图 4.15(a) 所示的形式，也可以用三段特性阻抗分别为 Z_1、Z_2、Z_3，电长度分别为 θ_1、θ_2、θ_3 的传输线变换段构成如图 4.15(b) 所示的三频等分 Wilkinson 功分器，用三个隔离电阻是为了实现更好的隔离度，其中 $f_3 > f_2 > f_1$。

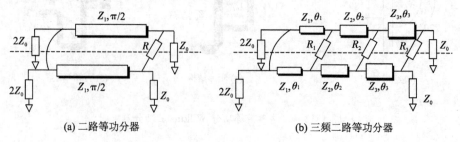

(a) 二路等功分器　　　　　　　　　　　(b) 三频二路等功分器

图 4.15　用传输线变换段表示的二路和三频二路等分 Wilkinson 功分器

用厚 1.57 mm、ε_r＝3.45 的基板制作 f＝0.9 GHz，1.17 GHz 和 2.43 GHz 的三频二路等分 Wilkinson 功分器。三段传输线变换段的特性阻抗、电长度和隔离电阻如表 4.3 所示。图 4.16 是三频二路等功分器的照片。

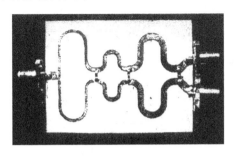

图 4.16　三频二路等功分器的照片

表 4.3　三频二路等分 Wilkinson 功分器传输线变换段的特性阻抗、电长度和隔离电阻

Z_1	Z_2	Z_3	θ_1	θ_2	θ_3	R_1	R_2	R_3
85.2 Ω	70.7 Ω	58.5 Ω	65.1°	34.7°	65.6°	243 Ω	176 Ω	124 Ω

在 0.5～3.0 GHz 包含 0.9 GHz、1.17 GHz 和 2.43 GHz 的频段内，实测三频二路等功分器的 S 参数的频率特性曲线如图 4.17 所示。由图 4.17 可看出，在 0.5～3 GHz 频段内，S_{11}、S_{22}、S_{33}≤－10 dB。输出端口的功分比 S_{21}、S_{31} 低于－3.4 dB，输出端口的相位平衡在 0.9 GHz、1.17 GHz 和 2.43 GHz 分别为 0.2°、0.45°和 1.5°。

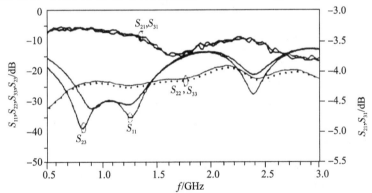

图 4.17　三频二路等功分器实测 S 参数的频率特性曲线

7. 由集总参数和同轴线构成的 Wilkinson 功分器

Wilkinson 功分器可以用微带线制作，也可以用集总参数和同轴线制作。图 4.18 是由集总参数构成的二路 Wilkinson 功分器。集总参数的元件值如下：

$$L=\frac{70.7}{2\pi f_0} \tag{4.8}$$

$$C=\frac{1}{141.4\pi f_0} \tag{4.9}$$

$$R=2Z_0 \tag{4.10}$$

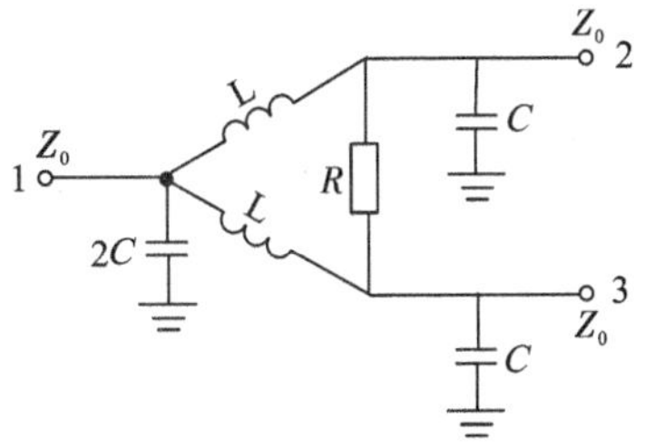

图 4.18　由集总参数构成的二路 Wilkinson 功分器

式中：f_0 为中心工作频率(单位为 Hz)；Z_0 为端口馈线的特性阻抗。

图 4.19 是用 $\lambda_g/4$ 长同轴线构成的二路 Wilkinson 功分器。用同轴线构成的二路 Wilkinson 功分器只适宜在 VHF 和 UHF 频段使用，因为低频线太长，高频又因线太短及介质损耗而受到限制。为了展宽频带，可以在输出端口 2、3 分别并联长度小于 $\lambda_0/4$ 的短路支节。

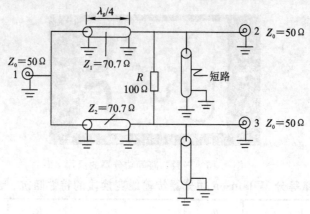

图 4.19　由同轴线构成的二路 Wilkinson 功分器

8. 由传输线变压器构成的功分器

在 MF 频段至 HF 频段，广泛采用由传输线变压器构成的功分器（或功率合成器）。图 4.20 为二路功分器，信号由端口 1 输入，由端口 2、3 等幅同相输出，端口 4 为隔离端，隔离电阻 $R=2Z_0$。两个线圈可以按照传输线变压器的原理绕在一个磁环上，以实现宽频带。

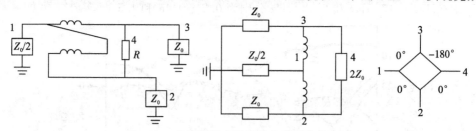

图 4.20　由传输线变压器构成的二路功分器

由传输线变压器构成的功分器有以下特点：

（1）端口 1、4 隔离，端口 2、3 也隔离。

（2）隔离端与输入端反相，输入端与输出端同相。

由图 4.20 所示的二路等功分器可看出，端口 1 的阻抗不为 Z_0，而为 $Z_0/2$。为使输入阻抗与输出阻抗均相同，可使用如图 4.21 所示的二路输入、输出阻抗相等的功分器。

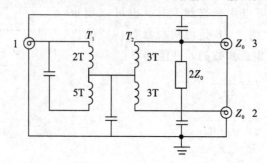

图 4.21　由传输线变压器构成的输入、输出阻抗相等的二路功分器

图 4.21 中，T_1 是阻抗变换变压器，按照理想变压器阻抗与匝数的平方成正比，可以求出 T_1 变压器初次级匝数之比等于 $\sqrt{2}$（$7/5 = 1.4 \approx \sqrt{2}$）；$T_2$ 是匝数相同的分配变压器，实际电路中还并联了几只电容，它与 T_1、T_2 变压器的漏感构成谐振回路，以改善高频特性。图 4.22 和 4.23 分别为四路功分器和三路功分器。

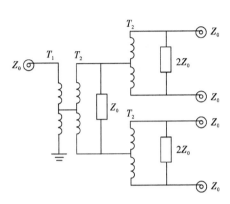

图 4.22　由传输线变压器构成的四路功分器

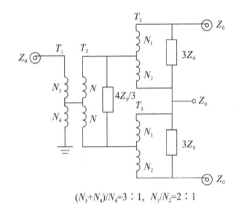

$(N_3 + N_4)/N_4 = 3 : 1$，　$N_1/N_2 = 2 : 1$

图 4.23　由传输线变压器构成的三路功分器

4.1.3　不等功分二路 Wilkinson 功分器

1. 无补偿不等功分二路 Wilkinson 功分器

在工程中，有时还需要使用一些不等功分比二路功分器。例如，在赋形基站天线阵中，需要用不等功率给各辐射单元馈电，对不等功分比功分器，按照端口之间的功分比与端口之间馈线特性阻抗成反比的原则设计相应的不等阻抗匹配网络，从而满足所需要的不等功分比。图 4.24 是无补偿不等功分二路微带功分器的结构示意图，信号由端口 1 输入，由端口 2、3 按不等功分比输出。

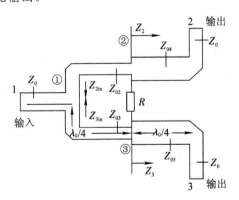

图 4.24　无补偿不等功分二路微带 Wilkinson 功分器

功分器必须满足以下要求：

（1）输出端口 2、3 的功率比可以相等，也可以为任意值，如 $P_3 = K^2 P_2$，K^2 是端口 2、3 的功分比。

（2）输出端口的电压相等，当功率从端口 1 输入时，只有 $U_2 = U_3$，才能保证在隔离电阻 R 上无压降。由于隔离电阻 R 的存在，使得三个端口能同时实现阻抗匹配，端口 2、3 彼此隔离。

(3) 端口 1 无反射。

由条件(1)、(2)可得：

$$P_2 = \frac{U_2^2}{Z_2} \rightarrow U_2^2 = P_2 Z_2$$

$$P_3 = \frac{U_3^2}{Z_3} \rightarrow U_3^2 = P_3 Z_3 = K^2 P_2 Z_3$$

进一步可得

$$P_2 Z_2 = K^2 P_2 Z_3 \rightarrow Z_2 = K^2 Z_3 \qquad (4.11)$$

式中，Z_2、Z_3 分别是端口 2、3 的输出阻抗。选 $Z_2 = KZ_0$，则

$$Z_3 = \frac{Z_0}{K} \qquad (4.12)$$

根据隔离电阻 R 上无压降的条件可以求得

$$R = Z_2 + Z_3 = KZ_0 + \frac{Z_0}{K} = \frac{1+K^2}{K} Z_0 \qquad (4.13)$$

根据条件(3)，端口 1 无反射，即要求功分臂的输入阻抗 Z_{2in}、Z_{3in} 并联之后等于 1 端口的输入阻抗 $Z_{in} = Z_0$，即

$$\frac{Z_{2in} Z_{3in}}{Z_{2in} + Z_{3in}} = Z_0$$

由于 2、3 端口的功率比为 $P_3 = K^2 P_2$，因此在输出端口电压相等的情况下，3 端口的功率为 2 端口功率的 K^2 倍，3 端口的输入阻抗必然为 2 端口的输入阻抗的 $1/K^2$，即

$$Z_{3in} = \frac{Z_{2in}}{K^2}$$

$$Z_{3in} = \frac{(1+K^2)Z_0}{K^2}$$

$$Z_{2in} = (1+K^2)Z_0$$

要使端口 2、3 成为匹配端，必须让 T 形到 2、3 端口 $\lambda_0/4$ 微带线的特性阻抗 Z_{02}、Z_{03} 分别为

$$Z_{02} = \sqrt{Z_{2in} Z_2} = \sqrt{(1+K^2)Z_0 K Z_0} = Z_0 \sqrt{(1+K^2)K} \qquad (4.14)$$

$$Z_{03} = \sqrt{Z_{3in} Z_3} = \sqrt{\left(\frac{1+K^2}{K^2}\right) Z_0 \times \frac{Z_0}{K}} = Z_0 \sqrt{\frac{1+K^2}{K^3}} \qquad (4.15)$$

$$K^2 Z_{03} = Z_{02} \qquad (4.16)$$

在实用情况下及为了测量不等功分器的性能时，均希望端口 2 和端口 3 的阻抗也为 Z_0。为了使它们与 2、3 端口的输出阻抗 Z_2、Z_3 匹配，必须在端口 2、3 和最后的输出端口 2、3 之间分别加一段 $\lambda_0/4$ 阻抗变换段。$\lambda_0/4$ 阻抗变换段的特性阻抗 Z_{04}、Z_{05} 分别为

$$Z_{04} = \sqrt{Z_2 Z_0} = \sqrt{K} Z_0 \qquad (4.17)$$

$$Z_{05} = \sqrt{Z_3 Z_0} = \frac{Z_0}{\sqrt{K}} \qquad (4.18)$$

实例 4.1 用偏置双面平行线制作的 5∶1 不等功分 Wilkinson 功分器[5]

不等功分器中高特性阻抗值很难用普通的传输线（如微带线、CPW）制造。因为高阻抗线的宽度太窄，特别是对大功分比的功分器，虽然不等功分器中的高阻抗线可以用带缺陷的地（DGS，Defected Ground Structure）来增加，但增加的阻抗值有限，而且复杂。采用如

图 4.25 所示的偏置双面平行带线能克服上述缺点。图 4.25(a)为立体结构,图(b)为顶层和底层结构。图中实线表示顶层结构,虚线表示底层结构。

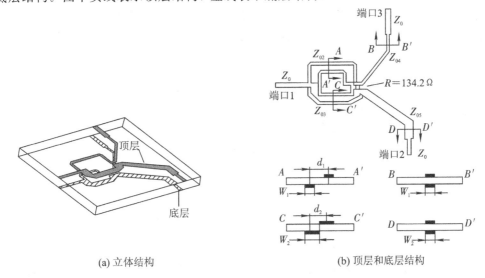

(a) 立体结构　　　　　　　　　　　　　　　　(b) 顶层和底层结构

图 4.25　用偏置双面带线制作的 5 : 1 不等功分 Wilkinson 功分器的结构

用厚 0.8 mm、$\varepsilon_r = 9.6$ 的基板制作 $f_0 = 1.65$ GHz 的 5 : 1 功分器。功分比为 5 : 1,即 $K^2 = 5$,利用式(4.14)、(4.15)、(4.17)、(4.18)和式(4.13)可以计算出功分器各段线的特性阻抗及 R 如下:$Z_{02} = 183.14\ \Omega$,$Z_{03} = 36.6\ \Omega$,$Z_{04} = 74.77\ \Omega$,$Z_{05} = 34.5\ \Omega$,$R = 134.2\ \Omega$。$Z_0 = 50\ \Omega$,$Z_{04} = 74.77\ \Omega$ 和 $Z_{05} = 34.5\ \Omega$ 可以分别用 $W_1 = 0.74$ mm,$W_2 = 2.34$ mm 的普通双面平行带线实现,但 $Z_1 = 183.14\ \Omega$ 和 $Z_2 = 36.6\ \Omega$ 要用图 4.25(b)所示的 $d_1 = 2.83$ mm、$d_2 = 0.72$ mm 的偏置双面平行带线来实现。图 4.26 是该 5 : 1 不等功分 Wilkinson 功分器仿真和实测 S 参数及相位差的频率特性曲线。

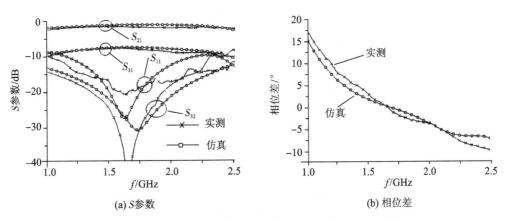

(a) S 参数　　　　　　　　　　　　　　　　(b) 相位差

图 4.26　图 4.25 所示的 5 : 1 不等功分 Wilkinson 功分器
仿真和实测 S 参数及相位差的频率特性曲线

由图 4.26 可看出,在 $f_0 = 1.65$ GHz,端口 2、3 的功分比分别为 $S_{21} = -1.47$ dB,$S_{31} = -8.51$ dB(理论值为 $S_{21} = -0.8$ dB,$S_{31} = -7.78$ dB),端口隔离度 $S_{32} > -20$ dB;在 1.36～1.93 GHz 频段内,端口 2、3 之间的相位差为 $\pm 5.3°$。引起相位差的主要原因是

偏置双面平行带线结构不对称。两个端口的插损约 0.7 dB。

实例 4.2　L 频段 2∶1 不等功分 Wilkinson 功分器[6]

图 4.27 是用 $\varepsilon_r = 2.32$ 的基板制作的输入、输出阻抗 Z_0 均为 50 Ω 的 2∶1 不等 Wilkinson 功分器的结构尺寸图；图 4.28 是图 4.27 所示的二级 Wilkinson 功分器各端口实测 VSWR～f 特性曲线。

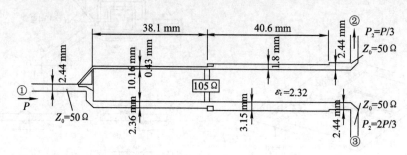

图 4.27　L 频段 2∶1 不等功分 Wilkinson 功分器的结构及尺寸

2. 补偿不等功分微带 Wilkinson 功分器

由图 4.28 所示的曲线可以看出，输入端口 1 的 VSWR 偏大，为了进一步改善无补偿不等功分微带 Wilkinson 功分器输入端口 1 的 VSWR，可以在如图 4.24 所示的无补偿不等功分微带 Wilkinson 功分器输入端串联特性阻抗为 Z_{01}、长度为 $\lambda_0/4$ 的阻抗变换段。通常把如图 4.29 所示的输入端具有串联阻抗变换段的二级不等功分微带 Wilkinson 功分器叫作补偿不等功分微带 Wilkinson 功分器。

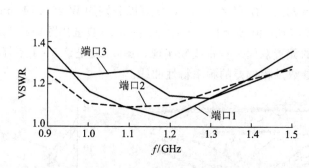

图 4.28　图 4.27 所示的二级不等功分 Wilkinson 功分器各端口实测 VSWR - f 曲线

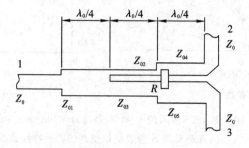

图 4.29　补偿不等功分微带 Wilkinson 功分器

补偿不等功分微带 Wilkinson 功分器的设计参数为

$$Z_{01} = Z_0 \left[\frac{K}{(1+K^2)} \right]^{0.25} \tag{4.19}$$

$$Z_{02} = Z_0 \left[K^3 (1+K)^2 \right]^{0.25} \tag{4.20}$$

$$Z_{03} = Z_0 \left[\frac{(1+K^2)}{K^5} \right]^{0.25} \tag{4.21}$$

$$Z_{04} = Z_0 \sqrt{K} \tag{4.22}$$

$$Z_{05} = \frac{Z_0}{\sqrt{K}} \tag{4.23}$$

$$R = Z_0 \left[\frac{(1+K^2)}{K} \right] \tag{4.24}$$

若 $K=1$，就变成了补偿等功分 Wilkinson 功分器。若 $Z_0 = 50\ \Omega$，功分器各段传输线的特性阻抗的表达式如下：

$$Z_{02} = Z_{03} = \sqrt{2} Z_0 = 70.7\ \Omega \tag{4.25}$$

$$Z_{04} = Z_{05} = Z_0 = 50\ \Omega \tag{4.26}$$

$$R = 2Z_0 = 100\ \Omega \tag{4.27}$$

若 $Z_0 = 50\ \Omega$，则对 2∶1、3∶1、4∶1 不等功分器，很容易通过式(4.19)～式(4.24)计算出功分器功分臂和阻抗变换段各微带线的特性阻抗及隔离电阻值，具体如表 4.4 所示。

表 4.4　不等功分器各段微带线的特性阻抗及 R 值

K^2	Z_{03} / Ω	Z_{02} / Ω	Z_{05} / Ω	Z_{04} / Ω	R / Ω
2	51.5	103.0	35.4	70.7	106.1
3	43.9	131.6	28.9	86.6	115.5
4	39.5	158.1	25	100	125

由表 4.3 进一步验证，端口输入功率的大小与 $\lambda_0/4$ 长功分臂传输线的特性阻抗成反比。端口 3 的输出功率比端口 2 大，端口 3 功分臂微带线的特性阻抗 Z_{03} 必须比端口 2 功分臂微带线的特性阻抗 Z_{02} 小。例如：

$$\frac{P_3}{P_2} = \frac{Z_{02}}{Z_{03}} = K^2$$

若 $K^2 = 2$，则

$$\frac{P_3}{P_2} = \frac{Z_{02}}{Z_{03}} = \frac{103.0}{51.5} = 2$$

若 $K^2 = 4$，则

$$\frac{P_3}{P_2} = \frac{Z_{02}}{Z_{03}} = \frac{158.1}{39.5} = 4$$

图 4.30(a)、(b)是无补偿(A)和补偿(B)不等功分比分别是 2∶1 和 3∶1 的 Wilkinson 功分器输入/输出端口 VSWR 的频率响应曲线。由图 4.30 可看出，功分比愈大，无补偿和补偿 Wilkinson 功分器输入/输出端口 VSWR 的带宽就愈窄。

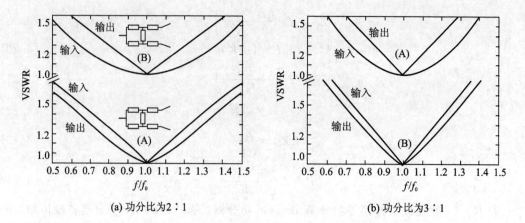

(a) 功分比为2∶1　　　　　　　　　　(b) 功分比为3∶1

图 4.30　二级不等功分无补偿(A)和补偿（B）Wilkinson
功分器输入/输出端口 VSWR 的频率响应曲线

4.1.4　多路功分器[7]

与二路功分器类似，多路功分器也分为输出端口隔离与不隔离两类。

1. 宽带多级多路微带功分器

分支线功分器/合成器的构成大致可以分成两类，第一类是由两路或多路输出分支线并联构成的分支线功分器，这类功分器由于输入线的特性阻抗通常与并联输出线不同，因而需要用 $\lambda_0/4$ 阻抗变换段构成的匹配网络。随着输出线数量的增加，需要特性阻抗更大的阻抗匹配段，由于分支线结点寄生电抗的影响，使功分器的性能恶化，因此对四路以上功分器，可以使用第二类平面分支线功分器。

如图 4.31 所示，构成分支线功分器的方法是把特性阻抗为 Z_0 的输出线并联，再用多段切比雪夫阻抗变换段使输入阻抗与输出线的并联阻抗匹配。把功分器倒过来用，就可以作为功率合成器，如图 4.31(b)所示。

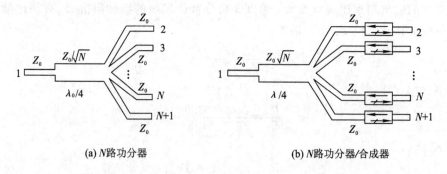

(a) N路功分器　　　　　　　　　　　(b) N路功分器/合成器

图 4.31　多路分支线功分器构成原理图

下面是中心设计频率 $f_0 = 4$ GHz，用 $\varepsilon_r = 10.3$、$h = 0.64$ mm 的基板制成的三路、四路分支线等功分器和由二级三路功分器构成的九路和十二路等功分微带功分器。图 4.32 是三路分支线微带等功分器的结构，在 4 GHz 的具体尺寸如表 4.5 所示。

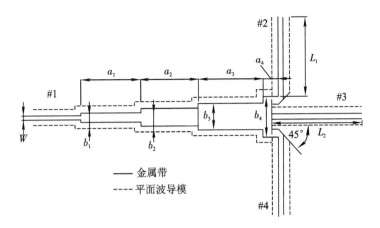

图 4.32　三路等功分分支线微带功分器的结构

表 4.5　4 GHz 三路分支线微带功分器的尺寸

参数	a_1	a_2	a_3	a_4	b_1	b_2	b_3	b_4	L_1	L_2	W
尺寸/mm	7.10	6.88	7.8	1.63	0.86	1.73	2.94	4.6	9.0	10.6	0.52

图 4.33(a)、(b)分别是 $f_0=4\ \text{GHz}$ 三路等功分分支线功分器仿真和实测 S 参数幅度和相位的频率响应曲线。由图 4.33 可看出，在 90% 的相对带宽内，$S_{11}<-20\ \text{dB}$，输出端功分幅度不平衡小于 0.1 dB，S_{21} 与 S_{31} 的相差几乎为零。

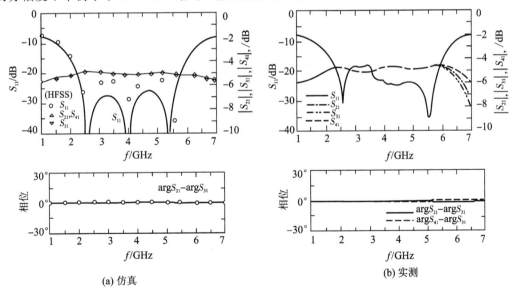

图 4.33　$f_0=4\ \text{GHz}$ 时仿真和实测的三路等功分分支线微带功

分器 S 参数幅度和相位的频率响应曲线

图 4.34 是四路等功分分支线微带功分器的结构，在 4 GHz 的具体尺寸如表 4.6 所示。

表 4.6　$f=4\ \text{GHz}$ 四路等功分分支线微带功分器的尺寸

参数	a_1	a_2	a_3	a_4	a_5	b_1	b_2	b_3	b_4	b_5	L_1	L_2	W	C
尺寸/mm	7.10	7.01	6.81	7.78	1.88	0.82	1.56	2.89	4.37	6.25	9.58	10.0	0.52	0.33

该四路等功分分支线微带功分器在 101% 相对带宽内实现了 6 dB 的功分比, 输出幅度差为 0.2 dB, 相位差几乎为零。

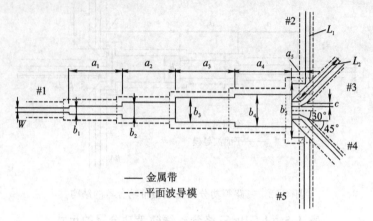

图 4.34　四路等功分分支线微带功分器的结构

图 4.35 是由二级三个三路微带等功分器构成的九路微带等功分器。九个线宽为 W 的输出线的特性阻抗均为 50 Ω, 50 Ω 输入线经过阻抗变换段与第一个三路等功分器相连, 第一个三路等功分器的三根输出线, 每个都通过二级阻抗变换段与第二个三路等功分器相连。该功分器在 4 GHz 的具体尺寸如表 4.7 所示。

表 4.7　4 GHz 九路微带等功分器的尺寸

参数	a_1	a_2	a_3	a_4	a_5	b_1	b_2	b_3	b_4	b_5	a_3'	L_1	L_2	W
尺寸/mm	6.46	1.35	3.76	6.66	1.67	1.29	4.45	0.55	2.08	4.33	5.9	4.74	5.74	0.52

该九路微带等功分器在 85% 的相对带宽内, 实现了幅度相差 0.2 dB、相位差为零的功分比。

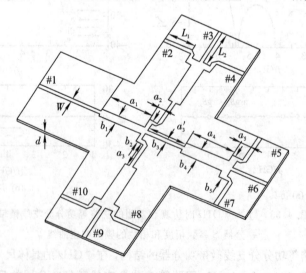

图 4.35　由二级三路 T 形功分器构成的九路微带等功分器的结构示意图

图 4.36 是由二级一个三路功分器和三个四路功分器构成的十二路功分器的结构示意图。第一级为三路功分器, 三个四路功分器为第二级。为了实现宽频带, 在设计中采用了

等效三级有 2：1 阻抗变换比的切比雪夫变换器。该十二路功分器在 4 GHz 的具体尺寸如表 4.8 所示。

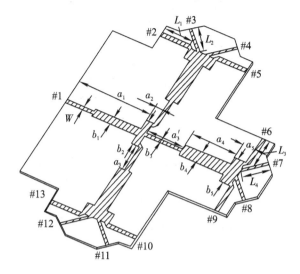

图 4.36　由二级一个三路功分器和三个四路功分器构成的十二路功分器

表 4.8　4GHz 十二路功分器的最佳尺寸

参数	a_1	a_2	a_3	a_4	a_5	b_1	b_2	b_3
尺寸/mm	8.88	2.02	7.25	8.72	2.35	1.17	5.05	0.72
参数	L_1	L_2	L_3	L_4	b_4	b_5	a_3'	
尺寸/mm	5.08	5.46	4.82	5.16	3.04	7.38	5.8	

2. 多路 Wilkinson 功分器[4]

多路 Wilkinson 功分器由于附加了 $R=Z_0$ 的平衡隔离电阻，因而使各端口匹配，低耗及输入/输出端口有相当高的隔离度。如图 4.37 所示，每个隔离电阻的一端与每路功分器的微带线相连，连接点距特性阻抗为 $Z_0/\sqrt{N}$ 的阻抗变换段的距离为 $\lambda_g/4$，隔离电阻的另一端并联。连接电阻的引线应尽量短，且为点连接。为解决这些问题，宜用多级多电阻，以提供足够高的隔离度和匹配度。

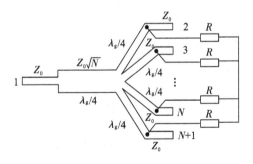

图 4.37　多路 Wilkinson 功分器的原理图

图 4.38(a)是改进隔离度的三路微带功分器。为实现宽频带，要选择有合适特性阻抗的 $\lambda_0/4$ 长微带线及平衡隔离电阻 R。用 $Z_1=114\ \Omega$，$Z_2=68.5\ \Omega$，$Z_0=50\ \Omega$，$R_1=64.95\ \Omega$ 和 $R_2=200\ \Omega$ 构成的二级三路功分器，可以实现倍频程带宽。

在实际工程中，特性阻抗超过 100 Ω 的微带线，由于带线的宽度太窄不易实现，加上太窄的带线会使插损增大，为此可以采用如图 4.38(b)所示的能改善隔离度的变形三路微带功分器。$\lambda_g/4$ 微带线的特性阻抗及隔离电阻如下：$Z_1=36\ \Omega$，$Z_2=Z_3=40\ \Omega$，$Z_4=80\ \Omega$，$Z_5=40\ \Omega$，$R_1=50\ \Omega$ 和 $R_2=100\ \Omega$。用该功分器在 6～14 GHz 72% 的带宽内，端口反射

损耗大于 -12 dB，隔离度为 -20 dB，插损为 1 dB。

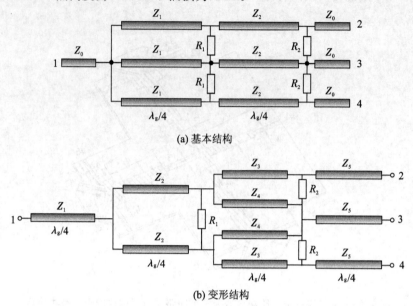

(a) 基本结构

(b) 变形结构

图 4.38　能改善隔离度的三路微带功分器

　　图 4.39 是实用的三路和四路等功分微带功分器，其中图 (a) 是结构紧凑的三路等功分微带功分器。为避免功分器 50 Ω 输出端口之间幅度和相位的不平衡，把连接在中间分支上的电阻分成两个相等并联的电阻。为了获得理想的可变结点，把这两个电阻用尽可能短的窄微带线连在一起，最严格的参数是端口 2 和端口 4 之间的电阻，可以用缩短连线改进。在 $1.7\sim2.1$ GHz 频段，用该三路等功分微带功分器实现了 0.35 dB 的幅度不平衡及大于 -15 dB 的隔离度。图 4.39(b) 是 UHF 频段四路等功分微带 Wilkinson 功分器，从端口 1 输入，从端口 2、3、4、5 输出，微带线的特性阻抗均为 50 Ω，隔离电阻 $R_1=100$ Ω，$R_2=50$ Ω。该功分器在 20% 的带宽内插损只有 0.3 dB，输出端口之间的隔离度为 -20 dB。

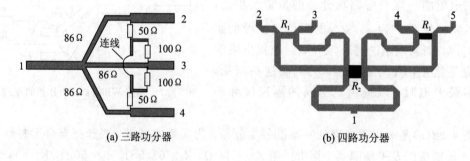

(a) 三路功分器　　　　　　　　　(b) 四路功分器

图 4.39　实用的三路和四路等功分微带功分器

3. 奇等分微带功分器[22]

　　为了实现奇等功分器，可以从最简单的三等分功分器出发，先按 1：2 不等分，再将功分比为 2 的那一路二等分，依次五等分、七等分，最后推演就可以得出如图 4.40 所示的普遍奇等分功分器的拓扑结构。

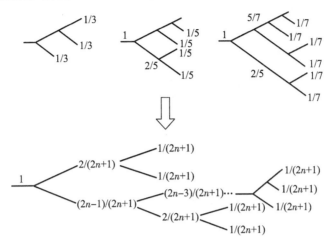

图 4.40　$1/(2n+1)$等分功分器的拓扑结构推演

图 4.41 是三等分功分器的结构示意图。图中，Z_0 是输入、输出端口阻抗，Z_1、Z_2、Z_3、Z_4 为各段分支线的特性阻抗，Z_{01}、Z_{02} 为两等分支路的特性阻抗，R_1、R_2 为隔离电阻。各支线 L_1、L_2、L_3、L_4 的长度为 $\lambda_0/4$。要分成三等分，先按 1 : 2 不等分。各阻抗关系如下：

$$Z_1 = \sqrt{K(1+K^2)Z_0}$$

$$Z_2 = \sqrt{\frac{1+K^2}{K^3 Z_0}}$$

$$Z_3 = \sqrt{K}Z_0$$

$$Z_4 = \frac{Z_0}{\sqrt{K}}$$

$$Z_{01} = Z_{02} = \sqrt{2}Z_0$$

$$R_1 = \frac{1+K^2}{K}Z_0$$

$$R_2 = 2Z_0$$

式中，K^2 为功分比，在 1 : 2 不等功分的情况下，$K^2 = 2$。图 4.42 是 $f = 10$ GHz 的三等分功分器的照片。

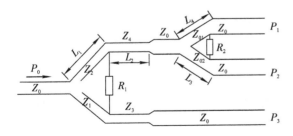

图 4.41　三等分功分器结构

图 4.42　$f = 10$ GHz 三等功分器的照片

　　图 4.43 是用 $\varepsilon_r = 3.8$、厚 1.7 mm 的基板制造的中心频率为 3 GHz 的五路功分器的结构及尺寸[9]。$\lambda_0/4$ 微带线的宽度为 3.6 mm，线长 $L_0 = 0.055\lambda_0$（λ_0 为自由空间波长）。其他微带线的特性阻抗、线宽 W_i 和线长 L_i 及隔离电阻如下：

$$Z_i = 46.75\ \Omega, W_i = 4\ mm, L_i = 15.4\ mm$$
$$Z_1 = 38.5\ \Omega, W_1 = 6.2\ mm, L_1 = 15.1\ mm$$
$$Z_2 = 55\ \Omega, W_2 = 3.1\ mm, L_2 = 15.55\ mm$$
$$Z_3 = 50\ \Omega, W_3 = 3.6\ mm, L_3 = 15.5\ mm$$
$$Z_4 = 100\ \Omega, W_4 = 1.0\ mm, L_4 = 15.25\ mm$$
$$Z_5 = 50\ \Omega, W_5 = 3.6\ mm, L_5 = 15.5\ mm$$
$$Z_6 = 85\ \Omega, W_6 = 1.3\ mm, L_6 = 15.1\ mm$$
$$Z_7 = 120\ \Omega, W_7 = 0.5\ mm, L_7 = 15.45\ mm$$
$$Z_8 = 100\ \Omega, W_8 = 1.0\ mm, L_8 = 15.25\ mm$$
$$Z_9 = Z_{10} = Z_{11} = 50\ \Omega, W_{9,10,11} = 3.6\ mm, L_{9,10,11} = 15.5\ mm$$
$$R_1 = 68\ \Omega, R_2 = 100\ \Omega, R_3 = 150\ \Omega$$

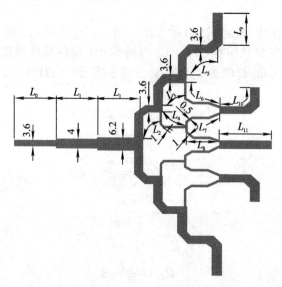

图 4.43　$f_0 = 3$ GHz 时五路功分器的结构及尺寸

4.2　定向耦合器

4.2.1　定向耦合器的分类及应用

　　定向耦合器的对称性是定向耦合器的重要特性，在分析和计算中经常利用对称性。按对称性把定向耦合器分成三类，如图 4.44 所示。

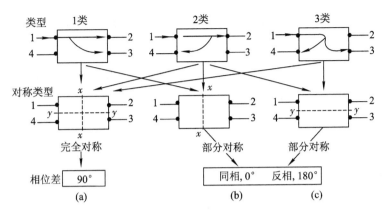

图 4.44　定向耦合器的分类

(1) 1 类：沿 x、y 轴均对称——完全对称。

(2) 2 类：沿 x 轴对称——部分对称。

(3) 3 类：沿 y 轴对称——部分对称。

按输出端口的相位差也分成三类：

(1) 90°，如分支线定向耦合器、平行耦合线定向耦合器。

(2) 0°，如环形定向耦合器。

(3) 180°，如环形定向耦合器。

定向耦合器在如下微波器件中都有应用：

(1) 平衡混频器、平衡放大器。

(2) 功分器/合成器、移相器。

(3) 衰减器、调制器。

(4) 鉴频器(鉴相器，Discriminators)。

(5) 天线阵的馈电网络。

4.2.2　定向耦合器参数的定义[4]

如图 4.44(a)所示，定向耦合器是一个四端口网络。假定端口 1 为输入端，端口 2 为直接输出端，端口 3 为耦合输出端，端口 4 为隔离端。假定 P_1 为端口 1 的输入功率，P_2 为端口 2 的直接输出功率，P_3 为端口 3 的耦合输出功率；P_4 为隔离端口 4 的输出功率。定向耦合器的参数定义如下：

1. 功率比 K^2

在所有端口匹配的情况下，端口 3 和端口 2 的输出功率之比为

$$K^2 = \frac{P_3}{P_2} \tag{4.28}$$

2. 插损 C_{12}

把端口 2 的输出功率与端口 1 的输入功率之比定义为插损 C_{12}，其计算式为

$$C_{12} = -10\lg \frac{P_2}{P_1} = -20\lg |S_{12}| \tag{4.29}$$

3. 耦合系数 $C_{13}(C)$

把耦合端口 3 的输出功率与端口 1 的输入功率之比定义为耦合系数 C_{13}，其计算式为

$$C_{13}(C) = -10\lg \frac{P_3}{P_1} = -20\lg \mid S_{13} \mid \tag{4.30}$$

4. 方向系数 $C_{34}(D)$

把耦合端口 3 的输出功率与隔离端口 4 的输出功率之比定义为方向系数 $C_{34}(D)$，其计算式为

$$C_{34} = -10\lg \frac{P_4}{P_3} = -20\lg \left| \frac{S_{13}}{S_{14}} \right| \tag{4.31}$$

5. 隔离度 C_{14}（或 C_{23}）

把端口 1（端口 2）的输入功率与隔离端口 4（端口 3）的输出功率之比定义为隔离度 $C_{14}(C_{23})$，其计算式为

$$C_{14} = 10\lg \frac{P_1}{P_4} = -20\lg \mid S_{14} \mid$$

$$C_{23} = 10\lg \frac{P_2}{P_3} = -20\lg \mid S_{23} \mid \tag{4.32}$$

6. 每个端口的 VSWR

VSWR 的计算式为

$$\mathrm{VSWR_i} = \frac{1 + \mid S_{ii} \mid}{1 - \mid S_{ii} \mid} \qquad (i = 1, 2, 3, 4) \tag{4.33}$$

在理想情况下，定向耦合器有以下特性：VSWR $= 1$，插损 $C_{12} = 3$ dB，耦合系数 $C_{13} = 3$ dB，隔离度和方向系数 $C_{14} = C_{34} = \infty$。

4.2.3　环形定向耦合器[2]

1. 周长为 $6\lambda_\mathrm{g}/4$ 的环形定向耦合器

图 4.45 是由周长为 $6\lambda_\mathrm{g}/4$ 微带线构成的环形定向耦合器（λ_g 为导波波长）。

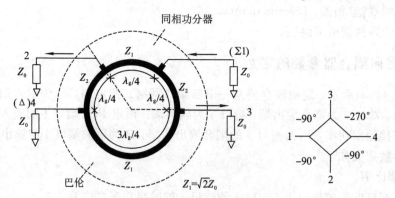

图 4.45　周长为 $6\lambda_\mathrm{g}/4$ 的环形定向耦合器

具体的 S 参数如下：

$$S_{11} = S_{22} = S_{33} = S_{44} = \frac{1 - (Y_1^2 + Y_2^2)}{1 + Y_1^2 + Y_2^2} \tag{4.34}$$

$$S_{14} = S_{32} = 0 \tag{4.35}$$

$$S_{24} = -\mathrm{j}\,\frac{2Y_2}{1 + Y_1^2 + Y_2^2} \tag{4.36}$$

$$S_{34}=\mathrm{j}\,\frac{2Y_1}{1+Y_1^2+Y_2^2} \tag{4.37}$$

$$S_{21}=-\mathrm{j}\,\frac{2Y_1}{1+Y_1^1+Y_2^2} \tag{4.38}$$

$$S_{31}=-\mathrm{j}\,\frac{2Y_2}{1+Y_1^2+Y_2^2} \tag{4.39}$$

式中，$Y_1=\dfrac{Z_0}{Z_1}$，$Y_2=\dfrac{Z_0}{Z_2}$。

由式(4.35)可看出，端口 1、4 彼此隔离，端口 2、3 也彼此隔离，而且输入端/输出端隔离与 Z_1、Z_2 无关。

若由端口 4 输入，则由端口 2、3 反相输出；

若由端口 1 输入，则由端口 2、3 同相输出。

在所有端口匹配的情况下，$S_{11}=S_{22}=S_{33}=S_{44}=0$。

由此求得：

$$Y_1^2+Y_2^2=1 \tag{4.40}$$

利用式(4.40)可以得出：

$$S_{24}=-\mathrm{j}Y_2=-\mathrm{j}\,\frac{Z_0}{Z_2} \tag{4.41}$$

$$S_{34}=\mathrm{j}Y_1=\mathrm{j}\,\frac{Z_0}{Z_1} \tag{4.42}$$

$$S_{21}=-\mathrm{j}Y_1=-\mathrm{j}\,\frac{Z_0}{Z_1} \tag{4.43}$$

$$S_{31}=-\mathrm{j}Y_2=-\mathrm{j}\,\frac{Z_0}{Z_2} \tag{4.44}$$

$$\frac{P_3}{P_2}=\frac{\left|\,S_{31}\,\right|^2}{\left|\,S_{21}\,\right|^2}=\left(\frac{Z_1}{Z_2}\right)^2=K^2 \tag{4.45}$$

由式(4.45)可以看出，端口 3 与端口 2 之间的功分比 K^2 与 $\lambda_g/4$ 长功分臂馈线的特性阻抗的平方成反比。对 3 dB 功分器，显然 $Z_1=Z_2$，$K^2=1$。假定端口 3 的功率比端口 2 大 3 倍，即 $K^2=3$，由式(4.45)求得：

$$\frac{P_3}{P_2}=\left(\frac{Z_1}{Z_2}\right)^2=K^2=3$$

则要求 $Z_1/Z_2=\sqrt{3}$。也就是说，要使端口 3 输出功率大于端口 2，则必须增大端口 2 功分臂馈线的特性阻抗 Z_1，减小端口 3 功分臂馈线的特性阻抗 Z_2。

由上述分析得出，可以把环形定向耦合器看成一个同相功分器和一个反相功分器(巴伦)。假定信号从端口 1 输入，顺时针经 $\lambda_g/4$ 到端口 3 与反时针经 $5\lambda_g/4$ 到端口 3 的信号等幅同相由端口 3 输出，反时针经 $\lambda_g/4$ 到达端口 2 与顺时针经 $5\lambda_g/4$ 到达端口 2 的信号等幅同相由端口 2 输出，反时针经 $\lambda_g/2$ 到达端口 4 与顺时针经 λ_g 到达端口 4 的信号等幅反相，结果端口 4 无信号输出。

由此可以看出，信号由端口 1 输入，由端口 2、3 等幅同相输出，端口 4 无输出，为隔离端。此时，$6\lambda_g/4$ 长环形定向耦合器起同相功分器的作用。

假定信号由端口 4 输入，顺时针经 $\lambda_g/4$ 到端口 2 与反时针经 $5\lambda_g/4$ 到端口 2 的信号等幅同相由端口 2 输出，顺时针经 $3\lambda_g/4$ 到端口 3 与反时针经 $3\lambda_g/4$ 端口 3 的信号也等幅同相，由端口 3 输出；但端口 2、3 输出的信号的路径差 $\lambda_g/2$，相位差 $180°$，顺时针经 $\lambda_g/2$ 到达端口 1 与反时针经 λ_g 到达端口 1 的信号等幅反相，端口 1 无信号输出。

由此可以看出，信号由端口 4 输入，由端口 2、3 等幅反相输出，端口 1 无信号输出，此时，$6\lambda_g/4$ 长环形定向耦合器起反相功分器（即巴伦）的作用。

假定信号分别由端口 2、3 等幅同相输入，到达端口 1 的两个信号等幅同相，结果由端口 1 输出；同理，假定有两个等幅反相信号由端口 2、3 输入，两个信号到达端口 1 经过的路径虽同相，但本身反相，所以不从端口 1 输出，两个信号到达端口 4 所经过的路径差 $\lambda_g/2$，相位差 $180°$，但由于两个输入信号本身相反，结果合成相位同相，由端口 4 输出。

由此我们看出，信号分别由 2、3 端等幅同相输入，由端口 1 输出，端口 1 相当于 $\sum$ 端；信号分别由端口 2、3 等幅反相输入，由端口 4 输出，端口 4 相当于 $\triangle$ 端，此时，$6\lambda_g/4$ 环形定向耦合器起功率合成器的作用。由此我们可以得出，把功分器反过来用，就可以作为功率合成器；反之，把功率合成器反过来用，就可以作为功率分配器使用。

图 4.46 是 mm 波段用 $\varepsilon_r=2.2$、厚 0.254 mm 制造的周长为 $6\lambda_g/4$ 的环形定向耦合器的结构及尺寸[1]。

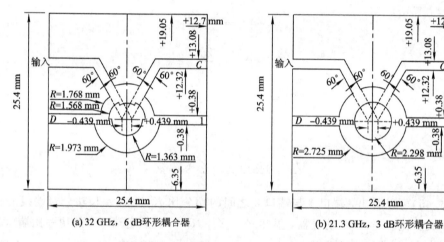

(a) 32 GHz，6 dB 环形耦合器　　　　　(b) 21.3 GHz，3 dB 环形耦合器

图 4.46　mm 波 $6\lambda_g/4$ 环形耦合器的结构及尺寸

2. 周长为 λ_g 的宽带环形定向耦合器

周长为 $6\lambda_g/4$ 的环形定向耦合器的主要缺点是不仅尺寸大，而且频带较窄，带宽只有 20%。虽然同相功分器有宽频带特性，但反相功率分配器是由一段不反相的 $\lambda_g/4$ 传输线和一段 $3\lambda_g/4$ 长反相传输线组成的。环形定向耦合器带宽差主要是由于在 $3\lambda_g/4$ 长传输线中出现反相造成的。为了展宽环形定向耦合器的带宽，必须设法去掉 $3\lambda_g/4$ 长传输线中的反相段，最有效的办法就是用一段 $\lambda_g/4$ 长反相耦合线来代替 $3\lambda_g/4$ 长传输线段，构成如图 4.47 所示的周长为 λ_g 的宽带环形定向耦合器。由于 $\lambda_g/4$ 长耦合线段的 $180°$ 相位不随频率变化，因而展宽了环形定向耦合器的频带特性。图 4.47 所示的周长为 λ_g 的环形定向耦合器具有与 $6\lambda_g/4$ 周长环形定向耦合器一样的特性。信号由端口 1 输入，由 2、3 端口输出，具有同相功分器的功能。该定向耦合器也可以作为同相功率合成器使用。巴伦则提供了端口 4 与端口 2、3 之间的反相功率合成和分配功能。两个输出端口之间的相位差（$0°$ 和 $180°$）也与频率无关。周长为 λ_g 的环形定向耦合器的带宽约为一个倍频程。

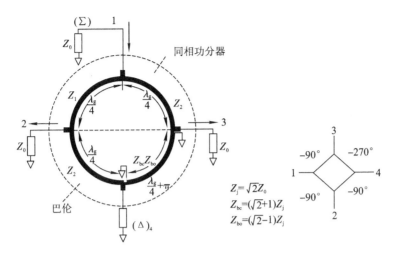

图 4.47 带有反相耦合线的周长为 λ_g 的宽带环形定向耦合器

3. 由环形定向耦合器构成的宽带不等功分器

在如图 4.45 所示的普通环形定向耦合器中，端口 4 为隔离端，从端口 1 输入的信号由端口 2、3 输出，从输出端口 3 到隔离端口 4 经过的路径长 $3\lambda_g/4$，但输出端口 2 到隔离端口 4 只经过 $\lambda_g/4$ 长的路径。在实际中，由于材料、制造公差等因素的影响，端口 4 不可能完全隔离。也就是说，从相反方向传来的两个信号并不能完成抵消，还存在一些剩余信号。由于从端口 3 到端口 4 所经过的路径长度是从端口 2 到端口 4 的三倍，因此当工作频率偏离中心工作频率时，剩余信号的幅度和相位从端口 3 到端口 4 的变化要比从端口 2 到端口 4 的变化大。可见，周长为 $6\lambda_g/4$ 的环形定向耦合器属窄带定向耦合器，但在距离端口 4 $\lambda_g/2$ 处附加一个隔离端口 5，如图 4.48 所示，端口 5 正好位于端口 2 的反方向，使输出端口 2、3 到两个隔离端口 4、5 的路径相同。由于来自两个输出端的剩余信号到达隔离端口 4、5 在相同条件下是完全相同的，因而实现了宽频带。

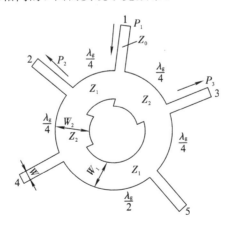

图 4.48 不等功分环形定向耦合器

4. 环形不等功分器的工程设计[17]

(1) 假定 $Z_0 = 50\ \Omega$，首先计算出端口微带线的宽度 W。

(2) 计算馈线的长度，如 $\lambda_g/4$、$\lambda_g/2$，λ_g 为导波波长，其计算式为

6. 双频环形耦合器[21]

图 4.52 是双频(f_1、f_2)环形耦合器的结构图。双频环形耦合器与普通环形耦合器的主要差别有以下三点：

(1) 长臂的电长度为 150°（频率为(f_1+f_2)/2），特性阻抗为 Z_A。

(2) 电长度为 90° 的分支线的特性阻 Z_C、Z_B 不等于 70.7 Ω。

(3) 附加了电长度为 90°、特性阻抗为 Z_D 的并联短路支节。

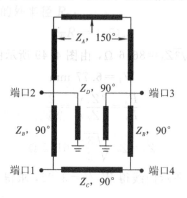

图 4.52　双频环形耦合器的结构

双频环形耦合器分支线特性阻抗为

$$Z_A = -Z_B \frac{\cos\theta}{\cos5\theta} \tag{4.47}$$

$$Z_B = Z_C = Z_0 \frac{\sqrt{2\cos2\theta}}{\cos\theta} \tag{4.48}$$

$$Z_D = \frac{Z_B \sin\theta}{\sin\theta + \sin5\theta} \tag{4.49}$$

$$\theta = \frac{f_2 - f_1}{f_2 + f_1} \cdot \frac{\pi}{2} \tag{4.50}$$

对阻抗为 30～100 Ω 的线，工程上容易实现，为避免在工程上使用难实现的高阻线，建议双频耦合器的工作频率的范围为 $1.75f_1 < f_2 < 2.75f_1$。在 $f_1 = 900$ MHz，$f_2 = 2000$ MHz，用厚 0.8 mm、$\varepsilon_r = 3.38$ 的基板制作了双频环形耦合器，图 4.53 为其照片。分支线的最佳特性阻抗分别为 $Z_A = 44$ Ω，$Z_B = Z_C = 52$ Ω，$Z_D = 40$ Ω。

图 4.53　双频环形耦合器的照片

在 880 MHz 和 1980 MHz，实测双频环形耦合器的主要电参数如表 4.9 所示。

表 4.9 双频环形耦合器主要电参数实测结果

频率/MHz	S_{11}/dB	隔离度/dB	插 损				$LS_{21}-LS_{41}$	$LS_{23}-LS_{43}$
			S_{21}/dB	S_{41}/dB	S_{23}/dB	S_{43}/dB		
880	−39.0	−40.3	−3.3	−3.0	−3.3	−3.2	5.1°	184.6°
1980	−28.5	−29.5	−3.3	−3.7	−3.4	−3.8	4.9°	177.8°

4.2.4 分支线定向耦合器[4]

分支线定向耦合器是由周长为 λ_g 的方环构成的四端口网络。分支线定向耦合器有双分支线定向耦合器和三分支线定向耦合器。分支线定向耦合器的带宽随着分支线的增加而增加。

1. 双分支线定向耦合器

双分支线定向耦合器是由周长为 λ_g 的方形环状传输线构成的分支线定向耦合器,如图 4.54 所示。它也可以看成主要是由两根传输线组成,主线传输线 1-2 利用两个间隔 $\lambda_g/4$ 且 $\lambda_g/4$ 长的分支线耦合到辅助传输线 4-3 上,耦合系数由串联臂和并联臂的阻抗比 Z_2/Z_1 决定,输入、输出端均有相同的特性阻抗 Z_0。

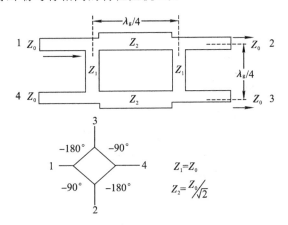

图 4.54 双分支线定向耦合器

双分支线定向耦合器是分支线定向耦合器中最常用的一种。假定信号由端口 1 输入,则由输出端口 2 和耦合端口 3 输出,端口 4 为隔离端。

在输入端口 1 完全匹配的情况下,$S_{11}=0$,由此可以得出

$$Y_1^2 = Y_2^2 - 1 \tag{4.51}$$

式中,$Y_1=Z_0/Z_1$,$Y_2=Z_0/Z_2$。

由双分支线定向耦合器的散射矩阵可以求出

$$S_{14}=S_{41}=0 \tag{4.52}$$

表明端口 1、4 彼此隔离

$$\arg\left(\frac{S_{12}}{S_{13}}\right)=90° \tag{4.53}$$

这表明双分支线定向耦合器有图 4.44 中 1 类定向耦合器的理想方向性。需特别注意的是,两输出端的相位差既不同相,也不反相,而是固有地为 90°。当双分支线定向耦合器串臂

的特性阻抗 $Z_2 = Z_0/\sqrt{2}$，并臂的特性阻抗 $Z_1 = Z_0$ 时，端口 1 输入的功率由端口 2、3 等分输出。通常把这种双分支线定向耦合器叫作 3 dB 混合电路（Hybrid），或叫 3 dB 电桥、90°混合电路。90°混合电路被广泛用作宽带圆极化天线、多波束天线、智能天线的馈电网络。

　　双分支线定耦合器的主要缺点是带宽较窄，相对带宽只有 15%。图 4.55 是用 $\varepsilon_r = 2.2$、厚 0.254 mm 的基板制作的 mm 波分支线定向耦合器的结构及尺寸[1]。

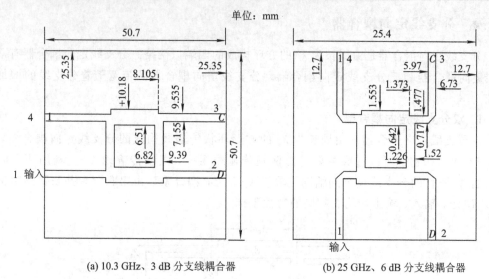

(a) 10.3 GHz、3 dB 分支线耦合器　　　　　(b) 25 GHz、6 dB 分支线耦合器

图 4.55　毫米波分支线定向耦合器

2. 三分支线定向耦合器

　　图 4.56 为三分支线定向耦合器。三分支线定向耦合器的带宽比双分支线定向耦合器宽，相对带宽为 20%。三分支线定向耦合器也有图 4.44 中 1 类定向耦合器的理想方向性。

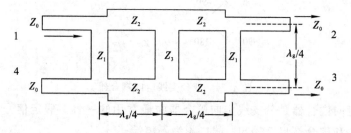

图 4.56　三分支线定向耦合器

　　假定信号由端口 1 输入，则由端口 2、3 等幅输出，端口 4 为隔离端，输出信号的相位差为 90°。3 dB 90°三分支线定向耦合器中，分支线段的特性阻抗有如下关系：

$$Z_1 = \frac{Z_0}{\sqrt{2}-1} \tag{4.54}$$

$$Z_2 = \frac{Z_0}{\sqrt{2}} \tag{4.55}$$

$$Z_3 = \frac{Z_0}{\sqrt{2}} \tag{4.56}$$

　　假定 $Z_0 = 50\ \Omega$，三分支线定向耦合器各段微带线的特性阻抗如图 4.57 所示。

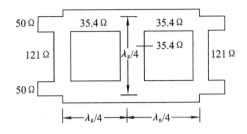

图 4.57　端阻抗为 50 Ω，三分支线定向耦合器各分支段微带的特性阻抗

3. 有阻抗变换特性的分支线 90° 定向耦合器[4]

图 4.58(a) 是有阻抗变换特性的双分支线 90° 定向耦合器，$\lambda_g/4$ 分支线的特性阻抗 Z_1 和 Z_2 与输入阻抗 Z_{0S} 和输出阻抗 Z_{0L} 及端口 3 和 2 的功分比 K^2 有如下关系：

$$Z_1 = \frac{Z_{0S}}{K} \tag{4.57}$$

$$Z_2 = \left[\frac{Z_{0S} Z_{0L}}{(1+K^2)} \right]^{0.5} \tag{4.58}$$

$$Z_3 = \frac{Z_1 Z_{0L}}{Z_{0S}} \tag{4.59}$$

隔离电阻为

$$R = Z_{0S}$$

采用级联的方法，即把几个双分支线 90° 定向耦合器级联，可以展宽分支线 90° 定向耦合器的带宽。图 4.58(b) 是有阻抗变换特性的二级级联分支线 90° 定向耦合器。$\lambda_g/4$ 分支线特性阻抗的表达式如下：

$$Z_1 = Z_{0S} \left[\frac{mt^2 - m}{t - m} \right]^{0.5} \tag{4.60}$$

$$\frac{Z_2^2}{Z_3} = Z_{0S} \left[m - \left(\frac{m}{t} \right)^2 \right]^{0.5} \tag{4.61}$$

$$Z_4 = \frac{Z_{0S} \left[m(t^2 - m) \right]^{0.5}}{t - 1} \tag{4.62}$$

式中：

$$t = m(1 + K^2)^{0.5} \tag{4.63}$$

其中，m 为输出/输入阻抗变换比。

当 $Z_2 = Z_3$ 时，在中心频率能给出最大带宽。

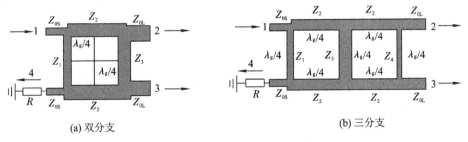

(a) 双分支　　　　　　　　　　　　　　　(b) 三分支

图 4.58　有阻抗变换比的分支线 90° 定向耦合器

对等功分 90°定向耦合器，$K=1$，$t=\sqrt{2}$ m，实用中，$Z_{os}=50\ \Omega$。为了提供几何尺寸可以实现的分支线特性阻抗，m 的取值范围为 0.7～1.3。

4. 小尺寸分支线 90°耦合器[4,9]

为了减小分支线 90°耦合器的尺寸，可以用特性阻抗为 Z、电长度为 θ 且与两个电容 C 并联、长度缩短的微带线来代替特性阻抗为 Z_0、长度为 $\lambda_g/4$ 的微带线，而且能提供相同的带宽特性，如图 4.59(a)、(b)所示。

具体设计参数为

$$Z=\frac{Z_0}{\sin\theta} \tag{4.64}$$

$$C=\frac{1}{\omega Z_0\cos\theta} \tag{4.65}$$

式(4.64)和式(4.65)之间的关系如图 4.60 所示。

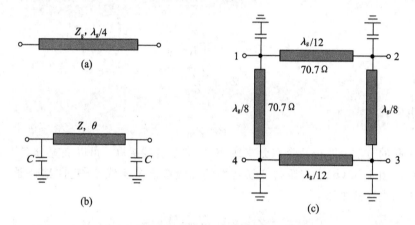

图 4.59　缩小尺寸的 90°定向耦合器

增加微带线的特性阻抗 Z 和集总电容 C，可以缩短分支线的长度。例如，令 $\theta=45°$，则线的特性阻抗增大为原来的 $\sqrt{2}$ 倍。普通分支线 90°定向耦合器并联分支线的特性阻抗 $Z_1=Z_0$，电长度为 θ_1，串联分支线的特性阻抗为 $Z_2=Z_0/\sqrt{2}$，电长度为 θ_2。可以用下面的方程设计如图 4.59(c)所示的小尺寸分支线 90°定向耦合器：

$$\theta_1=\arcsin\left(\frac{Z_0}{Z}\right) \tag{4.66}$$

$$\theta_2=\arcsin\left(\frac{Z_0}{Z\sqrt{2}}\right) \tag{4.67}$$

$$\omega CZ_0=\left[1-\left(\frac{Z_0}{Z}\right)^2\right]^{0.5}+\left[2-\left(\frac{Z_0}{Z^2}\right)\right]^{0.5} \tag{4.68}$$

假定 $Z_0=50\ \Omega$，令 $Z=Z_0\sqrt{2}=70.7\ \Omega$，由式(4.66)求得 $\theta_1=45°(\lambda_g/8)$，由式(4.67)求得 $\theta_2=30°(\lambda_g/12)$，如图 4.59(c)所示。知道了 Z、Z_0 和 θ，电容 C 可以由式(4.68)求出，也可以由图 4.60 求出。

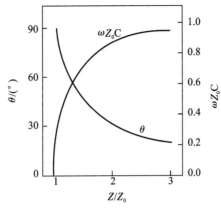

图 4.60　特性阻抗为 Z/Z_0、电长度为 θ 与电容 $\omega Z_0 C$ 之间的关系曲线

图 4.59(c) 所示的小尺寸分支线 90°定向耦合器，在 25 GHz 实测表明，带宽稍比普通分支线 90°定向耦合器窄，但尺寸小 80%。

5. 集总参数分支线定向耦合器

图 4.61～图 4.63 是集总参数分支线定向耦合器的结构及元件值，虽然耦合元件有所不同，但都适合在 MF～HF 频段作为窄带 90°混合电路使用。在 MF～HF 频段，最好的 90°混合电路是如图 4.64 所示的 Maxwell 电桥，因为它具有特别宽的带宽。

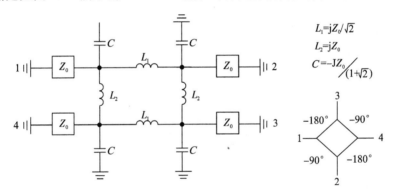

图 4.61　集总参数分支线定向耦合器的结构及元件值

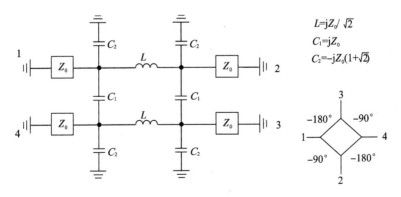

图 4.62　集总参数分支线定向耦合器的结构及元件值

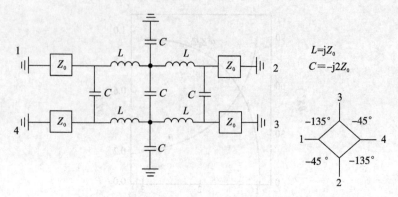

图 4.63　集总参数分支线定向耦合器的结构及元件值

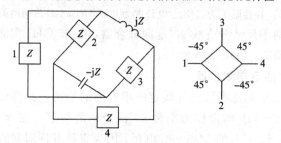

图 4.64　Maxwell 电桥

　　图 4.65 是由二级集总参数元件构成的 90°耦合器。在 900 MHz，集总参数元件的值为：$L_1=6.3$ nH，$L_2=21.4$ nH，$C_1=5.0$ pF，$C_t=6.5$ pF。二级集总参数 90°耦合器的带宽是一级集总参数耦合器的两倍。

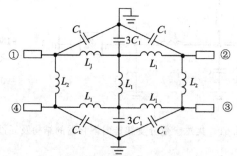

图 4.65　由二级集总元件构成的 90°耦合器

4.2.5　平行耦合线定向耦合器[4]

1. 概述

　　与分支线定向耦合器相比，平行耦合线定向耦合器有更宽的带宽。最常用的平行耦合线定向耦合器是 TEM 模单节反向定向耦合器。图 4.66 为单节反向定向耦合器的结构图。由图 4.66 可看出，平行耦合线定向耦合器是由两个等宽平行耦合带线构成的，最大耦合发生在耦合线长度为 $\lambda_g/4$ 的区段内（λ_g 为导波波长）。由于平行耦合导体之间的电磁场的相互作用，使耦合信号传播的方向正好与入射信号的传播方向相反，因而把这种定向耦合器叫反向定向耦合器。

　　图 4.66(a)为窄边带线耦合器，图(b)为宽边带线耦合器。对上述两种单节反向定向耦

合器，假定信号由端口 1 输入，由端口 2、3 输出，端口 4 无信号输出，为隔离端。值得注意的是，输出信号相差 90°，端口 2 的相位超前端口 3 90°。

经常用偶模和奇模来分析和表示定向耦合器。

偶模：在带线导体上流动的电流，大小相等，方向相同。电场以中心线偶对称，两带线导体之间无电流流动。

奇模：在带线导体上流动的电流，大小相等，方向相反。电场以中心线奇对称，在两导体之间存在零电压。

对偶模激励，用偶模特性阻抗 Z_{0e} 来描述耦合线；对奇模激励，用奇模特性阻抗 Z_{0o} 来描述耦合线。把两个相等的耦合带与特性阻抗为 Z_0 的输入、输出传输线相连，它们之间满足 $Z_0^2 = Z_{0e} Z_{0o}$ 的等式。在这种情况下，对任意电长度的耦合线，$S_{11} = S_{14} = 0$，输出端口 4 与匹配输入端口 1 隔离，改变带线之间的耦合及带线的宽度就能改变特性阻抗 Z_{0e} 和 Z_{0o}。S 参数 S_{12} 和 S_{13} 表示传输到输出端口 2 和 3 的功率。S_{12} 和 S_{13} 取决于耦合系数 C 和平行耦合带线的电长度 θ，具体表达式如下：

$$S_{12} = \frac{(1-C^2)^{0.5}}{(1-C^2)^{0.5}\cos\theta + \mathrm{j}\sin\theta} \tag{4.69}$$

$$S_{13} = \frac{\mathrm{j}C\sin\theta}{(1-C^2)^{0.5}\cos\theta + \mathrm{j}\sin\theta} \tag{4.70}$$

其中

$$C = \frac{Z_{0e} - Z_{0o}}{Z_{0e} + Z_{0e}} \tag{4.71}$$

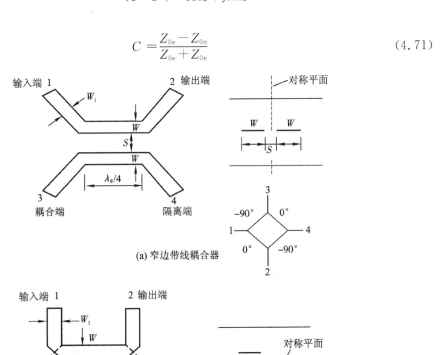

(a) 窄边带线耦合器

(b) 宽边带线耦合器

图 4.66　平行耦合线定向耦合器

把电压分配比 K 定义为端口 2 和端口 3 电压之比，即

$$K = \left| \frac{S_{12}}{S_{13}} \right| = \frac{(1-C^2)^{0.5}}{C\sin\theta} \tag{4.72}$$

如果耦合带线的电长度为 $\lambda_g/4$，即 $\theta = 90°$，把式(4.69)和式(4.70)简化成

$$S_{12} = j(1-C^2)^{0.5} \tag{4.73}$$

$$S_{13} = C \tag{4.74}$$

$C = 1/\sqrt{2}$，则 $K = 0.707$，表示输出端口 2 和端口 3 等电压输出。如果希望耦合线定向耦合器输出端口 2 和端口 3 必须位于同一侧，则可以采用如图 4.67(a)所示的结构。如果希望耦合线定向耦合器有更大的空间和更宽的带宽，最有效的解决方案是把两个等耦合线定向耦合器级联，如图 4.67(b)所示。级联还使耦合线定向耦合器变成一个宽带 3 dB 耦合器，如果端口 1、4 和 2、3 均隔离，则端口 2 和端口 3 的相差为 90°。

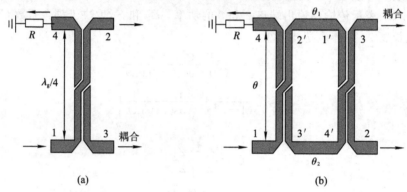

图 4.67　输出端位于同一侧的耦合线定向耦合器和输出端位于同一侧的级联耦合线定向耦合器

增加边耦合线之间耦合的另一种方法是采用如图 4.68 所示的多导体或 Lange 定向耦合器。图 4.68(a)用了四个平行、彼此相互连接的耦合微带线，信号由端口 1 输入，由端口 2 和端口 3 等幅、相位相差 90°输出，所以 Lange 定向器是倍频程或带宽更宽的 3 dB 90°定向耦合器。图 4.68(b)是由四个等长带线构成的未折叠 Lange 定向耦合器，它提供了与图 4.68(a)相同的电性能。未折叠 Lange 定向耦合器的偶模和奇模特性阻抗 Z_{e4} 和 Z_{o4} 与输入和输出线的特性阻抗 Z_0、任意相邻双线导体的偶模和奇模特性阻抗 Z_{0e} 和 Z_{0o} 有如下关系：

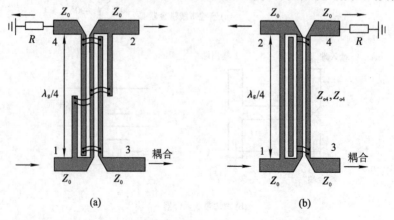

图 4.68　Lange 定向耦合器和未折叠 Lange 定向耦合器

$$Z_0^2 = Z_{e4} Z_{o4} \tag{4.75}$$

$$Z_{e4} = \frac{(Z_{0o} + Z_{0e}) Z_{0e}}{(3Z_{0o} + Z_{0e})} \tag{4.76}$$

$$Z_{o4} = \frac{(Z_{0o} + Z_{0e}) Z_{0o}}{(3Z_{0e} + Z_{0o})} \tag{4.77}$$

中频耦合系数 C 由下式确定

$$C = \frac{Z_{e4} - Z_{o4}}{Z_{e4} + Z_{o4}} = \frac{3(Z_{0e}^2 - Z_{0o}^2)}{3(Z_{0e}^2 + Z_{0o}^2) + 2Z_{0e} Z_{0o}} \tag{4.78}$$

Z_{0e}、Z_{0o} 与 Z_0 和 C 有如下关系：

$$Z_{0e} = \frac{[4C - 3 + (9 - 8C^2)^{0.5}] Z_0}{2C[(1 - C)/(1 + C)]^{0.5}} \tag{4.79}$$

$$Z_{0o} = \frac{[4C + 3 - (9 - 8C^2)^{0.5}] Z_0}{2C[(1 + C)/(1 - C)]^{0.5}} \tag{4.80}$$

对图 4.69 所示的单节反向带线定向耦合器，设计方程如下：

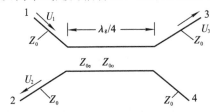

图 4.69　单节反向平行线带定向耦合器

平均耦合系数$(dB) = -20\lg C_v$

Z_{0e} 为偶模特性阻抗，计算式为

$$Z_{0e} = Z_0 \left(\frac{1 + C_v}{1 - C_v} \right)^{\frac{1}{2}} \tag{4.81}$$

Z_{0o} 为奇模特性阻抗，计算式为

$$Z_{0o} = Z_0 \left(\frac{1 - C_v}{1 + C_v} \right)^{\frac{1}{2}} \tag{4.82}$$

频率响应：

$$\left| \frac{U_2}{U_1} \right|^2 = \frac{C_v^2 \sin^2 \theta}{1 - C_v^2 \sin^2 \theta} \tag{4.83}$$

其中，$\theta = \frac{\pi}{2} \cdot \frac{\lambda_g}{\lambda}$，$\lambda_g$ 为中心频率所对应的导波波长。

$$\left| \frac{U_3}{U_1} \right|^2 = \frac{1 - C_v^2}{1 - C_v^2 \sin^2 \theta} \tag{4.84}$$

耦合系数：

$$C = -20\lg \left| \frac{U_3}{U_1} \right|$$

对于 3 dB 90° 定向耦合器，由 3 dB $= -20\lg C_v$ 求得 $C_v = 0.707$，进而得

$$Z_{0e} = Z_0 \left(\frac{1 + C_v}{1 - C_v} \right)^{\frac{1}{2}} = (\sqrt{2} + 1) Z_0 \tag{4.85}$$

$$Z_{0o} = Z_0 \left(\frac{1 - C_v}{1 + C_v} \right)^{\frac{1}{2}} = (\sqrt{2} - 1) Z_0 \tag{4.86}$$

2. 由集总参数构成的平行线定向耦合器[10]

可以把图 4.70(a)所示的双微带耦合线定向耦合器用图(b)所示的集总参数表示，图中的元件值如下：

$$L = \frac{(Z_{0e} + Z_{0o}) \sin\theta}{4\pi f_0} \tag{4.87}$$

$$C_g = \frac{\tan\left(\frac{\theta}{2}\right)}{Z_{0e} 2\pi f_0} \tag{4.88}$$

$$M = \frac{(Z_{0e} - Z_{0o}) \sin\theta}{4\pi f_0} \tag{4.89}$$

$$C_c = \left(\frac{1}{Z_{0e}} - \frac{1}{Z_{0o}} \right) \frac{\tan(\theta/2)}{4\pi f_0} \tag{4.90}$$

$$Z_{0e} = Z_0 \left(\frac{1 + 10^{-C/20}}{1 - 10^{-C/20}} \right)^{0.5} \tag{4.91}$$

$$Z_{0o} = Z_0 \left(\frac{1 - 10^{-C/20}}{1 + 10^{-C/20}} \right)^{0.5} \tag{4.92}$$

式中，Z_0 为端接阻抗。

在中心频率 f_0，$\theta = 90°$，给定耦合系数 C，就能计算出各元件值。自感、互感可以用螺旋电感。

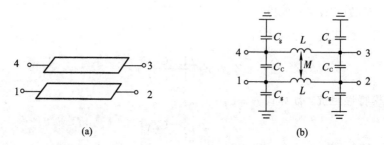

(a)   (b)

图 4.70 平行耦合线定向耦合器和用集总参数表示的平行耦合线定向耦合器

3. 小尺寸平行耦合线 90°定向耦合器[11,12]

用螺旋线形耦合结构可以构成紧耦合小尺寸 90°耦合器，用位于高介电常数基板上的螺旋线还可以进一步减小 90°耦合器的尺寸。在这种情况下，利用特别靠近螺旋线轮廓的松耦合平行耦合微带线来实现紧耦合。图 4.71 是类似于多导体结构的两圈螺旋线耦合器。在氧化铝基板上，耦合线沿它的轨迹总长度为 $\lambda_0/8$（λ_0 为自由空间中心波长），$D \approx \lambda_0/64 + 4W + 4.5S$。更长的长度会导致更紧的耦合。对 $\varepsilon_r = 9.6$、厚 0.635 mm 的氧化铝基板，螺旋线的线宽 W 和间距 S 分别为 12.7 mm 和 1 mm。实测两圈螺旋线 90°耦合器耦合端口和输出端口的功率均为 −3.5 dB，反射损耗 $S_{11} = -22$ dB，隔离度为 −18 dB。图 4.72(a)是用位于高介电常数基板（$\varepsilon_r = 9.6$），由曲线边耦合微带线构成的小尺寸 90°耦合器；图(b)是另外一种小尺寸螺旋线形 90°耦合器。

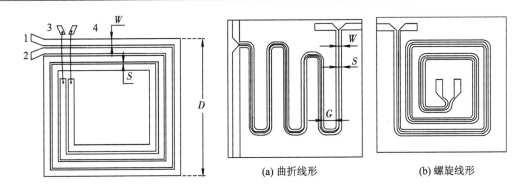

图 4.71 小尺寸两圈螺旋线 90°耦合器　　　图 4.72 小尺寸耦合线 90°定向耦合器

在 S 波段，曲折线形和螺旋线形小尺寸 90°定向耦合器的几何尺寸和实测主要电参数分别如表 4.10 和表 4.11 所示。

表 4.10　　曲折线形和螺旋线形小尺寸 90°定向耦合器的几何尺寸

参　　数	曲折线形	螺旋线形
W/mm	0.762	0.762
S/mm	0.254	0.508
G/mm	3.048	1.524
线的长度/mm	6.5	7.5
基板厚度/mm	7.62	7.62

表 4.11　　曲折线形和螺旋线形小尺寸 90°定向耦合器的实测电参数

参　　数	曲折线形	螺旋线形
频率范围/GHz	1.8～3.8	1.8～3.8
插损/dB	4.5～7.5	3.8～5.0
幅度平衡/dB	±0.7	±0.5
相差/(°)	93±2	90±2
反射损耗/dB	＞−15	＞−15

4. VHF/UHF 宽带 90°耦合器的设计[19]

图 4.73(a)是把一对绞绕传输线绕在磁环上构成的窄带 90°耦合器。环形变压器的自感和互感相等，两个集总电容 $C/2$ 并联在变压器的初次级。这种 90°耦合器的设计方程如下：

$$Z_0 = \frac{L}{C} \tag{4.93}$$

式中，Z_0 为 90°耦合器的输入/输出阻抗。

在所有频率，端口之间是匹配的，端口 1 与端口 3 或端口 2 与端口 4 在所有频率都是完全隔离的。

假定在端口 1 加 1 V 电压，在端口 2 和端口 4 的电压则为

$$U_{21} = \frac{\mathrm{j}\omega L}{Z_0 + \mathrm{j}\omega L} \tag{4.94}$$

$$U_{41} = \frac{Z_0}{Z_0 + j\omega L} \tag{4.95}$$

在所有频率，U_{21} 的相位超前 U_{41} 90°。图 4.73(b) 给出了 U_{21}^2 和 U_{41}^2 的幅度响应。由图 4.73(b) 可看出，幅度起伏 0.6 dB 的带宽约 10%。通常把 $U_{21} = U_{41}$ 的频点称为 f_{3dB}。在 f_{3dB} 有 $Z_0 = \omega L = 2\pi f_{3dB} L$ 或

$$L = \frac{Z_0}{2\pi f_{3dB}} \tag{4.96}$$

$$C = \frac{1}{2\pi f_{3dB} Z_0} \quad \text{或} \quad \frac{C}{2} = \frac{1}{4\pi f_{3dB} Z_0} \tag{4.97}$$

假定窄带 90°耦合器的 f_{3dB} 已知，利用式(4.96)和式(4.97)就能计算出电容 C 和电感 L。

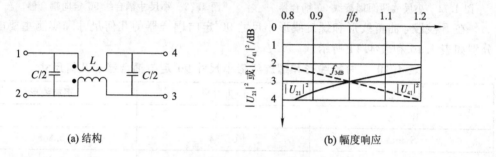

(a) 结构　　　　　　　　　　　　　　(b) 幅度响应

图 4.73　窄带 90°耦合器和幅度响应

如图 4.74 所示，用特性阻抗为 Z_0、电长度为 θ_0 的一对传输线，把两个完全相同的窄带 90°耦合器级联，就能展宽它的带宽。0.6 dB 幅度起伏的带宽约 67%，如图 4.75 所示。

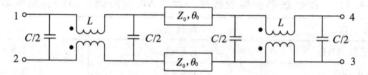

图 4.74　二个窄带 90°耦合器级联

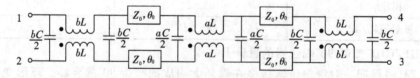

图 4.75　宽带 90°耦合器的结构

用特性阻抗为 Z_0、电长度为 θ_0 的两对传输线，把三个窄带耦合器级联，就能构成宽带 90°耦合器。注意：位于宽带 90°耦合器两端及中间的窄带耦合器的 f_{3dB} 不同，两端为 $f_{3dB} = f_0/b$，中间为 f_{3dB}/a。因此，可把宽带 90°耦合器的设计简化成对 a、b 和 θ_0 三个参数的设计。电感 L、电容 C 与中心频率 f_0 及源阻抗和负载阻抗有关：

$$L = \frac{Z_0}{2\pi f_0} \tag{4.98}$$

$$C = \frac{1}{2\pi f_0 Z_0} \tag{4.99}$$

通常把从端口 1 输入、从端口 2、4 输出的功率之比定义为幅度起伏 R，即

$$R = \frac{|U_{21}|^2}{|U_{41}|^2}$$

图 4.76 (a)、(b)、(c)、(d)分别是 f_2/f_1、a、b 和 θ_0 与 R 的关系曲线。

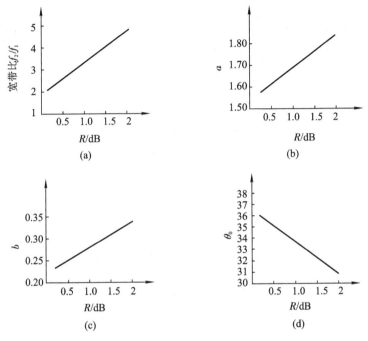

图 4.76　R 与 f_2/f_1、a、b 和 θ_0 之间的关系曲线

实例 4.4　已知 $f_0 = 80$ MHz，$Z_0 = 50$ Ω，$f_2 = 120$ MHz，$f_1 = 40$ MHz。由图 4.76 (a)、(b)、(c)、(d)中的曲线可以求得 $R = 0.6$ dB，$a = 1.63$，$b = 0.26$，$\theta_0 = 35°$（$f_0 = 80$ MHz）。求两端及中间窄带 90°耦合器的 $f_{3\mathrm{dB}}$。

解　两端：

$$f_{3\mathrm{dB}} = \frac{f_0}{b} = \frac{80}{0.26} = 307.7 \text{ MHz}$$

中间：

$$f_{3\mathrm{dB}} = \frac{f_0}{a} = \frac{80}{1.63} = 49.08 \text{ MHz}$$

由式(4.98)得

$$L = \frac{Z_0}{2\pi f_0} = \frac{50}{2\pi \times (80 \times 10^6)} = 99.47 \text{ nH}$$

由式(4.99)得

$$\frac{C}{2} = \frac{1}{2 \times 2\pi \times 80 \times 10^6 \times 50} = 19.89 \text{ pF}$$

利用图 4.75 所示元件值，就可以求出如图 4.77 所示的 $f_0 = 80$ MHz 宽带 90°耦合器的具体元件值(图中，L 的单位为 nH，C 的单位为 pF)：

$$\frac{bC}{2} = 0.26 \times 19.89 = 5.17 \text{ pF}$$

$$\frac{aC}{2} = 1.63 \times 19.89 = 32.42 \text{ pF}$$

$$bL = 0.26 \times 99.47 = 25.86 \text{ nH}$$

$$aL = 1.63 \times 99.47 = 162.14 \text{ nH}$$

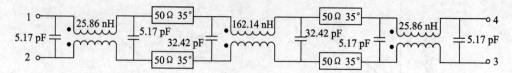

图 4.77　80 MHz 宽带 90° 耦合器的结构及元件值

仿真的插损频率响应表示在图 4.78 中。

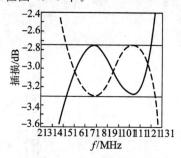

图 4.78　80 MHz 90°耦合器仿真的插损频率响应

表 4.12 把微带功分器和定向耦合器的主要性能作了比较，表 4.13 是微带功分器和定向耦合器微带线的特性阻抗的表达式。

表 4.12　微带功分器和定向耦合器的主要性能比较

类　型	功分比	带宽	匹配	输入/输出端的隔离度	输出端口相位	尺寸
T形功分器	1：2	宽带	相当好	无	同相	非常小
Wilkinson 功分器	1：2	宽带	好	有	同相	小
$3\lambda_0/2$ 长环形定向耦合器	1：3	20%	好	有	0°、0° 或 0°、180°	大
λ_0 长环形定向耦合器	1：3	倍频程	好	有	0°、0° 或 0°、180°	中等
双分支线定向耦合器	1：3	25%	好	有	0°、90°	中等
三分支线定向耦合器	1：3	40%	好	有	0°、90°	中等
耦合线定向耦合器	1：100	宽带	好	有	90°	小

表 4.13　　微带功分器和定向耦合器微带线的特性阻抗的表达式

功分器类型	功分比		
	1：1	1：2	1：3
Wilkinson 功分器	$Z_1 = \sqrt{2}Z_0$，$Z_2 = \sqrt{2}Z_0$ $R = 2Z_0$	$Z_1 = 2.060Z_0$，$Z_2 = 1.06Z_0$ $R = 2.121Z_0$	$Z_1 = 2.630Z_0$（难实现） $Z_2 = 0.385Z_0$ $R = 3.309Z_0$
环形定向耦合器	$Z_1 = \sqrt{2}Z_0$，$Z_2 = \sqrt{2}Z_0$	$Z_1 = \sqrt{3/2}Z_0$，$Z_2 = \sqrt{3}Z_0$	$Z_1 = 2Z_0/\sqrt{3}$，$Z_2 = 2Z_0$
双分支线定向耦合器	$Z_1 = Z_0$，$Z_2 = Z_0/\sqrt{2}$	$Z_1 = \sqrt{2}Z_0$，$Z_2 = \sqrt{2/3}Z_0$	$Z_1 = \sqrt{3}Z_0$，$Z_2 = \sqrt{3}Z_0/2$
耦合线定向耦合器	$Z_{0e} = 2.414Z_0$，$Z_{0o} = 0.414Z_0$	$Z_{0e} = 1.931Z_0$，$Z_{0o} = 0.518Z_0$	$Z_{0e} = 1.732Z_0$，$Z_{0o} = 0.577Z_0$

定向耦合器的功分比可以到 1：10，甚至到 1：100，其偶模和奇模特性阻抗如表 4.14 所示。

表 4.14　　定向耦合器不同功分比时的偶模和奇模特性阻抗

功分比 1：10	功分比 1：100
$Z_{0e} = 1.365Z_0$	$Z_{0e} = 1.060Z_0$
$Z_{0o} = 0.732Z_0$	$Z_{0o} = 0.905Z_0$

4.3　功分器和定向耦合器在天线中的典型应用[13]

4.3.1　功分器在天线阵中的应用

对十八元低副瓣和低交叉极化线极化天线阵，需要使用大功分比补偿 Wilkinson 功分器。对图 4.29 所示的补偿不等功分 Wilkinson 功分器，如果输出端口 2、3 的功分比 $K^2 = 6.25(K = 2.5(7.9 \text{ dB}))$，用 $\varepsilon_r = 2.55$、厚 0.762 mm 的基板制作功分比为 7.9 dB 的补偿不等功分 Wilkinson 功分器，则利用式(4.19)～式(4.24)，可以计算出补偿 Wilkinson 功分器各段微带线的线宽和特性阻抗值如表 4.15 所示。

表 4.15　补偿不等功分 Wilkinson 功分器的参数

参　数	阻抗/Ω	线宽/mm
Z_0	50	2.09
Z_{01}	38.4	3.07
Z_{02}	26.3	5.08
Z_{03}	161.6	0.12
Z_{04}	78.7	0.95
Z_{05}	31.8	3.98
隔离电阻 $R = 150\ \Omega$		

采用补偿 Wilkinson 功分器主要是由于分段传输线之间存在极强耦合，造成突变的不连续性，而且这种不连续性随大功分比而增加。基于插损和输入端的反射损耗，需要把补偿 Wilkinson 功分器的 T 形结构变形，变成图 4.79(a)。图 4.79(b)是采用变形 T 形结构构成的最佳 Wilkinson 功分器。它是用 $\varepsilon_r = 2.55$ 的基板制作的功分比为 7.9 dB 的 Wilkinson 功分器，在 8.5～10.5 GHz 频段内，实测输出端口的功分比为(7.8±0.3)dB，隔离度为－20 dB，三个端口的反射损耗为－13 dB。

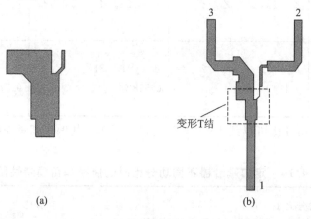

图 4.79　变形 T 结和由变形 T 结构成的最佳 Wilkinson 功分器

图 4.80 是十八元低副瓣低交叉极化口面耦合层叠贴片线极化半个天线阵的馈电网络。为了实现低副瓣和低交叉极化电平，共使用了五个不等功分 Wilkinson 功分器（其中两个为最佳 Wilkinson 功分器）和一个环形混合电路。它们的幅度、相位如表 4.16 所示。图 4.80 中，单元 5 和 9 由于幅度小而没有馈电，缺少这些阵单元并不会影响所需要的方向图。

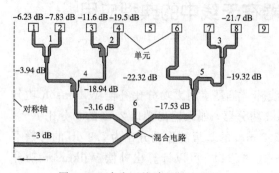

图 4.80　半个天线阵的馈电网络

表 4.16　半个天线阵功分器和混合电路的功率比和相位

功　分　器	功率比幅度/dB	相位/(°)
1	1.445(1.6dB)	0
2	6.166(7.9dB)	0
3	1.38(1.4dB)	0
4	5.01(7.0dB)	0
5	2.0(3dB)	0
6(混合电路)	27.35(14.37dB)	180

图 4.81(a)、(b)、(c)、(d)是该天线阵实测 VSWR 和方向图的频率特性曲线，其中图 (a)为 VSWR，图(b)、(c)、(d)分别是 $f=9.5$ GHz、8.5 GHz 和 10.5 GHz 的实测方向图。

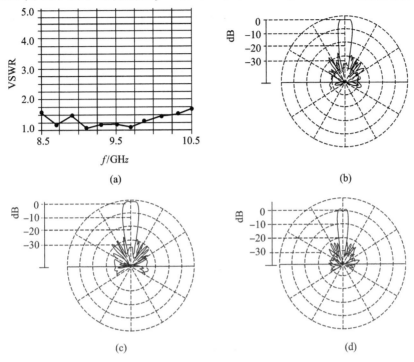

图 4.81　天线阵实测 VSWR 及方向图的频率特性曲线

图 4.82 是用了 3 种功分比(1∶1、1∶2、3∶4)共 13 个二功分器给十四元天线阵馈电 的馈电网络。

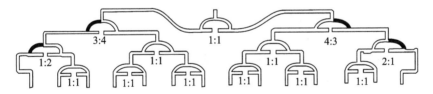

图 4.82　用 3 种功分比共 13 个二功分器给十四元天线阵馈电的馈电网络

4.3.2　定向耦合器在天线中的典型应用

1. 在空间波束圆形智能天线阵中的应用

在第三代移动通信中，传输高速率数据是其中最主要的特点之一，但无线传播环境将 变得非常恶劣，所以自适应天线成为移动通信系统的关键技术之一。对以高比特速率通信 的移动终端，瑞利衰落成为最严重的问题。由于瑞利衰落，假定每个天线单元中接收的信 号都很小，那么自适应天线也不能正常工作。但采用定向分集能有效解决这些难题。

在定向分集中，同时形成几个窄波束，且选择最大功率的波束，或者把波束与最大比 组合算法(MRC, Maximum Ratio Combining)进行组合。在更先进的系统，对波束加权， 并和自适应阵算法相结合，如采用最小均方误差(MMSE, Minimum Mean Square Error)， 通常把这种自适应天线阵称作空间波束自适应天线阵。

图 4.83 为均布在直径为 $0.5\lambda_0$ 的圆周上的由四个全向天线和馈电网络构成的智能天线阵。由图 4.83 可看出，馈电网络仅由四个宽带 90°混合电路组成。由于没有移相器，没有延迟线，也没有放大器，所以馈电网络不仅具有宽带特性，而且 RF 损耗很小。

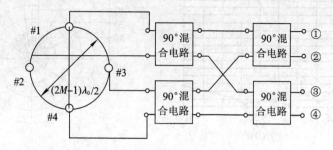

图 4.83　四元全向圆阵天线及馈电网络

2. 在室内扇区天线中的应用[14]

在微波波段工作的宽带数字通信系统(如 WLAN) 近年来有了迅速发展。在这种高速系统中，由于多径衰落造成了传输质量严重恶化。基于几何光学原理，利用室内传播延迟模拟算法进行计算，结果表明用合适的窄波束天线能克服多路径衰落。

假定使用 HPBW 为 30°的定向天线，与收发天线均为全向天线相比，延迟扩展几乎减小 90%。

由于无线通信用户用他们的终端工作时，并不知道基站信号的方向，因此要求用窄波束天线覆盖所有方向，而且天线增益应当在所有方向相等。实现这种要求的方法有：

(1) 用一个窄波束天线在方位面机械扫描跟踪来波信号。

优点：天线尺寸最小，天线的结构也最简单。

缺点：需要一个机械旋转装置和相当长的跟踪时间，且消耗大的功率。

(2) 用 4 或 5 bit 移相器的相阵天线。

优点：电跟踪速度快。

缺点：在微波波段特别是在毫米波波段，实现低损耗移相器较困难。

(3) 扇区天线。

该方案不仅有能迅速定向的窄波束，而且能够以电切换波束选择出最好的信号，还有软件并不复杂、控制也相当简单等优点。

扇区天线有柱状阵或者圆阵，也有平面扇区阵。

平面扇区阵天线是由两类天线形成的两种波束：一种是平面四波束子阵，另一种是平面单波束天线。为了均衡所有扇区天线的增益，应当用赋形技术来设计天线的波束。在设计四波束子阵时，应该把多波束天线与平面 Butler 矩阵波束形成网络集成在一起。

图 4.84 是十个平面扇区天线形成的波束，正面和反面分别为四波束 $ABCD$ 和 $EFGH$，每个波束水平面方向图 $HPBW_H = 30°$，相当于普通的十二扇区天线。八个波束 $ABCDEFGH$ 由两个层状平面四波束子阵产生，覆盖 240°角域。其余 60°角域由位于侧面的两个平面单波束天线产生的 $HPBW_H = 60°$ 的 J 波束和 I 波束来覆盖。

扇区天线阵的波束宽度主要由单波束天线的水平面波束宽度决定。平面单波束天线为 $2×3$ 微带贴片天线。它的主要电参数如下：$HPBW_H = 60°$，$HPBW_E = 30°$，$G = 10.7$ dBi(不含切换电路损耗)。$VSWR \leqslant 1.5$ 的相对带宽为 15%。为实现上述指标，单波束天线的尺寸为：宽×高 $= 1\lambda_0 × 2\lambda_0$ (λ_0 为中心工作波长)。

图 4.85 为四波束子阵(横截面)和单波束天线(正面)的结构示意图。多波束天线由于辐射口面重叠,因而减小了尺寸。通常用装在天线中的 PIN 二极管作为切换电路来选择最好的波束。单元天线 $HPBW_H = 94°$,调整单元间距,就能在所希望的 $\phi = \pm 15°$、$\phi = \pm 45°$ 形成 $HPBW_H = 30°$ 的四个波束,以便提供 3 dB 交叉深度。用 $\varepsilon_r = 2.2$、$\tan \delta = 0.009$ 的介质板制作天线和馈电网络,天线单元间距约 $0.45\lambda_0$。

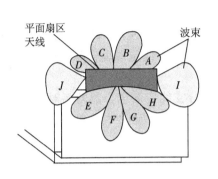

图 4.84　十个扇区天线波束

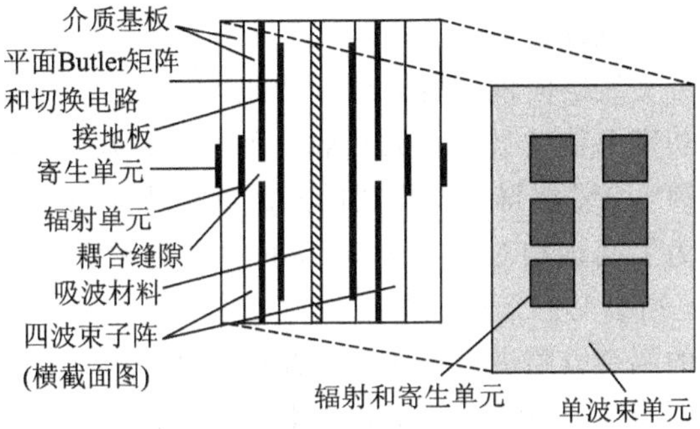

图 4.85　四波束子阵和单波束天线的结构示意图

图 4.86 为 Butler 矩阵和四波束天线的馈电网络。90°混合电路为双分支线定向耦合器。图 4.87 是平面 Butler 矩阵。由图 4.87 可看出,90°混合电路及 $-45°$ 相移均用微带电路制作,没有任何交叉。为了使幅度偏差最小,对所有端口,微带线的弯曲数目是相同的。

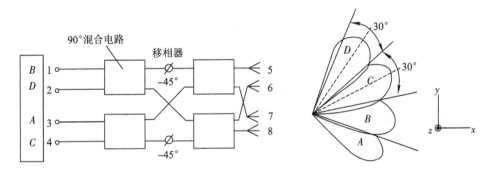

图 4.86　Butler 矩阵和四波束天线的馈电网络

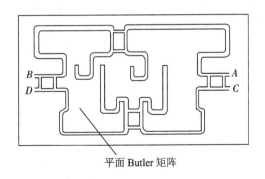

平面 Butler 矩阵

图 4.87　平面 Butler 矩阵

3. 分支线定向耦合器在圆极化天线中的应用

1) 作圆极化天线的馈电网络

对双馈圆极化天线，可以使普通二功分器的输出臂长度相差 $\lambda_g/4$，从而给微带天线馈电。当功分器没有隔离电阻时，也就是说，输出端不隔离，如果天线与馈线匹配得不好，那么从一个端口反射回来的功率就会再发射到另外一个端口，而导致反旋圆极化波，这样就很难实现好的轴比。

分支线定向耦合器输出端彼此隔离，这样即使天线与馈线不匹配，从失配天线反射回来的功率只能被吸收负载吸收，而不会到另一端，所以用分支线定向耦合器给双馈圆极化天线馈电，就能得到所需要的好的圆极化天线。

为了实现相对带宽为 30% 的圆极化天线，由于双分支线定向耦合器的相对带宽仅为 25%，所以必须采用相对带宽为 40% 的三分支定向耦合器作为馈电网络，并通过位于接地板上的两个缝隙进行口面耦合馈电。

图 4.88 是在 1.2～1.8 GHz 频段、用三分支线定向耦合器通过耦合馈电构成的宽带方贴片圆极化天线的结构及尺寸，其中图(a)为顶视图，图(b)为侧视图。

其他尺寸为：$S_1=12.2$ mm，$Z_1=Z_3=Z_4=50$ Ω，$Z_2=35.4$ Ω，$Z_5=120.8$ Ω，$L_1=31.4$ mm，$L_3=10$ mm，$L_4=26.5$ mm，$L_5=30.38$ mm。在 1.3～1.8 GHz 频段该天线实测 VSWR≤2.0 的相对带宽为 32.3%；在 1.22～1.9 GHz 频段，实测 AR<3 dB，相对带宽为 42.6%；在 1.55 GHz，最大实测增益为 8.8 dBic。

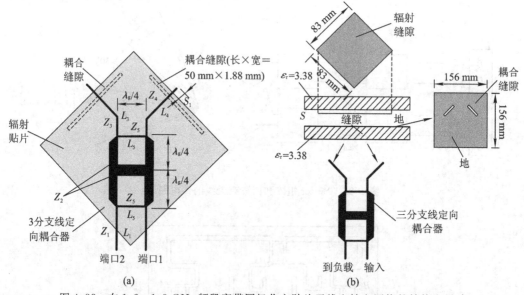

图 4.88 在 1.2～1.8 GHz 频段宽带圆极化方贴片天线和馈电网络的结构和尺寸

2) 作多波束圆极化天线的馈电网络[23]

为了抑制多径信号，提高 GPS 的抗干扰能力，对一些利用 GPS 的特殊用户，希望使用多波束 GPS 天线。

为了在方位面 $\varphi=45°$、$135°$、$225°$ 和 $315°$ 有四个波束，采用了四单元圆极化天线，以 2×2 方阵组阵。基本辐射单元为半球螺旋天线，单元间距 d 为 $0.7\lambda_0$。

辐射仰角 θ 由下式确定：

$$\theta = \arcsin\left[\frac{\pm n\lambda_0}{2N(d\cos 45°)}\right] \quad (n=1, 2, \cdots, N-1) \tag{4.100}$$

式中，N 为子线阵中单元的个数；d 为单元间距；λ_0 为工作波长。

把 $N=2$，$d=0.7\lambda_0$ 代入式(4.100)求得 $\theta=30.3°$。

Butler 矩阵波束形成网络如图 4.89 所示。该波束形成网络由四个双分支线定向耦合器和同轴电缆构成的固定移相器组成。波束形成网络是用 $\varepsilon_r=4.2$、厚度 $h=1.6$ mm 的 FR4 环氧板用印刷电路技术制造的，在 $f=1575$ MHz 时，双分支线定向耦合器串臂(L_1)和并臂(L_2)的长度和宽度如表 4.17 所示。

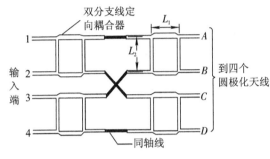

图 4.89　由四个双分支线定向耦合器和由同轴线
　　　　　固定移相器构成的 Butler 矩阵

表 4.17　在 $f=1575$ MHz 时双分支线定向耦合器串臂和并臂尺寸

臂	宽度/mm	长度/mm
串臂(L_1)	5.41	26.02
并臂(L_2)	3.17	26.02

多波束 GPS 天线实测和仿真的电参数如表 4.18 所示。2×2 半球螺旋天线的照片如图 4.90 所示。

表 4.18　多波束 GPS 天线实测和仿真的主要电参数

波束	实测波束的方向	实测 $\text{HPBW}_E/(°)$	AR/dB	G/dBic
1	$\phi=45°$，$\theta=24°$	44	2.2	17.3
2	$\phi=135°$，$\theta=25°$	44	1.9	17.2
3	$\phi=225°$，$\theta=22°$	44	1.5	17.0
4	$\phi=315°$，$\theta=28°$	46	2.2	17.2

图 4.90　2×2 半球螺旋天线的照片

4.3.3　由多节功分器和 3 dB 90°耦合器构成的超宽带巴伦

近几年，超宽带(UWB)通信系统(如 WLAN 和多频段无线通信业务)得到了迅速发展。为了实现超宽带高数据速率信号的传输，必须使用 UWB 天线。如果用不平衡馈线给 UWB 700～2500 MHz 对称天线馈电，则必须使用适合在 700～2500 MHz 频段工作的 UWB 巴伦。

用一个宽带微带功分器和两个移相器就可以构成宽带巴伦。图 4.91 为其组成方框图。

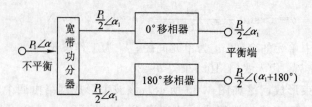

图 4.91 宽带巴伦组成方框图

宽带功分器由三个 Wilkinson 功分器级联而成，180°移相器是由一对绞绕同轴线构成的 90°混合电路，如图 4.92 所示。

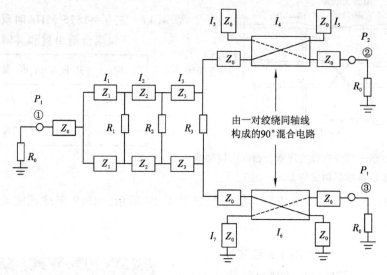

图 4.92 UWB 巴伦的具体组成方框图

图 4.93 是用 $\varepsilon_r = 2.25$ 的双面覆铜介质板制作在 $700 \sim 2500$ MHz 频段工作的微带 UWB 巴伦的照片。

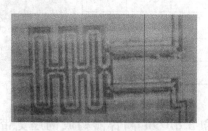

图 4.93 UWB 巴伦的照片

功分器功分臂的特性阻抗 Z_1、Z_2、Z_3 相对于 Z_0（50 Ω）的归一化阻抗为 $Z_1 = 1.72$ Ω，$Z_2 = 1.41$ Ω，$Z_3 = 1.15$ Ω。隔离电阻相对 50 Ω 的归一值为 $R_1 = 2.14$ Ω，$R_2 = 4.23$ Ω，$R_3 = 8.0$ Ω。$L_1 = L_2 = L_3 = \lambda_0/4 = 90°$，巴伦幅度的平衡性为 ± 0.5 dB，相位不平衡为 $\pm 3.4°$，插损为 -1.3 dB，能承受 100 W 的功率。

4.3.4 定向耦合器的其他应用[16]

1. 两部接收机共用一副天线

图 4.94 是用 3 dB 定向耦合器使两个接收机共用一副接收天线的组成方框图。如果定

向耦合器的中心工作频率 f_0 是前置放大器的输出频率，则两个接收机得到相同的接收功率；如果两个接收机的输入阻抗均为 R，则在端口 4 的电阻 R 上没有能量损耗。

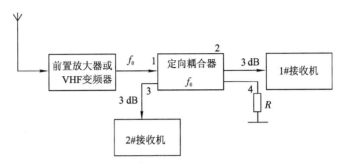

图 4.94 两部接收机通过定向耦合器共用一副天线的组成方框图

2. 并联两个放大器

用两只定向耦合器按图 4.95 所示那样连接两个放大器，由于放大器之间有相当高的隔离度，因而能有效减少它们之间的相互干扰。假定两只放大器完全相同，不管放大器的输入、输出阻抗，从第一个定向耦合器的 1 端和第二个定向耦合器的 2 端看进去的阻抗总等于电阻 R。

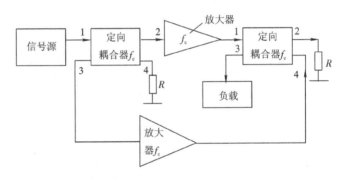

图 4.95 用两个定向耦合器提高两个放大器隔离度的组成方框图

3. 两部发射机与两副天线相连

图 4.96 中，用一个定向耦合器就能够使两部发射机与两副天线相连。假定两部发射机的功率比是可调的，调整相移器又能改变线上电流相位，这样两根天线上的电流的幅度比和相位差就能通过调整相移器和馈线的长度以及发射机功率之比来控制。如果能保证发射机匹配，则无疑两部发射机的输出彼此是隔离的。如果馈线的长度差是波长的整数倍，则用集中常数型定向耦合器就能在所有频率上保证 1♯ 与 2♯ 天线上的相位差为 $90°$，而不会像其他电路一样引入附加相移。图 4.97 是两副天线在 f_1 和 f_2 可实现的相差。

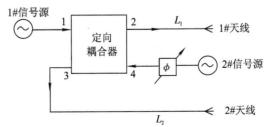

图 4.96 用定向耦合器把两部发射机和有不同频率和相位的两副天线相连的方框图

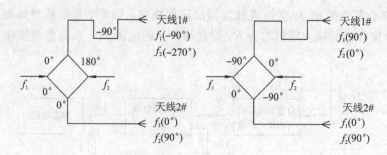

图 4.97　用定向耦合器使两副天线在 f_1 和 f_2 能实现的相差

4. 两部中频广播天线共用一部发射机

图 4.98 中，用一个定向耦合器可以让两部中频广播天线共用一部发射机。其中，N_1、N_2 表示使天线与馈线匹配的 T 形或 L 形匹配网络。与 4 端相连的负载电阻 R 应能承受全部发射功率，甚至可把它作为假负载使用。

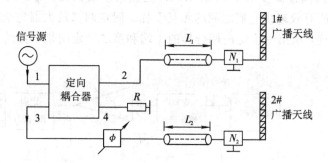

图 4.98　用定向耦合器使两副中频广播天线共用一部发射机的连接方框图

5. 构成平衡混频器

图 4.99 是用定向耦合器构成的平衡混频器，如果本振 f_2 的幅度远大于信号幅度 f_1，则在输出端，为了完全抵消本振的频率，要求二极管匹配，可以用混合电路和合适的二极管电路来实现。

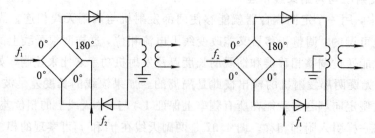

图 4.99　用定向耦合器构成的平衡混频器

参 考 文 献

[1] Hamadallah M. Microstrip Power Dividers at mm-wave Frequencies. Microwave J. 1988, 42 (7).

[2] Chang K. Handbook of Microwave and Optical Component New York: John Wiley &

Sons，1989.

[3] JR H H. Stripline Circuit Design Microwave Associates. Burlington，1974.

[4] Grebennikov A. RF and Microwave Power Amplifier Design. McGraw-Hill professional engineering，2004，1(4).

[5] Chen J X，Xue Q. Novel 5 : 1 Unequal Wilkinson Power Divider Using offset Double-Sided Parallel-Strip Lines. IEEE Microwave&Wireless Components Lett，2007，17(3).

[6] Parad L I，Moynihan R L. Split-Tee Power Divider. IEEE Trans. on Microwave Theory&Tech. ，1965，13(1).

[7] Kishihara M，Ohta I，Yamane K. Multi-stage，Multi-Way Microstrip Power Dividers with Broadband Properties. Ieice Trans. on Electronics，2006，E89C(5).

[8] Babu M R，Singh S P，Jha R K. A New Recombinantin in-Phase Microstrip Power Divider. International Journal of Electronics，2005，92(10).

[9] Hirota T，Minakawa A，Muraguchi M. Reduced-Size Branch-Line and RatRace Hybrid for Uniplanar MMIC's. IEEE Trans. on Microwave Theory&Tech. ，1990，38(3).

[10] Hogerheiden J，Ciminera M，Jue G. Improved planar Spiral Transformer Theory Applied to A Miniature Lumped Element Quadrature Hybrid. IEEE Trans. on Microwave Theory&Tech. ，1997，45(4).

[11] Shibata K. Microstrip Spiral Directional Coupler. IEEE Trans. on Microwave Theory&Tech. ，1981，29(7).

[12] Tanaka H，et al. Miniaturized 90 Degree Hybrid Coupler Using High Dielectric Substrate for QPSK Modulator. International Microwave Symp. Dig. ，1996，2.

[13] Rigol P，Drissi M，Terret C. Power Divider Topologies Applied to Antenna Synthesis. Microwave&Optical Technology Lett. ，1996，12(3).

[14] Uehara K，Seki T，Kagoshima K. A planar Sector Antenna for Indoor High-Speed Wireless Communication Systems. Ieice Trans. on Commun. ，1996，E79-B(12).

[15] Qing X M. Broadband Aperture-coupled Circularly polarized Microstrip Antenna Fed by A Three-stub Hybrid Coupler. Microwave&optical Technology Lett. ，2004，40(1).

[16] Manton R G. Hybrid Network and Their uses in Radio-Frequency Circuits. Radio &Electronic Engineer，1984，54(11).

[17] Roy J S，et al. Broadband Design of Ring Type Microstrip Power Divider. Microwave&Optical Technology Lett. ，1990，3(4).

[18] Antsos D. Modified Wilkinson power Dividers for K and Ka Bands. Microwave Journal，1995，38(1).

[19] Chen Y H，Chen G L. Design of Wideband Quadrature Couplers for UHF/VHF：part1. RF Design，1989.

[20] Chongcheawchamnan M，et al. Tri-Band Wilkinson Power Divider Using a Three-Section Transmission-Line Transformer. IEEE Microwave&Wireless Components Lett. ，2006，16(8).

[21] Cheng K K M，Wong F L. A Novel Rat Race Coupler Design for Dual-Band

Applications. IEEE Microwave&Wireless Components Lett., 2005, 15(8).

［22］赵晨星. 奇等分微带功分器的仿真设计. 2007 年全国微波毫米波会议论文集, 2007.

［23］HUI H T, et al. A Small Hemispherical Helical Antenna Array for Two-Dimensional GPS Beam-Forming. Radio Science, 2005, 40(1): RS1006.